73 亿

地球当前人口数（对生活在中国和印度的人来说是 26 亿）。

196

世界上的国家总数。至少是现在！

35 亿年

科学家在澳大利亚发现的细菌化石的年龄。

6371 千米

大致通往地心的平均距离。

14%

世界上被识别的物种的百分比。

7.5×10^{18}

地球上沙粒的颗数。

70%

地球表面被水覆盖的土地的百分比，
只有 3% 是纯净水（食用水）。

365.2564 天

地球一年的长度（额外的 0.2564 是
为了满足闰年的计算）。

860 万

每天地球上的闪电次数。

200 000

每天世界上大致出生的人口数（但
每一秒就有 2 人死亡）。

2414 千米

地球内部固体铁球的宽度。

数字,无处不在。

[澳]亚当·斯潘塞 著 郑 瑄 译 沈吉儿 校

数字世界

有趣,但不失深度 —— 就像它的作者。

—— 布莱恩·考克斯(Brian Cox)

宁波出版社
NINGBO PUBLISHING HOUSE

图书在版编目（CIP）数据

数字世界／（澳）亚当·斯潘塞著；郑瑄译 . — 宁波：
宁波出版社，2020.6
ISBN 978-7-5526-3749-6

Ⅰ . ①数 … Ⅱ . ①亚 … ②郑 … Ⅲ . ①数学 – 普及读
物 Ⅳ . ① O1-49

中国版本图书馆 CIP 数据核字（2019）第 269035 号

World of Numbers
By Adam Spencer
Copyright© Adam Spencer 2015
All rights reserved
The simplified Chinese translation rights arranged through Rightol Media Limited

数字世界
SHUZI SHIJIE

[澳]亚当·斯潘塞／著　　郑瑄／译

出版发行　宁波出版社
　　　　　（宁波市甬江大道 1 号宁波书城 8 号楼 6 楼　315040）
责任编辑　陈凌欧　徐　飞
责任校对　徐　敏
装帧设计　金字斋
印　　刷　宁波白云印刷有限公司
开　　本　710 毫米 ×1000 毫米　1/16
印　　张　24.25
字　　数　300 千
版　　次　2020 年 6 月第 1 版
印　　次　2020 年 6 月第 1 次印刷
标准书号　ISBN 978-7-5526-3749-6
定　　价　88.00 元

如发现缺页或倒装，影响阅读，请与承印厂联系调换。电话：0574—87294253

译者序

《数字世界》是一本杰出而与众不同的科普书。

作者亚当·斯潘塞以两条逻辑线索，即5个截然不同的主题，以及一年365天（闰年为366天）的数字事实为主线，展开论述和联想，书中处处洋溢着他的幽默风趣和博学理性。

这5个主题分别为"我们的测量""我们所了解的生命""我们所玩的游戏""极客已经继承地球"和"最终的边界"。每个主题里的知识在幽默睿智的描述中，紧紧围绕着作者的初衷——奇妙的数字展开，让读者有一种浑然天成、自然顺畅之感。

在化学领域，元素周期表的前100个元素被生动地介绍，关于它们名字的古老出处、发现它们的科学家的逸事、它们独特的生成方式以及已知的用途和潜在的危害……在生物领域，生物体诸多部件的结构和功能，包括大脑、骨骼、眼睛等重生的速度……都被入木三分地精确阐述。作者更用了一个主题的内容普及天文学的知识，令读者大开眼界。作者还独具匠心地在366页正文下面的区域对数字1到366做了精心的介绍，充满逻辑的联想和精妙的数学常识，让读者在不知不觉中爱上数学。

在这本书中，作者巧妙地涵盖了数学、物理、天文、化学、生物、文学、政治、经济、地理等领域的知识，虽然内容千变万化，但始终保持了深入浅出、俏皮逗趣的写作风格，令人莞尔，勾人心弦，引人入胜！

I

随着作者幽默的语言，读者们可了解从国际空间站的大小到平方公里阵列射电望远镜的威力，从澳大利亚墨尔本的城市特色到统治者统治国家的时长，从莎士比亚曼妙优美的十四行诗到闻名世界的国际象棋复盘……不胜枚举。读完此书，读者一定会对数字中的世界产生更深刻的感触，从而对我们所生活的这个宇宙更加充满好奇之心、探究之意、品赏之乐。

沈吉儿

2019 年 6 月 2 日

数字爱好者,大家好!

买了我去年的书(译者注:即 2014 年作者另一本关于数字的著作《数字王国》)的诸位读者们,欢迎回来。今天第一次加入到这个数学狂热者盛会的读者们,能让你们搭上我们的顺风车简直棒极了(请你们快去买去年的书 ;-)

最近的 12 个月(译者注:即 2014 年)里发生了太多大事。论科学前沿,我们为冥王星和冥卫一拍下了令人不可思议的照片;我们加强了大型强子对撞机的能量,并很可能发现了新的不可思议的物质;在科研方面,新的发现比比皆是,人类继续提问"为什么",并常常得到令人惊叹的结果。

对个人来说,我也学到了人生极有用的定理之一 —— 出版了一本销量不错的书,人们就会靠近你,问道:"你下一本书什么时候出来?"

好的,就是这本了,亚当·斯潘塞的《数字世界》。

这本书的宗旨和《数字王国》很像。这个世界是一个不可思议的地方,充满着令人惊奇的事物等着我们去了解。而位于理解世界和相互交流描述这两者核心地带的,是数字。测量温度、长度、速度、年龄,抑或仅仅是数数,或者探索数字错综复杂的美妙之处,以我的浅见来说,是我们之所以为人的理由之一。这也是你在银河系以 107 000 千米 / 时的速度沿轨道运动时可以做的最有趣的事情之一。总的来说,这就是《数字世界》这本书的意义:展现了一些我们所知道的知识，以及用数字阐述这些知识的能力。

但是我必须指出这本书没有权威的示范意义。说实话，它代表了在任何时候我都认为十分有趣的事物。所以你们千万别停顿下来问我："为什么你的书中没有包括某某某呢？"你仅仅需要坐下来，为盒水母（box jellyfish）如何看到物体、92 岁的老奶奶如何跑步、澳大利亚的流浪猫给生物多样性所带来的威胁而感到惊奇。当你沉浸在此的时候，再想想 70 个人排队的排列组合的所有可能的个数，是不是会让你惊叹不已？

随着科技的进步，很多这样的科学事实将会被取代，无知的世界被推翻后，我们得以更多地了解这个世界。当这本书的一些部分变得过时的时候，我会非常欢喜，因为这仅仅说明我们发掘出了更多的智慧 —— 而这永远都不是件坏事。

有一件事情，在过去的 12 个月里给我带来了显著的变化。我发觉在编写一本像这样的书时，请求别人的帮助多么重要。不管是詹姆斯库克大学（James Cook University）的海洋生物学家、教授费雷德·沃森（Fred Watson），嗅觉大师亚历克斯·罗素（Alex Russell），我的一生挚友、科学权威卡尔·克鲁兹尔尼奇（Karl Kruszelnicki）博士，冲浪科学家鲁本·默曼（Ruben Meerman）博士，还是国际棋联的象棋高手布雷特·廷德尔（Brett Tindall）等这样的专家学者，都为使这本书充满更多准确的信息立下了汗马功劳。

同样地，像 NumberADay，@Derektionary，jimwilder.com，ThisDayInMath 和 Wolfram MathWorld 这样的网站都为查找书中的日历和计算提供了无价的资源。《QI》（*Quite Interesting*，即《相当有趣》一书），布莱恩·冈瑟勒（Bryan Gaensler）的《终极宇宙》（*Extreme Cosmos*）和约翰·埃姆斯利（John Emsley）的《大自然的组成》（*Nature's Building Blocks*）是杰出而睿智的读物。

虽然我写书时偶尔依靠询问这些专家学者得到准确信息，但这和那些和我一样拥有好奇的大脑的人所付出的功劳相比逊色不少，那些人给我很大帮助，他们提供给我大量的数据，并且和我一起研究那些让我们着迷的有趣知识。谢谢你们，Yael Bornstein, Alex Downie, Kate Hewson, Julian Ingham, Liam Scarratt 和我的两个数学狂热爱好者兄弟，Sean Gardiner 和 Gareth White…… 这本书没有你们的勤奋努力 —— 更重要的是 —— 你们对学习的渴望，是不可能做成的。赞！

　　赞扬了这些杰出的人以后，我必须停下来说明可能存在的任何错误和遗漏，就像年轻人现在说的那样，是"我的过错"。

　　值得自豪的是这本书用的是 Xoum 的标识。如果你想要出书并希望得到三个最出色的出版商的帮助，快到 Xoum 来。Rod 和 Jon 会热情地迎接你 ……Roy 会在中午散步过来，为你提供最特殊的智慧。谢谢你们。

　　对 Mel, Ellie 和 Olivia，谢谢你们。这是我们三人重新定义人生的一年，我简直不能爱你们更多。

　　那么，系紧带子准备好乘坐这列快车了 —— 全神贯注，备受鼓舞 —— 并且，当然，就像以往一样，通过 book@adamspencer.com.au 和我联系，如果你有问题、评论，或者 …… 嗯，打印错误的话。

　　我真诚地希望你们享受阅读《数字世界》的过程。

亚当·斯潘塞

V

我们的测量

或者，至少是我们测量的方式……

相信我，0.999…=1

这个结论会使有些人大吃一惊。它想表示的就是想要得到越来越接近 1 的数，你可以按照 0.9，0.99，0.999，0.9999… 这样的规律一直继续下去。当 9 的个数无限多的时候，我们得到的数就等于 1。

但如果别人还是不相信你，说 0.9999… 只是趋近于 1，那么你可以问他们想要加多少才能使这个数等于 1？很显然你不用加任何数，它就已经是 1 了！

事实上,你可以在 1000 摄氏度的环境下
幸存 9 秒钟,并毫发未伤。

（请你千万只是随便听我说说就好了！）

2

一年中的第 2 天是 1 月 2 日

1920 年的这一天,作家艾萨克·阿西莫夫(Isaac Asimov)诞生。

小小的质数

质数的定义是只能表示为自身和 1 相乘的积, 而非其他两个整数相乘的积的数。那么, 因为 6=2×3, 所以 6 不是个质数。但是 7 是一个质数, 因为它只能被表示成 1×7, 而不是其他任何因数相乘的积。2 是最小的质数, 也是唯一的偶数质数。

欧拉定理

欧拉美丽的定理: $V+F-E=2$。即对于凸多面体而言, 顶点数(角)V, 加上面数 F, 减去棱数 E, 等于 2。

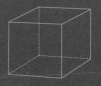

关于热的几个超级酷的事情

你知道为什么，当温度上升时，我们经常说"水银在升高（the mercury is rising）"？

这是因为从 1714 年开始，人们就开始把水银放在玻璃温度计里用以测量温度。水银在室温下呈液态，且它的体积随温度的改变会发生轻微的变化，所以少量体积的变化可以在玻璃温度计中显现出来。下面是几个真正使温度计中的水银上升甚至是沸腾的例子：

地球上最热的空气温度：1913 年 7 月 10 日，在美国加州的炉溪农场（Furnace Creek Ranch），位于有着浪漫名字的死亡大峡谷（Death Valley），测得温度为 56.7℃。

地球上最热的地表温度：2005 年在伊朗克尔曼省（Kerman Province）鲁特沙漠（Lut Desert）的甘顿·布瑞安（Gandom Beryan），测得温度为 70.7℃。

地球上最热的地面温度：1972 年 7 月 15 日，又一次在美国加州死亡大峡谷的炉溪农场，测得温度为 93.9℃。

当温度很高时，地底下的温度会大大超过地表或空气的温度，因为冷风很难穿透土壤。

平方数是潮流

3 后面的数是 4，而 4 = 2 x 2。这本身似乎没有那么大的吸引力，但事实上这是一个质数后面跟着一个平方数的唯一例子。

$e = 2.71828\cdots$

3 是最接近 2 个非整数的整数，很多数学家认为这两个非整数非常重要。它们是 π = 3.14159⋯ 和 e = 2.71828⋯ 前者你可能已经听说过，后者对你来说可能还是个谜。

3

一年中的第 3 天是 1 月 3 日

1892 年的这一天，作家 J.R.R. 托尔金（J.R.R.Tolkien）诞生

炎热的地方

澳大利亚是世界上排名第八炎热的国家,最高温度为 1960 年 1 月 2 日于南澳大利亚的乌德纳达塔(Oodnadatta)测得的 50.7℃。

顺便说一下,炎热国家或地区排名的"胜利者"是美国(56.7℃),突尼斯(55℃),科威特(53.6℃),而"失败者"则不出意外的是南极洲(17.5℃),格陵兰(25.9℃),冰岛(30.5℃)。

以下是澳大利亚每个州最高温度纪录:

南澳大利亚: 于 1960 年 1 月 2 日在乌德纳达塔(Oodnadatta)测得,温度为 50.7℃

西澳大利亚: 于 1998 年 2 月 19 日在马迪尔(Mardie)测得,温度为 50.5℃

新南威尔士: 于 1939 年 1 月 10 日在梅宁迪(Menindee)测得,温度为 49.7℃

昆士兰: 于 1972 年 12 月 24 日在伯兹维尔(Birdsville)测得,温度为 49.5℃

维多利亚: 于 2009 年 2 月 7 日在霍普顿(Hopetoun)测得,温度为 48.8℃

北部地区: 于 1960 年 1 月 1 日和 1 月 2 日在芬克(Finke)测得,温度为 48.3℃

塔斯马尼亚: 于 2009 年 1 月 30 日在斯卡曼德(Scamander)测得,温度为 42.2℃

最后,温度在 100 华氏度(37.8℃)以上的持续天数最多的是西澳大利亚的马波巴(Marble Bar)(从 1923 年 10 月 31 日到 1924 年 4 月 7 日)。祝贺你得胜,马波巴!

4

一年中的第 4 天是 1 月 4 日

数字 4

数字 4 是最小的合数。合数的定义是一个可以用除了本身和 1 以外的因数相乘所表示的正整数。换言之,合数就是大于 1 的非质数。

我们的第一个平方数

4 可以被表示为 2×2,所以 4 也是最小的有趣平方数(interesting square)(当然我忽略了简单解 0 和 1。不过不用担心,它们不会生气的)。

酷热(和寒冷)的空间

下面是我们太阳系中的行星和其他天体的平均温度 (℃)

太阳: 5505

水星: 167

金星: 464

地球: 15

月亮: −20

火星: −65

木星: −110

土星: −140

天王星: −195

海王星: −200

冥王星: −225

宇宙中已知的最亮的天体系统是海山二(Eta Carinae),距离太阳约 7500 光年。它的温度为 36 000—40 000℃。这幅令人惊叹的蓝色超巨星图片是由美国宇航局(National Aeronautics and Space Administration,简称 NASA)的哈勃太空望远镜(Hubble Space Telescope)拍摄的。

哈勃太空望远镜拍摄的超级质量的海山二周围的气体和尘埃云的照片之一。来源:公共信息

稳稳的柏拉图

数学中,总共有五个柏拉图多面体(Platonic solid),即正多面体。它们分别是什么呢? 我确信你对最广为人知的正多面体 —— 正方体十分了解。人们用复杂的数学语言这样描述正方体:正方体是一个每一面都全等(即都是正方形)的三维图形,所有面在顶点处的交点都相同。柏拉图多面体得名于大名鼎鼎的古希腊哲学家柏拉图,他是个绝顶聪明的人。

5

一年中的第 5 天是 1 月 5 日

快看这些令人惊叹的数字(显然,它们是不按比例显示的!)

−273.15℃

绝对零度,可能的最低温度,在这个温度下,原子理论上会停止运动。根据情况整装待发吧。科学家们称其为 0 开(K/kelvin),开和摄氏度随着温度变化的幅度相同。就像你将在第 10 页看到的,我们在实验室已经得到和绝对零度惊人接近的温度了。

−273℃

生物所能承受的最低温度,这种生物就是水熊(tardigrade)。请翻到第 118 和 119 页了解这个令人惊叹的微小却坚强的无脊椎动物。

−40℃ / F

摄氏温度与华氏温度相交的点。

0℃

冰的熔点。

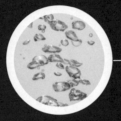

−183℃

氧气的沸点。在沸点以下,氧气以液态存在。液态氧气有许多用途,包括制造医学设施、处理污水和发射火箭飞船。当温度为 −219℃的时候,液态氧气凝固。

6

一年中的第 6 天是 1 月 6 日

完美的 6

找到 6 除了本身以外的除数(我们称这些为"能整除"的除数或"真"因子),并把它们加在一起。你会得到 1+2+3=6。一个数的能整除的因数加起来恰好等于其本身,这并不经常发生。希腊人把它们命名为"完美数(perfect number)",6 是最小的完美数。

在公历年中只有两个"完美的日子"。你能猜出另一个是哪一天吗? 提示: 它就在一月。

12.7℃

记录在案的人体能承受的最低温
度。这项记录由来自波兰的 2 岁
小男孩在 2014 年创造。

100℃

水的沸点 (在海平面上)。

46.5℃

记录在案的人体能承受的最
高温度。这项记录由威利·琼
斯 (Willie Jones) 在 1980
年创造。

36℃

黄油的大致熔点。

70.7℃

记录在案的地球表面最
热温度。于 2005 年在
伊朗的鲁特沙漠测得。

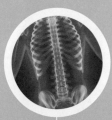

37℃

你的正常平均体温 (我们假
设你是人类)。

7！与一周的分钟数

当我们把一个整数乘所有小
于它的整数直到 1，我们得到数学
家们所谓的"阶乘"，我们用一个感
叹号来表示。即 4!= 4×3×2×1
= 24。

请使自己相信 2×7! 是一周 7
天的准确分钟数，而 10! 是 6 周时
间的秒数。

7

一年中的第 7 天是 1 月 7 日

1027℃
燃烧木头的火焰的最高温度。

151℃
生命可以承受的最高温度 —— 再一次向水熊致敬!

1400℃
蜡烛火焰中最热的部分。

101℃
月球表面白天平均温度。我们至少不能去郊游。

1200℃
火山熔岩的温度(火山爆发时测量)。

357℃
水银的沸点。

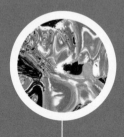

8

一年中的第 8 天是 1 月 8 日

1942 年的这一天,斯蒂芬·霍金(Stephen Hawking)诞生。

F_6

8 是斐波那契数。斐波那契数列——1,1,2,3,5,8,13……——是通过将两个连续的数字相加得到下一个数字产生的。

如你所见,8 是斐波那契数列中第 6 个数字,因此我们有时把它写成 F_6。

幸运 8

8 在中国被认为是特别吉利的数字,因为它的发音 "ba",听起来很像 "fa",意思是好运。

相反,数字 4 听起来像 "si",意思是死亡。不用说,它被认为是**不**幸运的。

$1.416785 \times 10^{32}℃$

被称为绝对热度,或"普朗克温度"。是理论上的最高温度。你不需要再准备一杯水 —— 不仅你和水会消失,所有通常意义上的物理世界都会化为乌有!

5555℃

钨的沸点,它是所有元素中沸点最高的。

5 500 000 000 000℃

最高人造温度(这个数读作 5.5 万亿 ℃/K,或者 5.5×10^{12} ℃)。感谢大型强子对撞机(Large Hadron Collider)在 2012 年 8 月提供给我们信息。

10 000 000℃

原子弹爆发的火球中的最高温度(初始 X 射线爆炸)。

15 000 000℃

太阳内核的温度。像这样的庞大数字,可以简写成 1.5×10^7。

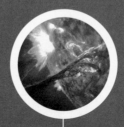

连续指数

数字 8 和 9(2^3 和 3^2 是唯一的连续整数的幂)。

当然了,这看起来挺巧妙的,如果要更复杂一些,你也可以说:

$x^p - y^q = 1$ 对于整数 p 和 q(满足 p,q 皆大于 1)来说只有一组解。

这个猜想在 1844 年被富有传奇色彩的法国(和比利时)数学家欧仁・卡特兰(Eugène Catalan)首先提出。在 160 年以后被罗马尼亚的高手普雷达・米哈伊列斯库(Preda Mihăilescu)证明。

9

一年中的第 9 天是 1 月 9 日

关于寒冷的几个热辣事实：

当温度下降到 20℃以下时，那些酒吧里的当地人也许会回家拿毛线帽了。但我们可以说，在我们这个星球上的其他地方，天气还真是变得十分寒冷了……

事实上，地球上有记录的最冷温度是 1983 年 7 月 21 日在南极洲东方站（Vostok Station）测量到的 -89.2℃。更近期的是于 2010 年 8 月 10 日在南极洲阿尔戈斯冰穹（Dome Argus）测量到的 -93.2℃，但这个记录有待佐证。

虽然以上的温度已经冷得会让你想在背包里加上一双袜子，但是，世界上自然产生的最低温度只比绝对零度高 3 开或 3 度，它出现于相对空旷的空间里。在 2015 年 4 月，来自斯坦福大学的科学家团队申明他们已经将一些铷分子冷却到绝对零度以上 0.00 000 000 005 度。

"有记录的最低温度的国家或地区"中的胜利者是：南极洲（-89.2℃），俄罗斯（-68℃）和格陵兰（-66.1℃）；而此次比赛的失败者是马来西亚（7.8℃），菲律宾（6.3℃）和波多黎各（4.4℃）。

10

一年中的第 10 天是 1 月 10 日

大数字

十进制数字 0，1，2，3，4，5，6，7，8，9 可以形成 3 265 920 个十位的大数字数，一个数字中每个数字至少出现一次。

例如：
4 356 012 879，6 037 428 951 等。它们中有多少个质数？

摈弃令人惊叹的炎热夏日不说,其实澳大利亚的气温在冬日也挺努力的。每个州的最低气温测得为:

新南威尔士:于 1994 年 6 月 29 日在夏洛特山口(Charlotte Pass)测得,−23.0℃

塔斯马尼亚:于 1983 年 6 月 30 日在巴特勒斯峡谷(Butlers Gorge),香农山(Shannon)和塔拉利亚(Tarraleah)测得,−13.0℃

维多利亚:于 1965 年 6 月 15 日在奥米欧(Omeo)和 1970 年 7 月 3 日在 Falls Creek 测得,−11.7℃

昆士兰:于 1961 年 6 月 23 日在史丹霍普(Stanthorpe)和 1965 年 7 月 12 日在 Hermitage 测得,−10.6℃

南澳大利亚:于 1976 年 7 月 20 日在扬加拉(Yongala)测得,−8.2℃

北部地区:于 1976 年 7 月 17 日在爱丽斯泉(Alice Springs)测得,−7.5℃

西澳大利亚:于 2008 年 8 月 17 日在艾尔湖(Eyre)测得,−7.2℃

将相同字母异序词(anagram) 11
翻倍

11

不仅仅 11+2=12+1,并且 "eleven plus two"(11 加 2)是 "twelve plus one"(12 加 1)的相同字母异序词。

11 是第一个两位数的质数,$11×11^{11}+11^{11}-1$ 也是一个质数,且它的表示用了 11 个 1。

一年中的第 11 天是 1 月 11 日

我们所知道的存在的 61 个物体
（还有一些我们真的希望知道）

我们周遭的一切事物 —— 我们的身体，我们的食物，甚至我们呼吸的空气 —— 都是由"原子"组成的。原子是宇宙中物质的基本组成单位。

然而，当我们将原子放大，我们会发现原子还可以进一步被分解成电子、质子和中子。20 世纪最伟大的科学历程就是科学家深入到这些微小粒子中研究的过程。他们的研究证明当你进入到这些粒子中的时候，你会发现 …… 好的，继续猜一猜吧 …… 对了，还有更小的粒子。

以上这些就是我们所熟知的基本粒子。

我们目前所了解的关于基本粒子的知识让我大吃一惊 —— 不只是我们知道的知识*之多*，还有我们取得知识的速度*之快*。就在 1932 年，我们对原子的全部了解就是它的中心有由质子和中子组成的原子核，而电子则在轨道上绕着原子核"公转"。这些科学认知得益于伟大的物理学家 J.J. 汤姆森（J.J.Thomson）（1897 年发现电子），欧内斯特·卢瑟福（Ernest Rutherford）(1911 年发现原子核，1919 年发现质子）以及詹姆斯·查德威克（James Chadwick）(1932 年

12

一年中的第 12 天是 1 月 12 日

荷马的最后一个定理？

在 1995 年美国动画情景喜剧《辛普森一家》的万圣节那一集中，断言 $1782^{12}+1841^{12}=1922^{12}$。但是，如果这是对的，那它就表明世界上最著名的数学理论之一 —— 费马大定理，事实上是错误的。放松，$1782^{12}+1841^{12}$ 不等于 1922^{12}，但非常接近。实际上，$1782^{12}+1841^{12}=1921.9999$-

$9995\cdots^{12}$ 这只是《辛普森一家》的编剧们在动画片中插入的数百个数学笑话中的一个。

英国作家西蒙·辛格（Simon Singh）就这个话题写了一本伟大的书，书名为《数学大爆炸》(*The Simpsons and Their Mathematical Secrets*)。

发现中子）。他们的发现给我们提供了对原子基本形状的初步认知，但也就是初步的认知而已。

接下去的科学预测变得密集起来。然而虽然理论很精彩，但我们缺少仪器做试验证明它们。仅仅 80 年以后，人类所知的基本粒子的数量就从 3 个增长到 61 个。在未来的时间里，这个数字只会继续增长。事实上，物理学家在科研最惊心动魄的时候肯定要用舌头舔舔他们的嘴唇呢。

那么这 61 个基本粒子是什么呢？我们从最难懂的说起。

"夸克（quark）"是极其微小的粒子，它们是质子和中子的基本组成部分。将原子中的原子核设想成是太阳，周围的电子是行星，那么夸克就是组成太阳的物质。组成质子和中子的夸克之间的相互作用对原子核的稳定起着关键作用。

万一你在想"嘿，这挺简单的"，其实我们有 6 个种类或品种的夸克：上（up）、下（down）、奇（strange）、魅（charm）、顶（top）、底（bottom）。每一个种类都有一个名为"反夸克（antiquark）"的反粒子（antiparticle），这使我们得到 12 个对象。但夸克之间的相互作用取决于我们所谓的"颜色"，而每一种夸克有 3 种不同的颜色（红、绿和蓝）。这给出了 6×2×3=36 种不同的夸克！啊。相信我，这是最难缠的部分了。

夸克的发现者之一，默里·盖尔曼（Murray Gell-Mann），根据詹姆斯·乔伊斯（James Joyce）的经典《芬尼根的守灵夜》（*Finnegans Wake*）确定了"夸克"的拼写：

阿基米德多面体

有 13 个阿基米德多面体（Archimedean solid）。阿基米德多面体是一个高度对称的半正凸多面体，它由 2 种或多种在相同顶点相交的正多边形组成。

这里所示的多面体是一个截角二十面体（truncated icosahedron）。它不同于柏拉图多面体（我们之前见过），柏拉图多面体是仅由 1 种在相同的顶点相交的面组成的。

阿基米德多面体的名字来源于古希腊数学家、发明家、物理学家、工程师和天文学家阿基米德。他着实是个数学高手。

13

一年中的第 13 天是 1 月 13 日

Three quarks for Muster Mark!

Sure he has not got much of a bark ?

And sure any he has it's all beside the mark ?

接下去,我们来见见"轻子(lepton)"。一共有 12 种轻子。这种基本粒子之间的相互作用不像夸克一样,而是会做超酷的事情,如形成原子的外层电子。只有当原子"看见"对方的外层电子时,它们才会聚到一起发生惊人的化学反应。

剩下的 13 种基本粒子叫作"玻色子(boson)"。玻色子在和其他粒子相互反应时起了关键性的作用。例如,当光射向太阳能电池板的时候,一种叫作光子(photon)的玻色子帮助我们了解光是如何产生能量的。

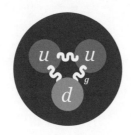

一个光子包含了 2 个"上"夸克、1 个"下"夸克,以及一个帮助所有东西黏合在一起的叫作"胶子(gluon)"的玻色子。

科学家们试图更深入地了解太空,因为名为"轴子(axion)"的粒子也许可以解释暗物质,也可以更深层地洞见宇宙中起着关键作用的各种力,以及所有其他惊人的地方。随着我们对世界组成部分的认识有了更多突破性进展,我们所谓的粒子物理学的"标准模型(standard model)"也在持续变化。

在短短 80 年的时间里,我们所知道的基本粒子数从 3 个增长到了 61

14

一年中的第 14 天是 1 月 14 日

加还是减?

通过在每个数前面选择 + 或 −,可以得到 ±1±2±3±4±5±6±7±8=0 的 14 种解法。

例如:+1+2+3+4−5−6−7+8=0

你能找到全部的解法吗?

个。但就在现在,我们正在启动位于瑞士的大型强子对撞机(Large Hadron Collider,LHC),以发现更多高能量和大质量的粒子。我们在 2012 年很兴奋地确认了希格斯玻色子(Higgs boson)的发现,它的质量相当于 126 个质子,但我们发现它的能量级强烈暗示可能还有更多的粒子。甚至可能有 5 种希格斯玻色子。在 2015 年年中,一个大型强子对撞机的团队似乎确认了有个 5 个夸克组成的方阵,名叫"五夸克粒子(pentaquark)"。好啦,那真是太棒啦。这里的信息是,"注意空间(watch this space)"……懂了吗,空间!

大多数作家都害怕他们书中的参考资料在几年的时间内就会过时,但我对此却十分兴奋。在未来十几年的时间里,我们现在已知的 61 个基本粒子就可能被替代了!

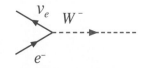

W– 玻色子(W–boson)带走了负电荷,将电子转化为了电子中微子(electron neutrino)。

一个电子衰变为一个电子中微子之时,W– 玻色子带走了负电荷。

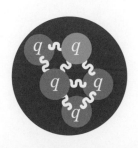

5 个夸克没找任何人麻烦,它们只是以"五夸克粒子"形式游走……

三角形数(Triangular number)

1+2+3+4+5 =15。我们称 15 为第五个三角形数。

三角形数可以用三角形网格点的形式表示,其中第一行包含单个元素,接下来的每一行都比上一行多包含一个元素。

<big>15</big>

一年中的第 15 天是 1 月 15 日

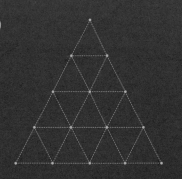

所有物体都是由分子组成的,而分子则是由原子组成的。

原子是由原子核和核外电子组成的。

原子核是由质子和中子组成的。

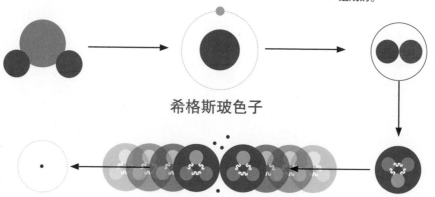

希格斯玻色子

希格斯玻色子存在于一个名为希格斯的场中,它的作用就像糖浆一样。它在降低质子速度中起了关键作用,它使质子得以"凝结",形成物质。

为了证明这个理论,质子在大型强子对撞机中被以超快速度互相冲击。在碰撞中,微小的叫作希格斯玻色子的物质变得可测。

质子是由夸克和胶子组成的。没有人知道为什么质子静止不动,而不是以光速飞速转动,但他们有一个理论。

当一个电子和它的反粒子(antiparticle),即正电子(positron),以超快速度撞击对方时,它们互相湮灭(annihilate),并生成一种以质子形式存在的电磁辐射(electromagnetic radiation)。这些质子中的一些会衰变为一些轻子(lepton),我们称为 μ 介子(muon)或反 μ 介子(anti-muon)。

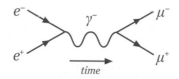

16

一年中的第 16 天是 1 月 16 日

$16 = 2^4 = 4^2$

事实上,当 a 和 b 不相等时,16 是唯一可以写成 $a^b = b^a$ 的数。
莱昂哈德·欧拉(Leonhard Euler)证明了这一点,他无疑是有史以来最伟大的数学之神。

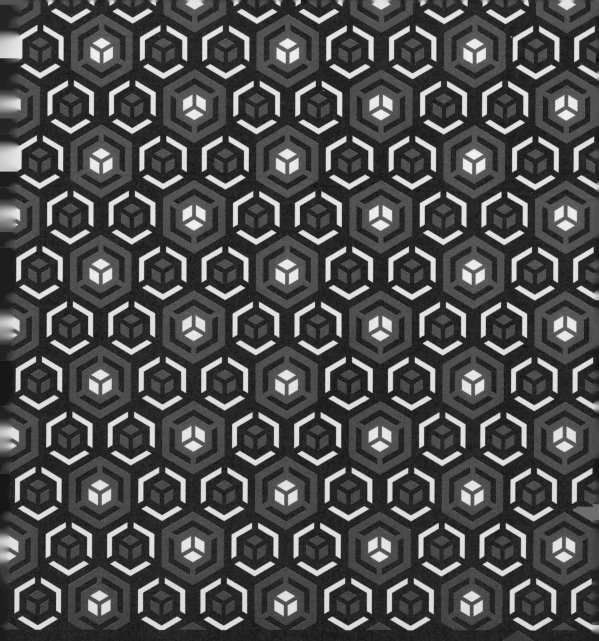

壁纸组 (wallpaper group)

壁纸组, 又称平面对称组 (plane symmetry group) 或特殊镶嵌 (special tessellation), 是一种基于图案对称的二维重复图案。这种图案经常出现在建筑和装饰艺术中。共有 17 种不同的壁纸组。上面的示例属于 *p3m1* 组。

哦, 顺便说一下:
一个英语俳句,
有 17 个音节,
贯穿三行。

An English haiku
Has seventeen syllables
Flowing through three lines

17

一年中的第 17 天是 1 月 17 日。1905 年的这一天, 数学家卡普雷卡尔 (D.R.Kaprekar) 出生了, 比本杰明·富兰克林 (Benjamin Franklin) 晚了 199 年。

布莱恩 · 考克斯（Brian Cox），此人在大型强子对撞机的阿特拉斯项目（Atlas project）工作，他也是已知宇宙中最热的物体之一。

18

可爱的立方

如果你同时考虑 18 的立方以及它的各位数字的和的立方，你会无意中发现一个可爱的小事实：

$18=5+8+3+2$ 和

$18^3=(5+8+3+2)^3=5832$

除了 0 这个平凡解之外，18 是唯一一个等于它的各位数字之和的两倍的数，即 $18=2\times(1+8)$

十分棒！

（译者注：原题为 Firkin awesome！ firkin 是一种容量单位）

我听到你在问，什么是 kilderkin, butt, firkin 和 hogshead？还有 virgate, alqueire, oxgang 和 hide 又是什么？不用再猜了！

不，他们不是你爸爸那些周末来聚会、消失在男性私密空间中的奇怪的朋友，也不是你表哥沉溺其中的某个不知名的瑞典死亡金属乐队。

kilderkin, butt, firkin 和 hogshead 都是英制测量单位，它们中的许多今天还在使用，主要用于饮食行业。1 个 firkin 刚好超过 40 升，2 个 firkin 等于 1 个 kilderkin，3 个 kilderkin 等于 1 个 hogshead。

但是亚当，那 virgate, alqueire, oxgang 和 hide 又是什么呢？很高兴你这样问。它们都是面积单位。1 个 oxgang 是 15 英亩，即一头牛一个季节能耕的地，而 1 个 virgate（2 个 oxgang）和 1 个 hide（4 个 virgate）都源于中世纪英国田牧制度；alqueire 是葡萄牙和巴西的一种传统土地测量单位，它现在还在被人们使用。

干起来！

$19^5 + 19^2 + 19^1 + 19^3 + 19^5 + 19^6 + 19^4 + 19^0 = 52\ 135\ 640$（这里的指数顺序是 52 135 640）。为了测试你的加法技能，用计算器算出这些乘方，然后手工相加！你能做到的，小蚱蜢。

（注意，你可能得问问妈妈或爸爸关于"蚱蜢"的典故 —— 去看电影《功夫》（*Kung Fu*）和电影《龙威小子》（*The Karate Kid*）就更好了。就现在！）

19

一年中的第 19 天是 1 月 19 日

数字中的
悉尼

48 000

有历史意义的悉尼板球场容纳量。
位于悉尼的澳大利亚新西兰银行体育
场可容纳 83 500 人。

31.7%

出生在国外的悉尼人口数。
出生在国外的澳大利亚人口数占总人口数的
22.2% 左右。

4 293 000

悉尼人口估量，这使它成为全国人口最密集的城市。

1222.7 毫米

悉尼年降雨量。
看上去 90% 的降雨都在我外出看足球赛时发生的。

1988

悉尼海港大桥贷款还清的年份。它在 1937 年
的价格大约为 1000 万镑，大约是现在的 15 亿
澳元。注意，我们现在还在付通行费……

20

一年中的第 20 天是 1 月 20 日

欧拉 π

非常重要的数学常数 e 和 π，通过
方程 $e^{\pi} - \pi \approx 20$ 与数字 20 紧密相连
（实际上是 19.999099979…）。

12

是悉尼（也是澳大利亚）的第一支警察部队的员工数量。它是由表现良好的罪犯组成的。会出什么差错呢？

4 340 600

截至 2014 年 6 月，官方统计的悉尼人口数。这大概占澳大利亚总人口数的 21%。

1788

英国人来到澳大利亚的年份。但这远远比不上澳大利亚原住民在此生活的时间，他们已经在这儿生活了至少 40 000 年了。

180 毫米

悉尼海港大桥被记录的膨胀和收缩时的长度变化量（取决于天气状况）。

1 056 006

悉尼歌剧院的瓷砖数。

21 个正方形

　　如果只使用边长不同的小正方形来平铺一个大正方形，则需要至少 21 个较小的正方形。

　　大正方形的尺寸是 112×112，最小的正方形，靠近中间的那个，尺寸为 2×2，组成大正方形的较小正方形中最大的一个，在左上角，尺寸为 50×50。

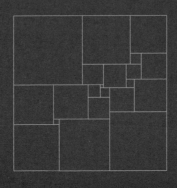

21

一年中的第 21 天是 1 月 21 日

伙计！我的查尔特隆在哪里？

（译者注：查尔特隆，英文为"chaldron"，是旧时英国的一种计量单位，用于煤、焦炭、石灰等。）

"不要把你的烛光藏在蒲式耳下（don't hide your light under a bushel）"这个短语源于钦定本圣经（*King James Bible*）。

在《马太福音》中，以及许多其他资料中，写道："燃烧的蜡烛要放在烛台上，而不是放在蒲式耳（bushel）下，这样才能照亮房间。（Neither do men light a candle, and put it under a bushel, but on a candlestick; and it giveth light unto all that are in the house.）"

虽然这句话是指"如果你有才能做某事，不要羞于向人们说这件事"，但所有的故事总有一个故事背景！蒲式耳不只是一种计量单位，它也表示可以承载1蒲式耳物品的篮子或罐子。因此圣经中的语句意指把光亮藏在罐子里，而不是埋在小麦堆里。

Bushel 这个单词起源于公元 13 世纪中叶，非常可能是由法语单词 buissiel（意为小盒子）衍生出来的。它是干货的计量单位，相当于 4 配克（peck）。1 配克有多大呢？英式配克相当于 2 加仑，而美式配克则等于 8 夸脱。

22

一年中的第 22 天是 1 月 22 日

#$%！

"阶乘"一词描述了一种数学运算，即把一个数乘所有小于它的整数，直到 1。如 3!=3×2×1=6，5!=5×4×3×2×1=120 等。 阶乘增长非常大且非常快。事实上，22!=1 124 000 727 777 607 680 000，你也会注意到它正好是个二十二位数。

如果你有超过 1 蒲式耳的物品,那你可真幸运。你或许甚至有 1 strike(2 个皇家蒲式耳),1 coomb(4 个蒲式耳),1 quarter(8 个蒲式耳),抑或如果你真的计划用你那些干货办一次派对,也许你应该拥有 1 个 load—— 也就是 40 个蒲式耳的东西!

如果你运输的货物是煤炭的话,你也许想要一个我认为更酷的体积单位 —— 一整个查尔特隆(chaldron),或者说 36 蒲式耳。给你一个忠告,一查尔特隆的东西根本没法放进你的背包里。

埃菲尔铁塔上
大约有价值 10 头非洲象的油漆……

换句话说,是 60 吨!

在它的生命中已经被重刷了 18 次,大约每 7 年一次,每一次耗时 18 个月。一个由 25 名专业油漆工组成的团队,被 50 千米的安全绳索悬挂在空中刷漆。这个过程要消耗 1500 把刷子、1500 条围裙、1000 双皮手套刷漆,因为他们是徒手将铁塔装饰一新,每一次都不例外。

生日问题

一个群体必须要有多少人,才能让这个群体中有相同生日的人的概率超过 50%?令人惊讶的是,这道经典的数学"生日难题"的答案是只需 23 个人。

#$% 你马上回来

昨天我们注意到 22! 是个二十二位数。现在我告诉你 23! 等于 25 852-016 738 884 976 640 000,是个二十三位数。你能猜到 24! 是几位数吗?有 …… 是 的,24!=620 448 401 733-239 439 360 000,是个二十四位数。这种规律到此为止。

23

一年中的第 23 天是 1 月 23 日

1862 年的这一天,数学家大卫·希尔伯特(David Hilbert)诞生。

瓶子有多大?

好了,你的酒瓶平均容量是 3/4 升,或者说是 750 毫升。这是为什么呢?

在古罗马时代,酒通常被储存在陶土器皿中,然而到了 16 世纪,随着吹玻璃技术的提升,较富裕的家庭开始用玻璃瓶从木桶中取酒,以得到固定容量。

直到 17 世纪,瓶子开始以更稳定的数量、大小和形状生产,随着时间的推移,才形成了我们今天所使用的"标准"圆筒形酒瓶。

在接下去的几个世纪中,瓶子大小一直在变化(事实上,直到 20 世纪 70 年代,它们才被标准化到 750 毫升),但它们那时的容量一直在 600 毫升到 800 毫升之间。为什么呢? 好吧,其实有好几个不同的解释。其中最无聊的,但也许是最实际的理由是这其实仅仅是最方便的大小 —— 携带起来方便。

对我个人来说,我更喜欢其他的可能性,例如这个容量(大约 750 毫升)恰好是玻璃吹制工的肺的平均容量(因此那也是他们可以吹出的最大酒瓶),或者,据一些人说,这个量也被认为是一个成年人每顿饭可配的"正确"的饮酒量。无疑,那时候酒中的酒精含量大抵比现在要低,大约为 10%,但那仍是相当大的酒量!

24

一年中的第 24 天是 1 月 24 日

1984 年的这一天,苹果发布了第一代操作系统。

4!= 4×3×2×1=24

这意味着 4 个人可以排列成 24 种不同的方式。这可能并不是那么令人印象深刻,但是 62 个人可以排列成 62! 种不同的方式,这可比整个可观测宇宙中基本粒子的存在方式还要多!

金字塔的平方

你知道除了平凡解的 1, $1^2+2^2+\cdots+24^2=70^2$ 是唯一的非平凡解的金字塔数(pyramidal number)且是平方数吗? 现在你知道了吧!

你大概不知道的关于前 100 个元素的 100 个事实：

我猜想在人类发现的所有数列中，我们可以公正地说元素周期表带给我们对这个世界最大程度的理解。

元素周期表中的元素是根据原子序数排列的，其实它就是原子核中质子的个数。如果你愿意的话，也可以将它们看作是原子的心脏。

从 1 到 100，即从氢（hydrogen, H）到镄（fermium, Fm），在这本书中你将看到 100 个（抑或更多）关于这 100 个元素的你所不知道的奥秘。

让我们从非常充足的太阳燃料开始吧……

2345678910111213141516171819202122232425262728293031323334353637383940414243444546474849505152 53
455565758596061626364656667686970717273747576777879808182838485868788899091929394959697989 9100

2 个数的平方和

25 是能写成两个正数的平方和的最小的平方数：
$$25=5^2=3^2+4^2$$
下一对是什么？

在涉及 2 个数的平方和这样酷炫的话题时，还有以下事实：24^2+25^2 是质数，25^2+26^2 也是质数。

25

一年中的第 25 天是 1 月 25 日

氢

（Hydrogen）

氢是宇宙中含量最多的元素，占*所有*元素的 88%。它是像太阳这样内核温度达到 15 000 000℃的恒星的燃料（戴上帽子吧！）。在这样的高温下，氢原子中的质子通过核聚变成为氦原子。这个过程产生了巨大的能量。这样的能量要经过一百万年才能到达太阳的表面，之后只要 8 分钟太阳的光就会到达地球。

26

一年中的第 26 天是 1 月 26 日

费马的三明治

费马三明治定理（Fermat's sandwich theorem）陈述的是：26 是介于完全平方数 5^2=25 和完全立方数 3^3=27 之间唯一的数字。根据西蒙·辛格在 1997 年发表的论文，在挑战其他数学家去证明这个结果却不透露自己的证明结果之后，费马还特别喜欢嘲笑英国数学家沃利斯（Wallis）和迪格比（Digby），因为他们无法证明这一结果。

氦

（Helium）

氦和氢的含量占宇宙所有元素总量的 99%！当然了，氢元素的总量是氦元素总量的 8 倍。氦的沸点和熔点是所有元素中最低的。

我们很多人吸入氦气后，说话声音会变得很奇特。这是因为声音从你声带中发出后，通过和以往不同的介质 —— 氦气，所以听上去会不同，有时甚至颇为搞笑。

$27^3 = 19\,683$

它的各位数字之和是 27。

一个数的立方数的各位数字之和等于这个数本身的情况不多。你能找到 6 个较小的像这样的数吗？

提示：有两个答案是"平凡解"。

27

锂

（Lithium）

锂是元素周期表中的第三个元素，它是一种柔软的、银白色金属。和氢和氦一样，锂也是在宇宙大爆炸中诞生的，只是数量极少。有微量的锂存在于生物体中，但我们暂时还不知道它有什么特殊的生理功能。但是，锂却在医疗中有很大用处，比如锂离子 Li^+ 在狂躁症的治疗中可以起到稳定患者情绪的作用。

28

一个完美的日子……

28 的真因子有 1, 2, 4, 7 和 14。而且，我们还可以得到 $28=1+2+4+7+14$。

所以，28 是第二个完美数（这个数等于它的真因子的和）。它也是 365 天中最后一个为完美数的一天。

和除了 6 以外的所有完美数一样，它是从 1 开始的连续奇数的立方之和，即 $28=1^3+3^3$。

请证实 496 是一个完美数，并找出立方和为 496 的从 1 开始的连续奇数。

铍

（Beryllium）

　　仅有的在宇宙大爆炸中形成的元素是氢、氦和锂。铍是元素周期表中第一个没有在宇宙大爆炸中形成的元素。

　　虽然它没有宇宙大爆炸的名片，但铍依然是十分重要的元素。1932 年，诺贝尔物理学奖获得者、英国物理学家詹姆斯·查德威克用镭的 α 射线撞击铍，发现了中子。太酷了。

…… 我的生日！

祝我生日快乐！
2^{29}=536 870 912 是一个没有重复数字的九位数。

　　从 2 开始到 29 的所有数要么是质数，要么最多有 2 个质因数。例如：12 = 2×2×3，所以它的质因数是 2 和 3。这个系列将在明天，

即第 30=2×3×5 天停止。

我的生日！

硼

（Boron）

　　硼的名字来自阿拉伯语的 buraq，意为白色，这也是硼砂（borax）或硼酸钠（sodium borate）的英文名字，硼就是从硼砂中提炼出来的。著名的英国化学家汉弗莱·戴维（Humphrey Davy）把"borax（硼砂）"和"carbon（碳）"合并成为硼（boron）。

　　硼的存在是宇宙大爆炸不均衡的有力证明。这是什么意思呢？这就是说宇宙大爆炸没有产生均匀分布的质子、电子和中子。简单吧！

12345678910111213141516171819202122232425262728293031323334353637383940414243444546474849505152525 455565758596061626364656667686970717273747576777879808182838485868788899091929394959697989910

30

一年中的第30天是1月30日

坏女孩（*Dirty Gertie*）（译者注：选自电影《来自哈林区的坏女孩》（*Dirty Gertie from Harlem U.S.A*）名字的一部分）

$1^1+2^2+3^3+\cdots+30^{30}=208\ 492\ 413\ 443\ 704\ 093\ 346\ 554\ 910\ 065\ 262\ 730\ 566\ 475\ 781$ 是一个质数。也许你最好相信我的话。

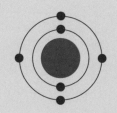

碳
（Carbon）

碳的原子核中有六个质子，它存在于各式各样的物体中，从铅笔芯到钻石，同时，它也是生命体存在的最重要因素。生物进食和呼吸，植物生长和细胞支撑都需要碳的作用。

人体 1/4 的质量都是碳。因为碳可以在我们的细胞内和其他元素组成十分强的化学键，例如人类组织的组成部分 —— 氨基酸，所以你应该被称作是"碳基生命体（carbon-based life form）"。

梅森素数（Mersenne prime）

31 是质数，而且 $31=2^5-1$。也就是说，31 是一个具有 2^p-1 形式，其中 p 是质数的质数，我们称这些数为梅森素数，我们发现的大多数质数都是梅森素数。2013 年 1 月，柯蒂斯·库珀（Curtis Cooper）发现了这个大得离奇的质数 $2^{57\,885\,161}-1$，它的数位超过 1700 万位。

通过搜索"TED 亚当·斯潘塞演讲"，可以查看我关于这个主题的 TED 演讲。

31

一年中的第 31 天是 1 月 31 日

氮

（Nitrogen）

我可以确定，如果没有氧气，你会窒息至死。但是你知道事实上我们吸入的空气中 78% 是氮气吗？不仅仅是这样，当氮气的成分远高于 78% 时，你会因缺氧而死。下一次你深呼吸时想想我说的这些吧！

氮气在工业上用途甚广。比如安全气囊就是由易爆炸的叠氮化钠（sodium azide，一种由钠和氮组成的化合物）做成的。撞上啦！

32

一年中的第 32 天是 2 月 1 日

问问莱兰数（Leyland numbers）吧

$32=2^5$ 以及 $32=1^1+2^2+3^3$。

如果一个数可以写成 a^b+b^a 的形式，其中 a 和 b 都不等于 1，那么这个数就叫作莱兰数。请验证 32 就是一个莱兰数。

如果你注意到这些日历条目的标题，你会发现大多数都只是押头韵或恶搞双关语。这篇文章可能会让年轻读者感到困惑，建议向你们的父母亲询问关于莱兰兄弟（Leyland Brothers）的情况，或者在网上查询。

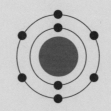

氧

（Oxygen）

虽然氧是元素周期表中的第 8 个元素，甚至没有在宇宙大爆炸中形成（宇宙大爆炸只产生了氢、氦和锂），但事实上氧是宇宙中含量第三丰富的元素。

在一个普通的 70 千克的成人（或是超重的儿童，我猜）身上，大约 44 千克（占总质量的 63%）是氧。这听起来有些奇怪，因为氧是一种气体，但大家不要忘了氧气和氢气反应可以形成水。令人惊奇的是，水通常占成人质量的 60%。

精致而年轻的阶乘

验证：33=1!+2!+3!+4!

33!−1 是一个（相当大的）质数。32!−1 是一个（没那么大，但仍然相当大的）质数。32 和 33 是已知它们的"阶乘减去 1"后是质数的最大连续整数。

我们称 $n!+1$ 和 $n!−1$ 形式的质数为阶乘质数。

所以 4!−1=4×3×2×1−1=23 是一个阶乘质数，同样，3!+1=3×2×1+1=7 也是。

我们目前知道的最大的阶乘质数是有 712 355 个数位的巨数 150 209!+1。

33

一年中的第 33 天是 2 月 2 日

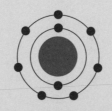

氟

（Fluorine）

　　尽管我们大多数人都听说过、也有机会接触加氟自来水，但你知道其实氟也存在于鸡肉、猪肉、鸡蛋、黄油、奶酪和各种各样的鱼肉和茶中吗？特氟龙（teflon），以使不粘锅"不粘"而出名的原料，就来源于高分子聚合物聚四氟乙烯（polytetrafluoroethylene）。有些人声称不粘锅的技术是人类从太空竞赛中获得的，其实事实恰恰相反。在特氟龙被列为 1969 年登月飞行器的主要材料之前的十年，不粘锅的技术就存在了。

12345678910111213141516171819202122232425262728293031323334353637383940414243444546474849505152 53 5455565758596061626364656667686970717273747576777879808182838485868788899091929394959697989 9100

34

一年中的第 34 天是 2 月 3 日

整洁的和主要的

　　34 是最小的满足它自身及其相邻的两个数都可以被表示为相同数量的质数的乘积的整数。
　　也就是说，33=3×11，34=2×17，35=5×7，每一个数都是 2 个质数的乘积。

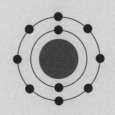

氖

（Neon）

魅力四射的绅士、登山运动员和有机化学教授 J. 诺曼·科利（J.Norman Collie）是如此酷炫的一个家伙，以至于有人猜测他就是柯南道尔笔下著名的侦探夏洛克·福尔摩斯的原型（福尔摩斯本身就是一个化学家）。科利有着众多重要的成就，据说他还发现了氖，虽然事实可能并非如此。霓虹灯看上去 —— 说实话 —— 虽然有点俗气，但它们却异常耐用。一个最普通的霓虹灯可以使用 20 年而不用维修。

六连块的华丽表演

请审视这 6 个勇敢而自由的六连块（由 6 个全等的正方形连成的图形）。

当我说"自由（free）"时，我指的不是"越狱"。我的意思是它们相互之间不能由旋转或者反射得到。

总共有 35 种不同的六连块，试着找出它们。你可以在网上查找任何你错过的形状。

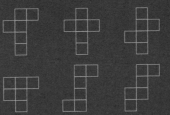

35

一年中的第 35 天是 2 月 4 日

飞行中的数字

4.88

澳大利亚人劳伦斯·哈格雷夫（Lawrence Hargrave）飞行的米数。他于1894 年 11 月 12 日在他的盒子风筝中飞行。他将 4 个风筝连接起来，加上一个吊带座椅，然后就越飞越高啦。

4

威尔伯（Wilbur）和奥维尔·莱特（Orville Wright）于 1903 年 12 月 17日简易飞行的总次数。他们成就了第一次动力驱动、持久且可控的飞机飞行。在 19 世纪 90 年代，这对兄弟开了一家自行车维修和销售店（名为 the Wright Cycle Exchange，之后被称为 the Wright Cycle Company），利用人们对自行车的狂热来为他们对飞行的热情筹得资金。

14.56

阿梅莉亚·埃尔哈特（Amelia Earhart）在 1932 年横跨大西洋单人飞行的时间，用小时计算。她原本计划飞到巴黎，以赶上查尔斯·林德伯格（Charles Lindbergh），但在遇到了猛烈的北风、寒冷的天气以及动力系统的问题后，她在北爱尔兰德里城北部卡尔莫的一个草场上降落。当一个农夫问她："你飞得远吗？"埃尔哈特回答："从美国来的。"对于这场旅行，她所用的是一台单个引擎，Lockheed Vega 5B。它大约有 8.39 米长，12.49 米宽（机翼长度），而高度则为 2.59 米。在 1937 年一次试图环游全球的计划中，埃尔哈特在太平洋中心临近蒙兰岛（Howland Island）的地方失踪了。

13 110

被小型飞艇齐柏林伯爵号（Graf Zeppelin）携带的乘客的人数，这是史上第一架飞行超过 100 万英里（1 英里约等于 1.61 公里）的飞机。它飞行了 590 次，144 次跨洋飞行，在空中时间超过 17 177 小时。它在 1928~1937年间飞行，在 1940 年报废。当时德国空军部长赫尔曼·戈林（Hermann Göring）决定将它的金属熔化以重新被德国军用飞机工业使用。

36

1937 年 5 月 6 日，小型飞艇兴登堡号（Hindenburg）遇难死亡人数。飞机上的 97 个人中，35 个死亡（还有一个地面人员）。在一次停靠系留塔失败后，飞艇尾部着火，点燃了泄漏的氢气。虽然此次火灾的原因存在争议，但一个合理的解释是静电起火。这次事件大大打击了人们对飞机的信心，也标志着一个时代的终结。

36

一年中的第 36 天是 2 月 5 日

三打

36 是前 3 个数的立方和，即 $1^3 + 2^3 + 3^3 = 36$。

前 n 个数的立方和总是等于某一个数的平方。对于那些习惯使用数学符号表示的人而言，我们这样表达：

$$\sum_{k=1}^{n} k^3 = \left[\frac{n(n+1)}{2} \right]^2$$

注意，这个序列和它的公式（可能是由）尼科马霍斯（Nicomachus）在公元 100 年左右发现的。

2140

协和式飞机（Concorde）平均飞行速度 —— 以千米每小时记。而声速为 1225.044 千米/时。[空中客车公司（airbus）A380–800s 也仅能以平均 900 千米/时的速度飞行。] 协和式飞机横跨大西洋的飞行时间不到其他飞机的一半。一共只有 20 架这样的飞机被制造出来，且它们在 2003 年报废，这是因为飞行工业的普遍衰退，加上 2000 年协和式飞机的唯一一次失事（法航 4590）、911 恐怖袭击事件以及空中客车公司终止维修支持的决定。

13 804

世界上最长的不停歇的飞行距离，以千米计算。澳洲航空公司（Qantas）的 QF8 从达拉斯·沃斯堡（Dallas Fort Worth）飞行到悉尼，一共用时 16 小时 50 分钟 —— 可以放好多集《生活大爆炸》（*The Big Bang Theory*）呢！下一个有关澳大利亚的进入全球前 20 名最长不停歇的航行是从洛杉矶公司飞到墨尔本。全程有 12 748 千米，需要 15 小时 50 分钟，飞机是由澳洲航空公司和联合航空（United Airlines）公司运营的。

1122

单次航行乘客人数世界纪录。在 1991 年 5 月 24 日，一架 El Al 747 飞机承载了 1122 名乘客（1087 名乘客已经注册，还有一些小孩藏在妈妈的袍子里），他们都是从埃塞俄比亚转移到以色列的犹太人。有多个婴儿出生在此次航班上。

41 467.46

2006 年 2 月 12 日，由美国商人兼飞行家史蒂夫·福塞特（Steve Fossett）驾驶的最长时间的非商业动力飞机所飞行的距离，以千米计算。福塞特在 2007 年 9 月 3 日死亡，当时他正飞越位于内华达州（Nevada）的大盆地沙漠（the Great Basin Desert），他没能活着返回。那年他 63 岁。

21 602.22

商业飞机飞行的最长距离，以千米计。一架波音 777–200LR 飞机，搭载着飞行员苏珊娜·达茜·亨尼曼（Suzanna Darcy-Henneman），阿西夫·阿巴斯·拉扎（Asif Abbas Raza），约翰·卡什曼（John Cashman）以及穆罕默德·利亚斯·马利克（Mohammed Ilyas Malik），从香港国际机场飞到伦敦希思罗机场（Heathrow Airport），绕远路飞行，历时 22 小时 22 分钟。

65 000

美国飞行员约翰·爱德华·隆（John Edward Long）（1915~1999）在空中所待的时间（以小时计）。约翰以最多飞行时间创造了吉尼斯世界纪录。而且，我推测，那将是最频繁的飞行积分！

角色转换

一个惊人的逆转：37 是第 12 个质数，73 是第 21 个质数。这是符合此规律的唯一一已知的组合，并且，你会在 3 月 14 日发现，它使《生活大爆炸》中的谢尔顿真的很兴奋。

37 和 38 是第一对不能被它们的任何数位上的数字整除的连续整数。

37

一年中的第 37 天是 2 月 6 日。

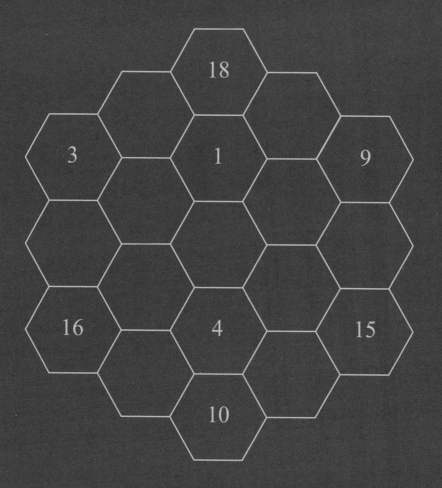

神奇的六边形幻方

38

一年中的第 38 天是 2 月 7 日

　　38 是唯一可能的六边形幻方中的常数，它利用了所有的自然整数，直到且包括 19。它是由厄恩斯特·冯·哈塞尔伯格（Ernst von Haselberg）在 1887 年发现的，1895 年，W·拉德克利夫（W.Radcliffe）和其他几个人也发现了它。最终，它也被克利福德·W·亚当斯（Clifford W.Adams）攻克，从 1910 年到 1957 年，亚当斯

一直致力于解决这个问题。克利福德是美国瑞丁铁路公司的货运经理兼职员，1963 年，他将这个难题的答案转交给了著名的数学谜题设定者马丁·加德纳（Martin Gardner），加德纳将亚当斯的六边形幻方提供给了查尔斯·W·特里格（Charles W.Trigg），特里格通过数学分析发现，在不考虑旋转和反射的条件下，它是独一无二的。

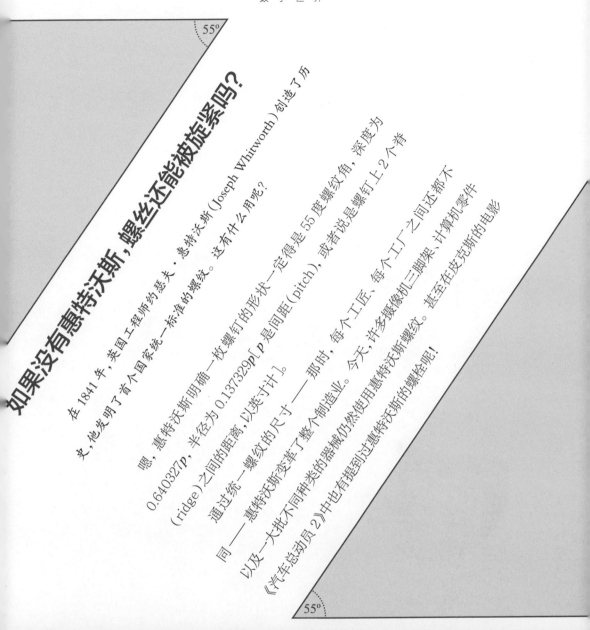

55°

55°

如果没有惠特沃斯，螺丝还能被旋紧吗？

在 1841 年，英国工程师约瑟夫·惠特沃斯（Joseph Whitworth）创造了历史，他发明了首个国家统一标准的螺纹。这有什么用呢？

嗯，惠特沃斯明确一枚螺钉的形状一定得是 55 度螺纹角，深度为 0.640327*p*，半径为 0.137329*p*[*p* 是同距（pitch），或者说是螺钉上 2 个脊 (ridge) 之间的距离，以英寸计]。

通过统一螺纹的尺寸——那时，每个工匠、每个工厂之间还都不同——惠特沃斯改变了整个制造业。今天，许多摄像机三脚架、计算机零件以及一大批不同种类的器械仍然使用惠特沃斯螺纹。甚至在皮克斯的电影《汽车总动员 2》中也有提到过惠特沃斯的螺栓呢！

阿姆斯特朗数（Armstrong number）

39

一年中的第 39 天是 2 月 8 日

阿姆斯特朗数[或称自恋数（narcissistic number）、超完全数字不变数（pluperfect digital invariant number）]，是指满足等于其各位数字的幂的和，且幂的指数为原数数位个数的数。例如：三位数 371 就是一个阿姆斯特朗数，因为 $3^3+7^3+1^3=371$。

最大的阿姆斯特朗数 115 132-219 018 763 992 565 095 597 973-971 522 401 有 39 位数字。

这意味着 $1^{39}+1^{39}+5^{39}+\cdots+4^{39}+0^{39}+1^{39}=115\ 132\ 219\ 018\ 763\ 992-565\ 095\ 597\ 973\ 971\ 522\ 401$。哎哟，今天我得歇会儿。

异乎寻常的重量

你曾经思考过这个问题吗：最重的火车和吉萨大金字塔的一小块，哪一个更重？

 ≈

1
座 13 吨的大本钟

100 000
个美味的橙子

 ≈

1
辆 99 700 吨的 BHP 铁矿石火车

1/60
个吉萨大金字塔

40

一年中的第 40 天是 2 月 9 日

1986 年的这一天，我们最后一次看到哈雷彗星。

成功的 40

在英语中，"四十（forty）"是唯一一个字母按字母表顺序排列的整数。

在两种最常用的温标中，华氏零下 40 度和摄氏零下 40 度是一样的。

$40^6+40^5+40^4+40^3+40^2+40+1$ 是质数，$40^4+40^3+40^2+40+1$，40^2+1 也是质数，同样是质数的还有 40^2-40-1。

嗯,你现在知道啦!

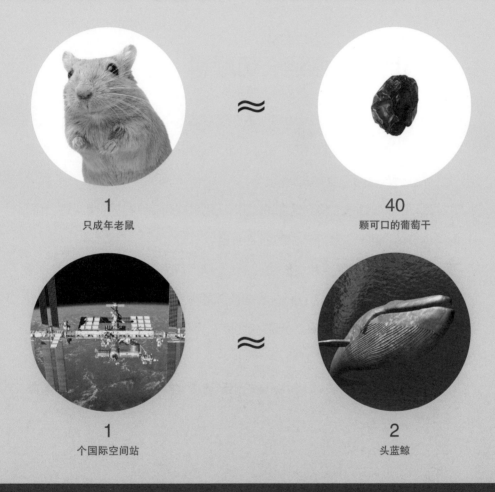

1
只成年老鼠

≈

40
颗可口的葡萄干

1
个国际空间站

≈

2
头蓝鲸

41

可以用 2 种方式表示为连续质数之和。其中的一种是 41=11+13+17。请找出另一种。

41:有趣的力量

11^{41}=4 978 518 112 499-354 698 647 829 163 838 661-251 242 411,这是我们已知的得数不包含 0 的 11 的最高次幂。

41

一年中的第 41 天是 2 月 10 日

目前为止，沙发搬运一切顺利

任何搬过家的人无疑都经历过要将沙发移动到一个角落、搬上楼梯以及经过一扇门的挫败、压力和身体的疼痛。

"见鬼，它最初是怎么移到这儿的，房子是绕着它造的吗?"你尖叫着、愤怒着，同时也在墙上再一次留下一层摩擦的痕迹。

好吧，如果这算是一点儿安慰的话，这个问题衍生出了一个可爱的趣味数学问题，名叫"沙发问题"。这个问题就是: "能够顺利经过一个长廊中的 1 单位宽的 L 形角落的最大且坚硬的二维形状的面积为多少?"

这个形状被约翰·哈默斯利（John Hammersley）发现，是 2 个半径为 1 的四分之一圆，和一个边长为 1 和 $4/\pi$ 的矩形连接，再减去半径为 $2/\pi$ 的半圆。因此它的面积是:

$$\pi/4+1\times（4/\pi）+\pi/4-1/2\times\pi\times(2/\pi)^2=\pi/2+2/\pi\approx 2.207416$$

42

一年中的第 42 天是 2 月 11 日

海伦三角形（Heronian triangle）

如果一个三角形的面积的数值等于周长的数值，我们称它为均等的（equable），如果这个三角形的边长和面积都是整数，我们称它为海伦三角形。

只有 5 个均等的海伦三角形。像右图这个，它的周长（P）和面积（A）都等于 42。

其余的 4 个是（9,10,17; $P=A=$ 36）、（6,25,29; $P=A=60$）、（5,12,13; $P=A=30$）及（6,8,10; $P=A=24$）。

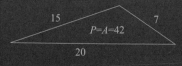

另一个名叫约瑟夫·杰弗(Joseph Gerver)的数学家发现了一个更加复杂的"沙发"形状,由 18 条弧组成,它的面积更大,$A \approx 2.219532$,但请相信我,看上去坐在上面真的不那么舒服!

对弈!

1950 年 3 月,伟大的计算达人克劳德·香农(Claude Shannon)提出,在一场国际象棋比赛中,大约有 10^{43} 个可以落子的位置。

我经历过它们中很多最糟糕的情形!

隐身在以色列

如果你在以色列,想要对某人隐藏你的来电显示,只要在那个人的电话号码之前输入"*43"就可以了。欧耶! 你是匿名的。

43

一年中的第 43 天是 2 月 12 日

1809 年的这一天,查尔斯·达尔文(Charles Darwin)诞生。

数字中的
墨尔本

1835
在这一年墨尔本被一个叫约翰·巴特曼（John Batman）的农民发现，有一阵子这个城市被称为"巴特曼城（Batmania）"！

6~12
墨尔本境内每平方千米里生存的狐狸只数。它被称为澳大利亚的"狐狸之都"。

25 000+
墨尔本骑自行车的人数（比澳大利亚其他城市都多）。

121 696
在 1970 年 VFL 决赛现场观看到卡尔顿（Carlton）以 17.9（111）比 14.17（101）打败柯林伍德（Collingwood）的人数。

澳大利亚用公共假日庆祝墨尔本杯比赛的省会城市个数。

44

一年中的第 44 天是 2 月 13 日

重排（deranged）

有 44 种方法可以重新排列数字 1 到 5，保证所有的数字都不在它的自然位置。这被称为一种"重排"。从 1 到 n 重排的总数，是由右边那个看起来很吓人但实际上不那么糟糕的公式给出的。

$$d(n) = n! \times (1 - \frac{1}{1!} + \frac{1}{2!} - \frac{1}{3!} + \frac{1}{4!} \cdots + \frac{(-1)^n}{n!})$$

所以我们可以把数字 1,2,3,4,5 重排，用

$$d(5) = 5! \times (1 - \frac{1}{1!} + \frac{1}{2!} - \frac{1}{3!} + \frac{1}{4!} - \frac{1}{5!})$$

$$= 120 \times (1 - \frac{1}{1} + \frac{1}{2} - \frac{1}{6} + \frac{1}{24} - \frac{1}{120})$$

$$= 120 \times (1 - 1 + \frac{60}{120} - \frac{20}{120} + \frac{5}{120} - \frac{1}{120})$$

$$= 120 \times \frac{44}{120} = 44 \text{ 种方式。}$$

92

尤里卡大厦（Eureka Tower）的楼层数，它是墨尔本最高的建筑。

312 千米 / 时

城市的时速限制。好吧，在举行澳大利亚大奖赛（Australian Grand Prix）期间对某些车手来说。

450

墨尔本 244 千米长的轨道系统中有轨电车的数量，是世界上除欧洲以外最大的。

1912

澳大利亚第一个交通指示灯被建造的年份。此灯位于柯林斯街（Collins Street）和斯旺斯顿街（Swanston Street）交界处。

928 平方米

世界上最大的彩色玻璃的面积——位于维多利亚国家美术馆（National Gallery of Victoria），由伦纳德·弗伦奇（Leonard French）在 20 世纪 60 年代创造。

卡普雷卡尔数（Kaprekar number）

45

45 是第三个卡普雷卡尔数。一个数被称为卡普雷卡尔数，即如果你将这个数平方，再把平方后的数分成数位长度相等或几乎相等的两部分，最后将各部分的数加起来，可得到最初的这个数。

例如：45^2=2025，而 20+25=45，因此 45 就是卡普雷卡尔数。

有趣的是，45 的立方或者四次方，也都是卡普雷卡尔数。

45^2=2025，而 20+25=45，
45^3=91125，而 9+11+25=45，
45^4=4 100 625，
而 4+10+06+25=45。

一年中的第 45 天是 2 月 14 日

硬币谜题

　　金钱在字面意思上也许无法使世界运转，但说它为世界正常运转做出巨大贡献也是合乎情理的。下一次当你愉快地把五块钱扔给收银员的时候，想想这些钱后面的故事……

硬币：5 分、10 分、20 分、50 分、1 元和 2 元

　　澳元 5 分的价值取决于市场上铜和镍的价格。在 2007 年，一个 5 分的金属硬币大约价值 6.5 分，然而从那以后金属的价格一降再降，所以现在金属的价格不会超过硬币的价格了。

　　用硬币支付较大货物是可以的，但却有约束。事实上，你不能带一手推车的 5 分硬币走进店铺，去买另一个手推车！如果你只有 5 分、10 分、20 分和 50 分硬币，商人可以拒绝你买超过 5 元的货物。类似的，如果你有一堆 1 元和 2 元的硬币，你只能用 10 个任意硬币，之后店员就可以对你说"不，谢谢"了。当然了，他们有时也会接受更多硬币，因为有找的零钱总是好事。

　　在中国沈阳可没有这种规定。在 2015 年 6 月，一名男子用 4 吨硬币购买了价值 14 万元的汽车，他声称这些钱是他在加油站工作时收集的！

46

一年中的第 46 天是 2 月 15 日

1564 年的这一天，伽利略·伽利雷（Galileo Galilei）诞生。

国际象棋

　　在一个 9×9 的棋盘上，有 46 种基本的方法可以放置 9 个皇后，以满足没有哪个皇后可以攻击其他皇后的要求。

　　解决这个问题并不难，但是要找到一个 9×9 的棋盘可能会有点儿困难。

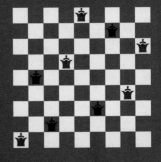

为了应对稳定上升的价格，澳大利亚在 1992 年取消了 1 分和 2 分硬币的流通。很多这些 1 分和 2 分的硬币最终变得比它们想象的值钱得多，因为它们被熔化制作成悉尼奥运会的铜牌啦。

纸币：5,10,20,50,100……5000,10 000

在 1966 年，一个全国性的比赛开始了，它的宗旨是为澳元找到更具"澳大利亚风格"的名字。被淘汰的名字有"austral""boomer""kwid"以及"ming"，说真的，挺遗憾的。"嘿，伙计，给我 10 个 boomers 好吗？"听上去像是个好主意。

澳大利亚是世界上第一个使用塑料（聚合物）制作完整纸币系统的国家，这使其更加安全，不会受到假币的困扰。这些彩色聚合物纸币的历史也是多姿多彩的。

在 1967 年，两个毫无造假币经验的普通的澳大利亚人决定试着伪造 1966 年 2 月 14 日开始流通的新的 10 澳元纸币。"十进制日（Decimal Day）"，就像人们知道的那样，是澳大利亚取缔英镑并创立自己的货币的时刻。不管怎么说，杰弗里·马顿（Jeffrey Mutton）经营着墨尔本郊区的一家牛奶店，而他具有艺术家潜质的朋友弗朗西斯·帕普沃思（Francis Papworth）在附近的一家复印工厂工作。再加上另外几个可疑的人，他们贪婪地制造出了价值 800 000 澳元的 10 元纸币。换算成今天的货币，接近 1000 万澳元，这应该可以买很多奶昔和薯条吧。

47

在前 1000 个质数中出现了 47 次（例如，47，347 和 4703 都是质数，另外的 44 个质数也都包含了"47"）。

不仅如此，在右图中，有 47 个三角形。

一年中的第 47 天是 2 月 16 日

在接下去的很多年间，这些纸币一直在流通，这使人们对 10 元纸币充满了怀疑。举个例子，联合工程联盟（Amalgamated Engineering Union）的成员就在领薪水时拒绝接受它们。这个事件的结果，就是澳大利亚储备银行（Australia's Reserve Bank）请求国家最重要的科研机构 CSIRO（译者注：澳大利亚联邦科学与工业研究组织），来制造世界上最安全的纸币。

利用聚合物科技将透明的塑料纸板嵌入纸币内，这个过程中产生了人们称为"衍射光栅（diffraction grating）"的现象，即将光分为好几束。今天，超过 30 亿的聚合物纸币在 22 个国家使用。

在美国

在 2014 这个金融年中，美国造币局计算了要制造以下两种货币所需成本：

1 便士需 1.7 美分

1 个镍币（5 分硬币）需 8 分

然而，总的来说，造币局因"货币铸造税（seigniorage，即钱币本身的价值和制作它所花的成本之差）"赚了 2.891 亿。这是除却便士和镍币本身 9050 万美元后的价值。

虽然现今美国印制的纸币面额为 1 美元、2 美元、5 美元、10 美元、20 美元、50 美元、100 美元，在这以前，面额为 500 美元、1000 美元、5000 美元，10 000

48　　　　　　　时光流转

一年中的第 48 天是 2 月 17 日

正好有 10 个因数的最小数字。
请找出所有的因数。

48×48=2304
而 48×84=4032

美元的纸币也被普遍使用。虽然它们严格上说仍然是法定货币，但最后一批在 1945 年发行。

非十进制货币（non-decimal currency）

毛里塔尼亚（Mauritiania）[1 乌吉亚（ouguiya）=5 库姆斯（khoum）]和马达加斯加（Madagascar）[1 阿里亚里（ariary）=5 伊莱姆比拉贾（iraimbilanja）]是仅有的 2 个使用非十进制货币的国家。然而，在这两个情形中，主要单位的价值是如此之低，以至于它们的子单位毫无实际用途。

马耳他主权军事教团（Soveriegn Military Order of Malta）的官方货币是斯库多（scudo），它被分为 12 个 tari（单数形式为 taro），每一个相当于 20 个 grani，每个 grano 中有 6 个 piccioli。

在很长一段时间里，在许多西方国家，十进制货币与其说是一种常态，还不如说是一个例外。非十进制货币的优势在于，它们相比于十进制货币，可以更简便地被整除（尤其是被3和8），因此对文化程度较低的人们来说使用起来更方便。

大面额

说到大面额纸币，我们可能遇到的官方流通的最大面额的纸币包括 500 欧元（euro）纸币、日本的 10 000 日元（yen）纸币、印度尼西亚的 100 000 卢比（rupiah）纸币以及越南发行的 500 000 盾（dong）纸币。但在你兴奋起来之前，

请成为平方倍数！

很多数字都是"平方倍数"即它们可以被一个不是 1 的平方数整除。

例如，28=4×7，而 4=2^2。

49 的特别之处在于它是具有这种特征的最小的数，而且它的两个邻居也都是平方倍数。我的

意思是 49=7^2，夹在 48=3×4^2 和 50=2×5^2 之间。

49

一年中的第 49 天是 2 月 18 日

1930 年的这一天，天文学家克莱德·汤博（Clyde Tombaugh）发现了冥王星。

我得告诉你，它的面值仅为 30 澳元。

世界上最值钱的现今官方流通的纸币是文莱的 10 000 元纸币。它相当于第二大值钱的纸币，即瑞士法郎（Swiss Franc）的 8 倍。在新加坡也有类似面额为 10 000 元的纸币，但它近期被取消流通了，以防有组织的犯罪。

我必须快速提到我认为是最大面额的纸币。鉴于英国银行系统的一项规定，每一次当一家苏格兰或者北爱尔兰的银行想要印"当地"货币的时候，它都得向英国银行（Bank of England）缴纳相同价值的英镑。为了统一这些巨大的存款，英国银行在这期间印出了我们日常所说的"巨人（titans）"。它们有一张 A4 纸那么大，而价值则高达每张 100 000 000 英镑！

找零钱

在经济萧条时期，物价飞速上涨，以至于货币变得毫无价值。这可能是战争的结果，也有可能是经济体几乎整个依靠一种资金来源的结果。

例如在 21 世纪前十年，津巴布韦（Zimbabwe）的物价上涨得如此之快，以至于到了 2009 年，一百万亿津巴布韦币（$100 000 000 000 000）已在市场上流通。这个货币已经被好几次重新设立面额，因此现今的一张津巴布韦币的面额是 1980 年的 10 000 000 000 000 000 000 000 000 倍！

另外几个可怕的恶性通货膨胀的例子包括了第一次世界大战后德国的马克（mark），以及 20 世纪 90 年代初期到中期的南斯拉夫的第纳尔（dinar）。在

50

一年中的第 50 天是 2 月 19 日

50

是最小的可以用两种不同的方式写成 2 个正数的平方和的数：$50 = 49 + 1 = 25 + 25$。如果你想知道用 3 种不同的方式写成 2 个数的平方的和的最小的数，那么到 11 月 21 日你会非常兴奋。

停！

如果你在以每小时 50 千米的速度行驶时猛踩刹车，那么停车距离是 35 米。而如果在以每小时 60 千米的速度行驶时猛踩刹车，那么停车距离就会长达 45 米。这 10 米的差距就是澳大利亚许多道路的速度限制是每小时 50 千米的原因。

仅仅 6 年时间里，南斯拉夫纸币最大面额从 1988 年的 50 000 第纳尔增加到 1994 年的 500 000 000 000 第纳尔。作为 1994 年货币改革计划的一部分，新的 1 第纳尔所值金额为 1 000 000 000 个老第纳尔。

也许有史以来最严重的恶性通货膨胀发生在 1945 到 1946 年，刚刚结束第二次世界大战的匈牙利。相对开放的匈牙利的经济在各个方面都受到沉重打击，在战争结束时，这个货币还没与全球标准挂钩。在 1946 年年中的一段时间，100 000 000 000 000 000 000 000 辨戈（pengő），即 10^{20} 辨戈，在市场上流通。在 1946 年，当匈牙利货币改革时，一个新福林（forint）的价值为 400 000 老辨戈。

这儿有一个谜题给你。如果我有一叠 1 分、2 分、5 分、10 分、20 分和 50 分的硬币，怎样的硬币组合会给我最多的钱，且满足我**没法**找给你 2 澳元的条件？

类似地，如果我只有 5 分、10 分、20 分、50 分和 1 澳元硬币，怎样的硬币组合能给我最多的钱，且满足**无法**正好找给你 4 澳元？你将在本书最后找到这两个硬币谜题的答案。

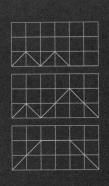

默兹金数（Motzkin number）

51 是从（0,0）到（6,0）的不同路径的数目，这些路径由联结格点的线段组成，它们的斜率只能是 1，0 或 −1，但它们永远不会低于 x 轴。这些数叫做默兹金数。

51

一年中的第 51 天是 2 月 20 日

这是磅值为 72 的字体

2磅 2.5磅 3磅 3.5磅 4磅 4.5磅 5磅 6磅 7磅 8磅 9磅 10磅 11磅 12磅 13磅 14磅 15磅 16磅 17磅 18磅 19磅 20磅 21磅 22磅 23磅 24磅 25磅 26磅 27磅 28磅 29磅 30磅 31磅 32磅 33磅 34磅 35磅 36磅 37磅 38磅 39磅 40磅 41磅 42磅 43磅 44磅 45磅 46磅 47磅 48磅 49磅 50磅 51磅 52磅 53磅 54磅 55磅 56磅 57磅 58磅 59磅 60磅 61磅 62磅 63磅 64磅 65磅 66磅 67磅 68磅 69磅 70磅 71磅 72磅

52

一年中的第 52 天是 2 月 21 日

质数的日子

在一个非闰年里，月和日同时是质数的有 52 天。例如 11 月 19 日提供了两个质数：11 和 19。而一个闰年里月和日同时是质数的有 53 天，多的一天是 2 月 29 日。

一周一个音符？

标准钢琴上有 52 个白琴键。

猎犬被认为可以追踪 200 千米以外
的气味,并能追踪 12 天以前的路线。

这是因为它们的"嗅觉
中枢"大约有一块手帕的大
小。你的和我的呢? 还不如
一张邮票大。

53

不缺质数

小于 250 的质数有 53 个。更
令人震撼的是,如果你把这 53 个
质数加起来,会得到 5830,它能被
53 整除。

第 n 个日子

2 月 22 日是一年中符合这样
条件的最后一天: 满足第 n 天可以
整除前 n 个质数之和。

一年中的第 53 天是 2 月 22 日

数字中的
霍巴特
（Hobart）

626 毫米

霍巴特（译者注：澳大利亚港口城市）的年降水量。这使它成为澳大利亚最干燥的省会城市。

206 千米

从霍巴特到德文波特（Devonport）的距离。

220 千米

从德文波特到大陆的距离。

10 000

一棵巨大的胡昂松树（Huon pine）可以活到的年龄。

54

一年中的第 54 天是 2 月 23 日

54

是可以用三种方式写成 3 个数的平方和的最小的数。0^2 是不被允许的，否则 41 将窃取皇冠。（好吧，继续，请找出所有的三种方法！）

NBA

1998 年，当可怜的老犹他爵士队以 96 : 54 的比分落后于芝加哥公牛队时，他们创下了 NBA 加时赛有史以来不受欢迎且得分最少的纪录。

1270 米

"凌驾"于霍巴特之上的惠灵顿（Wellington）山的高度。

75 000

从 1804 年到 1877 年途经霍巴特的罪犯人数。

698

霍巴特的皇家大剧院可容纳的人数。它是澳大利亚最古老的剧院，从 1837 年就开始运营，且是劳伦斯奥利弗爵士（Sir Lawrence Olivier）的最爱。

37

霍巴特人口的平均年龄。

2000 千米

从霍巴特到南极洲的距离，虽然在南风呼啸的时候它感觉起来更近一些。

1936

霍巴特动物园中最后一头塔斯马尼亚老虎（Tasmanian Tiger）死亡的年份。

三角形的小谎

55 是第 10 个三角形数，所以我们有时把它写成 T₁₀。这也是斐波那契数列中出现的最大的三角形数。

0, 1, 1, 2, 3, 5, 8, 13, 21, 34, 55…

55

一年中的第 55 天是 2 月 24 日

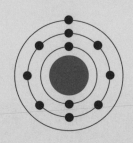

钠

（Sodium　Na）

钠是元素周期表上的第十一个（11，就像细细的长腿）元素，也是地壳中含量第六多的元素，并且钠是对你的腿脚 —— 事实上是对整个人类的生命以及植物的生命，异常重要的元素。钠是一种柔软、银白色、高活性的金属。它的化合物，比如氢氧化钠，有众多用途，其中之一就是制造肥皂。而氯化钠通常被称作食盐。盐可以使有些食物更加可口，但是千万请记住：食用太多盐对身体有害！

123456789101112131415161718192021222324252627282930313233343536373839404142434445464748495051525354555657585960616263646566676869707172737475767778798081828384858687888990919293949596979899100

拉丁方阵（Latin square）

有56种"规范化的（normalised）"［或简化的（reduced）］5×5拉丁方阵。

这种方阵的第一行和第一列依次包含1，2，3，4和5，没有数字会两次出现在一行或一列中。

只有4个这样的4×4拉丁方阵。请尝试找到它们。

1	2	3	4	5
2	5	4	1	3
3	4	2	5	1
4	1	5	3	2
5	3	1	2	4

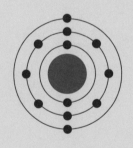

镁

（Magnesium）

除了极少数昆虫不含镁，镁几乎是所有生物的必要元素。植物在用来自太阳的能量将二氧化碳和水转化为葡萄糖，继而又转化为纤维素的过程中，最重要的就是叶绿素。而在叶绿素中起关键作用的，就是镁。至于树叶之所以是绿色的，是因为叶绿素中的镁只吸收太阳光中的蓝光和红光，而不吸收绿光。

莱兰数

57=2^5+5^2，这就是莱兰数的一个例子。

多么接近！

57=1+7+7^2，它不像 1+7+7^2+7^3=400 那么可爱，但是我们一年可没有 400 天！

57

一年中的第 57 天是 2 月 26 日

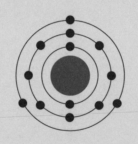

铝

（Aluminium）

　　不论你喜欢与否,你的体内有大约 60 毫克的铝。事实上,铝存在于很多物质中,比如奶酪、海绵蛋糕面粉、小扁豆、鹰嘴豆和印度香米等。几百年来,铝还被用于造纸、造颜料、保存药品,因此铝也是最早的化学试剂之一。

　　自然界存在好几种铝的氧化物。最主要的天然矿石是铝土矿, 它的主要成分是氢氧化铝矿物。事实上, 回收再利用铝制罐头比从地球上开采铝土矿然后加工它们更加经济且节省能源!

58

一年中的第 58 天是 2 月 27 日

58,伙计

　　如果取数字 2, 对它进行平方, 然后持续对新数字的各位数字的平方求和, 你会得到从 4 开始不断循环的序列 2,4,16,37,58, 89,145,42,20,4…

　　看看如果从 2 之外的其他数字开始计算, 会发生什么, 看看能否找到一个不产生 58 的值。

　　从 2 开始, 你发现哪一个数字与这个趋势相反?

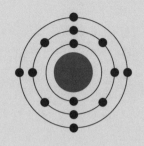

硅

(Silicon)

硅的原子序数是 14，它不是金属，虽然它有一些金属的特性。我们把这样的元素称为"类金属（metalloid）"或半金属（semimetal）。当然，这不代表硅就不能做许多令人叹为观止的事情了。硅在工业上十分重要，尤其是在集成电路的制造过程中发挥着巨大作用，而集成电路则是计算机的核心部分。

当然了，如果你是一只胃部肿胀的奶牛（我知道如果你是奶牛，你大抵不会阅读这本书，但姑且让我这样说），兽医也许会给你配用硅作为原料的消食片，来"消散"你胃中的气体，让它"无害地"被排出到周围环境中。

质数幻方

所有方格内的数都是质数的 3×3 幻方的行和列上的数相加之和最小是 177。中间是质数 59。你能找到其他 8 个质数来填满这个幻方吗？

提示：首先找到一对质数，它们的和是 118=177−59。

	59	

59

一年中的第 59 天是 2 月 28 日

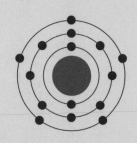

磷

（Phosphorus）

　　1669 年，德国炼金师亨尼希·布兰特（Hennig Brandt）创造了历史。他把自己的尿液加热蒸发，并加热了残渣。这个操作使他得到了一种气体，他把冷却后的这种气体收集起来。这样做，使他成为最早分离出磷元素的人。我真希望我那时候能在他身边，那么我就可以问他："亨尼希，是什么原因让你把自己的尿液蒸发，就为了看看会发生什么事吗?" 1 个磷原子和 4 个氧原子通过化学键连接，就形成了我们所说的磷酸盐。你的大脑组织，如果不出意外的话，是充满这种物质的。

1234567891011121314151617181920212223242526272829303132333435363738394041424344454647484950515253
5455565758596061626364656667686970717273747576777879808182838485868788899091929394959697989910

60

一年中的第 60 天是 3 月 1 日
（或者有时是 2 月 29 日）

跳跃或行进

　　闰年有点让人困惑，因为你提前一天就知道每一个日期的情形，例如你会在 6 月 9 日看到 6 月 10 日的情形，但这不是 2 月的错。只是为了使我们不要冒犯任何出生在这个罕见日子里的人，这里有一个关于 29 的有趣小事实：1/3 显然小于 1，1/3+1/5，1/3+1/5+1/7 以及 1/3+1/5+1/7+1/11 也是如此，但如果继续加到 1/p，这里 p 为质数，（1/p 我们称为 p 的倒数）可以得到 1/3+1/5+1/7+1/11+…+1/29 最终大于 1。

　　让我们回到 60。有 4 个漂亮的具有 60 个顶点的阿基米德多面体：截角二十面体、小斜方截半二十面体、扭棱十二面体和截角十二面体。

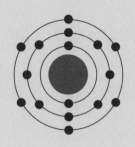

硫

(Sulphur)

一个硫原子中有 16 个质子，这决定了硫在元素周期表中的位置。在古代它也被称作硫黄（你大抵听说过"火和硫黄"）。就像英国科学家约翰·埃姆斯利（John Emsley）在他的《大自然的组成》（*Nature's Building Blocks*）这本书里所说的："如果一样东西闻起来很臭，那么它的组成中很可能有硫。"臭鼬的臭气不是因为 1 个或 2 个，而是 3 个硫化物引起的，包括 2- 丁烯基甲基二硫化物（2-butenyl methyl disulphide）。这个物质简直是太臭了，甚至我只要一听到它的名字就能闻到臭气。

十三位数中的 0~9

第 61 个斐波那契数（2 504-730 781 961）是包含从 0 到 9 所有数字的最小的斐波那契数。

质数代码

如果你赋值 A=1，B=2，C=3 等，那么单词 PRIME（质数）=16+18+9+13+5=61，而 61 就是质数。有意思吧！

61

一年中的第 61 天是 3 月 2 日

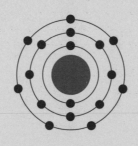

氯
(Chlorine)

当一个氯原子和一个氢原子表示友好时，我们就得到了盐酸。HCl（盐酸）是一种有毒物质，你在处理它的时候一定要戴上手套和护目镜，但事实上盐酸也存在于你的胃里，它可以消化食物，杀死细菌。

在第一次世界大战的格拉文斯塔夫峰战役（Battle of Gravenstafel Ridge）中，德国军队排放了致命的氯气。风将气体吹到盟军的战壕中，杀死了大约5000个士兵，他们中大多都是法国士兵。

62

一年中的第62天是3月3日。在1845年的这一天，数学家乔治·康托（George Cantor）诞生，比布莱恩·考克斯（Brian Cox）教授早123年。

62

是可以用2种方式写成3个不同的非零数平方和的最小的数。你能找到它们吗？

需要一些令人信服的理由？

把注意力转向三次幂，用钢笔和纸验证 62^3=238 328，是让62成为唯一一个其三次幂是包含3个数字的六位数，并且每一个数字都出现了两次。

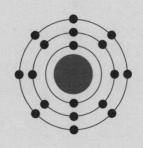

氩

（Argon）

氩（argon）这个词是由希腊语 argos 衍生出来的，意为懒惰、不活跃的。它因稳定的 8 个外层电子而得名，而这导致它几乎不会和其他物质发生任何化学反应。多么冷静的一个元素！氩就是我们所说的惰性气体，意思就是它不易和其他元素反应。它是如此不活泼，以至于被用于制造大多数电灯（诸如白炽灯泡，荧光灯管等），以提供一个稳定的环境使灯泡不易爆炸！

罗马数字 LXIII

在罗马数字中，63 被写成 LXIII。如果你将英语字母按序用数字来表示（A=1,B=2,C=3…），你会得到 LXIII=12+24+9+9+9=63。

你可知道……

63 比 64 小 1。

哇哦，亚当，很厉害嘛。不，耐心点儿。64 是 2 的幂（$64=2^6$），这意味着 63 是 2 的低于 6 次的所有幂的和。验证：

$$63=2^0+2^1+2^2+2^3+2^4+2^5。$$

63

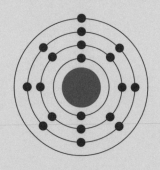

钾
(Potassium　K)

虽然很多元素的名字都是从希腊语和拉丁语衍生出来的，但钾是少数名称来自英语的元素之一。"Potassium"这个词来自"灌装的灰烬（pot ash）"，意为将植物的灰烬浸泡在一罐水中，这是一种十分古老的得到钾的方式。

死刑是一个有争议的话题，我个人十分反感死刑，但我们这儿不展开论述了。在一些采用注射致命试剂的方式执行死刑的国家，氯化钾是最常见的注射液体之一。

12345678910111213141516171819202122232425262728293031323334353637383940414243444546474849505152535455565758596061626364656667686970717273747576777879808182838485868788899091929394959697989910010

64

双重完美

除了 1 这个平凡解，64 是第一个既是一个完全平方数又是一个完全立方数的整数。

战斗！

64 也是棋盘上方格的数目，我私心认为，这差不多是两个人可以相遇的最光荣的战场。

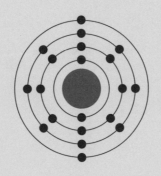

钙

（Calcium）

你大概知道钙存在于我们的骨骼和牙齿中，但你知道钙也存在于我们的眼睛中吗？钙帮助你眼睛中的晶状体保持稳定，并帮助它们处理光。

关于某个人"引人注目（in the limelight）"的描述出现于 19 世纪 20 年代，那时一位苏格兰工程师托马斯·德拉蒙德（Thomas Drummond）发明了长距离可视的光源。托马斯·德拉蒙德将在氧气中燃烧的氢气喷雾聚焦在氧化钙条块上。由此得到的明亮的光常被用于灯塔，以及剧院中照亮舞台中央的明星。

65 的幻方

65 是一个 5×5 幻方的常数。你能完成这个包含数字 1 到 25 的幻方，使得每一行、每一列、每一条对角线上的数字加起来都是 65 吗？

65

一年中的第 65 天是 3 月 6 日

25			19	7
	9	22	15	3
12	5	18	6	
8				20
4	17		23	11

66

聚合体（polyiamond）是女孩子最好的朋友

一组大小相等、边重合的等边三角形的组合，称为聚合体［2 个三角形形成一个双菱形（duo-iamond）或菱形（diamond）］。

有 66 种不同的由 8 个正三角形组成的聚合体。其中的一些就像你在这里看到的：

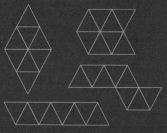

我们所了解的生命

（以及一些我们还在学习的事物）

67

澳大利亚的匿名来电

在美国和加拿大，如果你在一个号码前拨 *67，它就会把你的来电显示隐藏起来，不让你呼叫的人知道。在澳大利亚，可以试试加前缀 1831 或 #31#。

当他们试图弄清楚你是谁的时候，你为什么不进一步用这个涉及数字 67 的精妙知识来娱乐自己呢：

$$2^6+2^1+2^0=26+21+20=67$$

1922 年的这一天，发明家拉尔夫·亨利·贝尔（Ralph Henry Baer）诞生。

50 个人
是男性

50 个人
是女性

5 个人
会说英语

5 个人
来自北美洲

12 个人
会说中文

3 个人
会说孟加拉语

3 个人
会说葡萄牙语

51 个人
生活在城市

49 个人
生活在农村

9 个人
来自拉丁美洲或加勒比海地区

15 个人
来自非洲

3 个人
会说阿拉伯语

3 个人
会说北印度语

30 个人
是活跃的因特网使用者

62 个人
会说外语

想了解更多精彩的知识，请搜索网址 100people.org
那里有一张惊人的全球剪影。

68

一年中的第 68 天是 3 月 9 日

一块美味的 π 蛋糕

如果你搜索 π 的小数展开式，每两个数位组成一个字符串，你会发现最后一个是 68。从小数点后的第一个数字开始计数，字符串 68 从小数点后 605 位开始。

如果你是一个更喜欢用三个及以上数位组成字符串的人，你将会发现像这样在 π 的小数展开式中，3 个数位一个字符串的最后一个是 483，而且是从小数点后 8553 位开始。类似地，4 个数位一个字符串的最后一个是 6715，从小数点后 99 846 位开始，5 个数位一个字符串的最后一个是 33 393，从小数点后 1 369 560 位开始。

我可以玩一整天 …… 不夸张地说，我可以！

2 个人
会说俄语

11 个人
来自欧洲

22 个人
拥有（或分享）
一台电脑

16 个人
没有厕所

17 个人
会读和写

5 个人
会说西班牙语

2 个人
会说日语

83 个人
不会读和写

60 个人
来自亚洲

48 个人
每天的消费少于
2 美元

1 个人
因饥饿死亡

22 个人
不能用电

0.3 个人
是澳大利亚人！

78 个人
可以使用电

75 个人
是手机使用者

平方，平方，无处不在！

69 的平方和立方共包含 10 个数字，每一个数字都只出现一次。

这会让你脸上露出笑容

$69^{23}+69^{21}+69^{19}+69^{17}+69^{15}+69^{13}+69^{11}+69^{9}+69^{7}+69^{5}+69^{3}+69+1$ 是质数。

69

一年中的第 69 天是 3 月 10 日

1876 年的这一天，亚历山大·格雷厄姆·贝尔（Alexander Graham Bell）打了第一个电子电话。

身体中的数学

从最小的部分[你耳内的镫骨（stapes bone），大约 3 毫米 × 2.5 毫米]到最长且最坚硬的[你的股骨（femur），或称为大腿骨（thigh bone），它占了你身高的 27%，因此对于一个身高为 175 厘米的人，它有 47 厘米长]，人体真像是一个数学家的梦！

现在，你在用你的眼睛阅读这本书，你大抵用手捧着这本书，你的大脑正在处理信息和想法。你体内所有这些惊人的细节！但你到底是由什么组成的呢？

大约有 60 种元素漂浮在你的体内，包括铅、砷、铀以及大约 0.2 毫克的金。对啦，就是金。虽然金在你的生理过程中所起到的作用还不清楚，但科学家已经发现金参与了你关节的健康和修复，并且也在电信号的传播中起到了关键作用。在任意一秒中，你体内都有 5000 个钾原子在进行放射性衰变。你也在发射大概 500 条伽马射线。幸运的你啊！

但，当然了，你的身体主要是由 3 种元素组成的：氧、碳和氢。你身体的五分之三是水。如果有人指责你"全身充满了热空气（being full of hot air）"（译者注：意指夸夸其谈）时，你可以自信地指出："不，事实上，我全身都是温水（No, I'm full of warm water, actually.）。"

70

一年中的第 70 天是 3 月 11 日

奇异的是什么？

70 是最小的"奇异"数字（"weird" number）。这仅仅意味着它的真因子的和超过了这个数，但是这些因子的任意子集之和都不能得到这个数。

所以，1+2+5+7+10+14+35=74，你不可能通过将 1,2,5,7,10,14 以及 35 中的任意组合相加得到 70。

也就是 60 加 10

法国没有"70"这个词。作为替代，他们称其为 soixante-dix 或 "60 加 10"。

这几 是一个体重为 70 千克的成年人体内含量最多的 10 种物质，按质量由大到小顺序排列：

氧 44 千克

碳 16 千克

（足够制成 9000 支铅笔呢！）

氢 7 千克

氮 1.8 千克

钙 1 千克

磷 780 克

钾 140 克

钠 100 克

氯 95 克

还有 19 克优质的镁！

71 的幂

验证：$71^2 = 7! + 1!$（$=5041$）

71 的 3 次幂也有一个很酷的性质。你能得到它吗？

大规模进攻

$2^{71} = 2\,361\,183\,241\,434\,822\,606\,848$ 是不包含数字 5 的 2 的幂。事实上，这是我们所知道的最大的这样的 2 的幂。如果我们考虑数字 7，也是这样。你看，在任何一种情况下，都可能还有另一个数字，但它一定是巨大的。

71

一年中的第 71 天是 3 月 12 日

数字中的
阿德莱德
（Adelaide）

20 分钟

到达这个"20 分钟城市"几乎所有观光地所需的时间。

228'673

阿德莱德(译者注:阿德莱德是南澳大利亚州首府,也是澳大利亚第五大城市。)每年迎来的旅客数。

1

有轨列车的数量。

529

阿德莱德所有基督教堂的个数。"教堂城市"这个别名相比于数字,其实更多指的是它丰富的建筑形式。悉尼有 1742 座教堂,墨尔本有 1230 座,而霍巴特的教堂人均拥有量最多。

72

一年中的第 72 天是 3 月 13 日

聚合体（polyiamond）制造者

　　72 是满足一个数的 5 次幂恰好等于 5 个正数的 5 次幂的总和的最小数字:

$$19^5+43^5+46^5+47^5+67^5=72^5$$

如果你手头有 72 个等边三角形,那就嗨起来。你可以做出右图这 12 个聚合体!

　　更酷的是,它们有名字。第一行:棒子、臂弯、皇冠、狮身人面像、蛇和游艇,下面一行:V 形图案、路标、龙虾、钩子、六边形和蝴蝶。

2434

位于南半球最大的植物园的二百周年纪念温室的曲线形屋顶上所有方形钢化玻璃的数量。

1836

阿德莱德被宣布坐落于格雷尔（Glenelg）郊区的一棵桉树下的年份。

50 米

阿德莱德高于海平面的高度。

0

最初在阿德莱德的监狱的数量。作为一个殖民者居住地，人们假定没有监狱存在的必要（这个政策持续了 5 年）。

大数学理论

在谢尔顿（Sheldon）指出 73 是第 21 个质数，而它的镜像 37 是第 12 个质数后，《生活大爆炸》的粉丝们会知道莱纳德（Leonard）把 73 叫作"查克·诺里斯的数字（Chuck Norris of Number）"。这个谜是唯一已知的这样的组合。

S.e.v.e.n.t.y.t.h.r.e.e.

73 是英文单词里有 12 个字母的最小整数。

73

一年中的第 73 天是 3 月 14 日

1879 年的这一天，阿尔伯特·爱因斯坦（Albert Einstein）诞生。

74

质数之和

22 796 996 699 是第 999 799-787 个质数。

"那又怎样?" 我听见你这样说。

注意,在这种情况下,第 n 个质数的各数位上的数字之和等于 n 这个数各数位上的数字之和,即:

2+2+7+9+6+9+9+6+6+9+9 =9+9+9+7+9+9+7+8+7=74

数字 74 是具有此特征的最大的各位数字之和(截至 2004 年 8 月)。

你的大脑皮层棒呆了

你颅骨中灰质的外层虽然只有 2~3 毫米厚,但却充满沟壑。

人类的大脑负责思辨,感觉,认知 …… 而这就是我们作为人类的理由。

伟大的科学家卡尔·萨根(Carl Sagan)热爱大脑皮层,他曾说:"区别我们人类和其他物种的就是思维。大脑皮层是一种获得自由的方式 …… 我们每一个人基本上都对我们大脑中思考着什么负责,作为成人,那些事情成为我们关心和了解的事物。不再遵从爬行类动物的大脑规律,我们有能力改变我们自己。想想那些可能性吧 ……"

要想了解大脑所有的秘密,我们现在所知道的还差得远。然而有一件事情是我们知道的,相比其他哺乳动物,你的大脑皮层简直巨大无比!

公平公正

75 能被 1,3,5,15 和 25 整除。它们的和是一个完全平方数:49。

它们的乘积也是一个完全平方数:$1 \times 3 \times 5 \times 15 \times 25 = 5625 = 75^2$。

平方差

一旦你掌握了初中代数中的这一块知识:$a^2 - b^2 = (a+b) \times (a-b)$,你可以看到 $75 = 15 \times 5$ 和 $75 = 10^2 - 5^2$ 这两者之间的关系。

类似地,$75 = 25 \times 3$ 对应 $75 = 14^2 - 11^2$,以及 $75 = 75 \times 1$,这有助于我们理解为什么 $75 = 38^2 - 37^2$。

75

一年中的第 75 天是 3 月 16 日

大脑

这里是按照大脑皮层中估算的神经
元数量由少到多排列的哺乳动物:

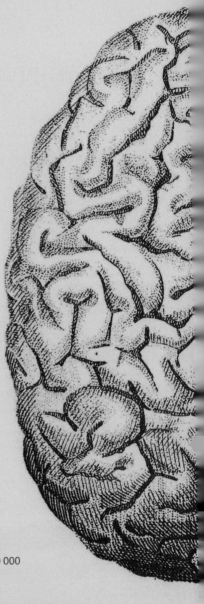

小鼠
4 000 000

大鼠
21 000 000

刺猬
24 000 000

狗
160 000 000

猫
300 000 000

驯养猪
450 000 000

马
1 200 000 000

长须鲸
1 500 000 000

76

一年中的第 76 天是 3 月 17 日

1948 年的这一天,推理小说
家威廉·吉布森(William
Gibson)诞生。

自守数(automorphic)

76 是一个"自守"数,因为 76
的平方的末尾就是 76(5 和 6 也
是自守数,因为 5^2 的末尾是 5,6^2
的末尾是 6),你能找到另外一个
两位数的自守数吗?

提示:它在 20 到 30 之间。

平行时空中的象棋

如果你曾经在一个奇异的平
行宇宙下过棋,在那里他们使用一
个 3×7 的棋盘,并且每一边放置
3 个皇后,请把以下内容放到对话
中:"嗨,你知道我们有 76 种方法
可以把 3 个皇后放在棋盘上,且满
足它们之间都不可以互相进攻吗?"

大猩猩

4 300 000 000

宽吻海豚

5 800 000 000

黑猩猩

6 000 000 000

伪虎鲸

10 500 000 000

非洲象

11 000 000 000

人类

女人有 190 亿。男人呢？ 230 亿。但在某个家伙开始说 "看，我说过男人比女人聪明" 之前，我们得搞清楚，这个差异大抵是因为男人比女人体型更大，而不一定是更聪明。

你大概不知道一件事，每个人成年以后平均失去 10% 的 "新皮质神经元（neocortical neuron）"。那相当于一年 3100 万，或者说一天 85 000 个，或者是一秒就有一个神经元消失……砰……刚才就消失了一个。

77

更多的平方

77 等于 3 个连续数的平方之和：$4^2+5^2+6^2=77$，77 也是前 8 个质数的和。

……和质数

77!+1 是质数，正如我们在 2 月 2 日看到的，我们称这种形式的质数为 "阶乘质数（factorial prime）"。如果 $n!-1$ 是质数，那么我们也这样称呼它。

我们知道的 2 个最大的阶乘质数，是拥有 700 177 个数位的残忍的数 147 885!-1，甚至更大的拥有 712 355 个数位的可怕的数 150 209!+1。

眼见为实

虽然我的一只眼睛有点不行了，怀有恶意的人们以前说我最多只有一只半眼睛，但像大多数人们一样，我也有两只眼睛。

虽然脑中最快浮现出的大多数动物也都只有两只眼睛，比如一只狗，一只猫，或者一匹斑马(你没想到斑马吗? 你现在总想到了吧!)，但它绝不是一个标准。

大多数蜘蛛有 8 个眼睛(其他蜘蛛有 0，2，4，6 个不等)，虽然说实话，它们并没有很好的视力。有一些蜘蛛，比如跳蛛和狼蛛，拥有至少 1 对面对前方的眼睛，且视力较好。人类视力的精确度是跳蛛的 5 倍。

拥有最复杂视觉系统的动物大概要数虾蛄(mantis shrimp)了。人类拥有 3 个感光器(红、绿和蓝)，鸟类有 4 个(还包括紫外线)，蝴蝶有 5 个，而队伍最前端的虾蛄拥有 16 个感光器。它们可以看见紫外线、可见光和偏振光，仅用一只眼睛，它们就可以感知深度，并且它们的每一只眼睛还可以独立移动。作为一只虾蛄，它就好像是头上装了一块 IMAX 屏幕!

78

一年中的第 78 天是 3 月 19 日

78

是最小的可以用 3 种方式写成 4 个不同的正数的平方和的形式的数。你能找到其他这样的数吗?

12 个鼓手

78 是第 12 个三角形数，所以在圣诞节的第 12 天，你的真爱送给你 78 件礼物。

虽然在这个阶段，你已经在梨树上收到了 11 只鹧鸪，所以客厅会变得有点拥挤。(译者注: 此段出处为歌谣《圣诞节的十二天》，即《*The Twelve Days of Christmas*》)

跳蛛有 8 只眼睛,因此它们有几乎 360 度的全景视野。

它们对距离也有很好的观测能力,可以跃过等于自身 10 倍长度的距离捕食猎物。那相当于一个人试图飞跃 20 米并落到一块比萨上。

79

名称巨大

假设 A=1,B=2,C=3,…,并把拼写的字母表示的所有数字加起来,你会发现 1 可以得到 ONE=15+14+5=34,且 34>1。同样地,对于 2,我们得到 TWO=20+23+15=58,大于 2。

这个规律一直到 79 都适用,

19+5+22+5+14+20+25+14+9+14+5=152>79。

但对于 80,5+9+7+8+20+25=74,小于 80。

一年中的第 79 天是 3 月 20 日

1948 年的这一天,卡尔·克鲁塞尔尼基博士(Dr Karl Kruszelnicki)诞生。

关于感光器,极少一部分人类被发现是"四色视者(tetrachromat)"。意思就是他们拥有第四个感光器,以帮助他们拥有更强的分辨颜色的能力。好了,我们现在有点跑题了。

重新回到神奇的动物眼睛话题上来。蝎子有2到12只眼睛。扇贝有几十只眼睛,有些种类有超过100只眼睛。它们位于贝壳开口处的边缘,有时是美丽的蓝色。

但接下来的是我真正爱的知识。和世界上最毒的动物一样,箱水母(box jellyfish)有24只眼睛,分成4组,每组6只,位于钟形身体的最底端。如果你正在思考它们需要一个强大的大脑来处理这些信息,我很抱歉地告诉你,我们至今没有完全了解它们是如何做到的。和复杂脊椎动物的"大脑"不同的是,它们事实上有4个神经簇(neural cluster)。虽然如此,它们的24只眼睛呈现出许多非常复杂的行为,而这些行为我们并不经常与低等无脊椎动物(lower invertebrate)相联系。如果你觉得这还不够棒的话,它们的眼睛其实还可以朝向内部,因此这些水母有360度的视野,并可以观察到它们自己透明的身体!

当我们说到眼睛的数量时,要想绕过最大的活的双壳软疣(bivalve mollusc)真的有点难。当然了,我就是在说库氏砗磲(Tridacna Giga),一种南太平洋上的巨蛤。这个奇异的海洋生物可以长到1米多宽,重量可达200千克,

80

一年中的第80天是3月21日

串联质数(Prime concatenations)

有80个四位数的质数,是由两位数的质数串联而成的,例如3137。你能找到像这样的最小和最大的四位数的串联质数吗?

关于"艾迪(Adie)"

当绿日乐队(Green Day)发行歌曲《80》时,它与比利·乔·阿姆斯特朗(Billy Joe Armstrong)对串联质数的热爱无关,而是与他的妻子艾德丽安(Adrienne)的昵称"艾迪"和英文中"80"的发音相似有关。

寿命可到 100 岁,而它们中最庞大的有 1000 多只眼睛!

我们应当注意,在我们讨论"眼睛"的时候,它们并不是指可以像人类一样洞察细微颜色变化和感知移动物体深度以及其他许多功能的眼睛。蛤蜊的眼睛仅仅是能分辨光线和黑暗的简单感光器。因此,如果你想带它们去看画展,那可是白费劲。但有些扇贝的眼睛是"反射镜眼(reflector eyes)",可以洞察移动的物体。

古生物学家发现了一种叫作奇虾(Anomalocaridid)的海洋生物化石,它们被认为在 5 亿年前统治了寒武纪时代的海洋,它们有 16 000 个"眼睛"! 瞧,它正在看着你呢,奇虾!

我们的平方的组合

81=9^2,如果你把 2^5 和 9^2 的指数和底数写在同一行上你会得到 2592,那就是 $2^5 \times 9^2$。人们认为,这是唯一一个没有涉及古老而棘手的数学难题 0^0=1 是否成立的问题。

除了 8 的所有

81 的倒数是 1/81,看起来很酷。

1/81=0.012345679012345 679012345679… 所有的数字除 8 以外无限循环。

81

一年中的第 81 天是 3 月 22 日

大点声!

你大概知道我们用分贝来表示声音的大小。

然而,当比较分贝(dB)大小时,要理解它是由"对数比例尺",而不是由"直线比例尺"来测量的,这点十分重要。那么它到底是什么意思呢?

它的意思是当你每一次升高 10dB 时,事实上你把音量加了一倍。所以 60dB 有 50dB 的两倍那么响。而 120dB 不是 60dB 的两倍,它是后者的 64 倍!当音量仅仅升高 1dB 的时候,人类就可以觉察到细微的变化。

我们可以觉察到的最小声音是 0dB(这取决于声音的种类)。让人难以置信的是,当你只听到 0dB 的声音时,你的鼓膜在一个氢原子宽度的距离中来回振动。

不只是这样,足以损坏你听力的音量远远不到你 iPhone 中的最大音量。很多听力学家害怕我们将遇到一系列的听力和耳聋问题。事实上,就像我的好朋友、极客卡尔博士指出的那样:"听力退化是澳大利亚隐藏的(那就是说,不明显的)最普遍的疾病 —— 并且是可以避免的。"把音量调低一点,好吗?

但如果你是美国国家橄榄球联盟(NFL)堪萨斯城酋长队(Kansas City Chiefs)的粉丝,那上面这招也没什么用了。在 2014 年,他们创了(也是十分值得怀疑的)体育馆 142.2dB 的咆哮纪录 —— 记录在案的最大声音,比一架 747 客机起飞时还要吵!

82

一年中的第 82 天是 3 月 23 日

1882 年的这一天,数学家艾米·诺特(Emmy Noether)诞生。

佩尔 – 卢卡斯数(Pell-Lucas number)

82 是第六个佩尔 – 卢卡斯数。它们可以通过取 $p_1= 2$, $p_2= 2$ 和遵循以下规则形成:$p_n=2 \times p_{n-1}+p_{n-2}$,我们可以得到 2,2,$2 \times 2+2=6$,$2 \times 6+2=14$,$2 \times 14+6=34$,$2 \times 34+14=82$,以此类推。

我们把这条规则称为"递归关系",数学中充满了这样的生成数字序列的规则。

例如我们已经遇到的斐波那契数列,即 1,1,2,3,5,8…就是由相互关系而生成:$F_1=1$, $F_2=1$ 以及 $F_n=F_{n-1}+F_{n-2}$。

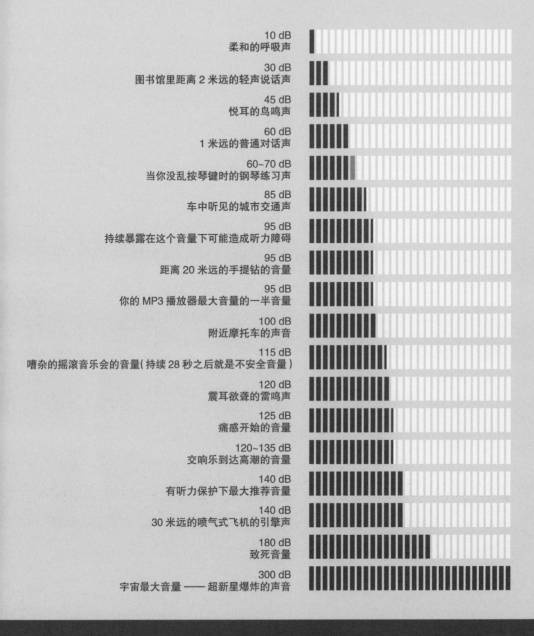

10 dB
柔和的呼吸声

30 dB
图书馆里距离 2 米远的轻声说话声

45 dB
悦耳的鸟鸣声

60 dB
1 米远的普通对话声

60~70 dB
当你没乱按琴键时的钢琴练习声

85 dB
车中听见的城市交通声

95 dB
持续暴露在这个音量下可能造成听力障碍

95 dB
距离 20 米远的手提钻的音量

95 dB
你的 MP3 播放器最大音量的一半音量

100 dB
附近摩托车的声音

115 dB
嘈杂的摇滚音乐会的音量(持续 28 秒之后就是不安全音量)

120 dB
震耳欲聋的雷鸣声

125 dB
痛感开始的音量

120~135 dB
交响乐到达高潮的音量

140 dB
有听力保护下最大推荐音量

140 dB
30 米远的喷气式飞机的引擎声

180 dB
致死音量

300 dB
宇宙最大音量 —— 超新星爆炸的声音

83

是以不同的方式将连续质数相加所得的和仍为质数的最小质数!

即 23+29+31=11+13+17+19+23=83。

2 不被邀请

如果你一直把数字 2 加倍,就会得到 4, 8, 16, 32… 如果你真的很热衷于此,你最终会得到 2^{83}=9 671 406 556 917 033 397-649 408。你可能注意到这个数字不包含 2。对,我们曾经测试过的每一个 2 的更高次质数幂都至少包含一个 2。

83

一年中的第 83 天是 3 月 24 日

谁闻到了?

当你吸气的时候,空气中微小的颗粒,即"着嗅剂(odorant)"被吸入到你的鼻尖。

而那里有 4000 万个感受器,每一个感受器都连接到一个神经元。神经元和你大脑中一个叫作"嗅球(olfactory bulb)"的神经细胞相连。你的鼻腔内有大约 400 个不同种类的感受器,它们中的每一个都会对一个或多个"着嗅剂"做出回应。

在 2014 年,《科学》杂志中一篇科研文章提出,我们的鼻子可以分辨超过 100 万,甚至是 1 万亿种不同的气味。

例如,一个西红柿会散发出 400 多种不同的气味,但它的主要气味由这其中的 16 种着嗅剂按一种特殊的比例组成。

这绝不是"这个气味闻起来像 XXX"这么简单。气味中物质的浓度或数量会产生巨大的影响。比如,有一种着嗅剂(如果你必须知道的话,它的名字是 4- 巯基 -4- 甲基戊烷 -2- 酮,4-mercapto-4-methylpentan-2-one),当它被稀释后,闻起来像黑醋栗。但如果将它的浓度提高 30 倍,那么 …… 啊 …… 闻起来像猫尿。

84

一年中的第 84 天是 3 月 25 日

84 个三角形

在一个圆上平均放置 9 个点,使用这些点中的 3 个作为顶点,可以形成 84 个不同的三角形。

另一种说法是,当你不考虑顺序地从 9 个对象中"选择"3 个对象时,你有 84 种方法。

数学家们会把这个定义为"9 选 3 等于 84"。

一杯海水

一杯海水包含了至少 72 种元素，并且可以包含地球上自然形成的每一种元素。

一茶匙可培育的土壤通常含有高达 1 000 000 000 个细菌。但它们十分微小，在茶匙中的密度就像是一个足球场中站立着 4 头牛的密度。这些细菌并不孤单：它们和千百个叫作原生动物的单细胞生物、大量的线形虫或蛔虫以及数米长的真菌形影不离。

一杯空气基本完全由氮气（78.09%）和氧气（20.95%）组成。剩下的 1% 主要是氩气（0.93%）。但空气中确实存在 0.4% 的二氧化碳。这个极小的百分比正在因为化石燃料的燃烧而上升。

一个处于休息状态的成人每天呼吸 23 000 次。如果你剧烈运动，或者食用辣椒，这个值还会增加。成年人每年呼吸大约 630 万到 840 万次，所以一个八十几岁的人已经呼吸了超过 5 亿次之多了。

85

相邻质数

85 是第二小的数 n，满足 n，$n+1$ 和 $n+2$ 均为 2 个质数的乘积。请看：

85=5×17，86=2×43 以及 87=3×29

早在 2 月 3 日，我们就遇到了第一个这样的由 3 个连续数字组成的一组数，即 33，34 和 35。

我还需要问吗？继续，试着找到下一组最小的具有此性质的 3 个连续数字。

一年中的第 85 天是 3 月 26 日

数字中的

珀斯

（Perth）

5000 年

5000 年以前，人们可以从珀斯（译者注：珀斯是西澳大利亚州的首府，也是澳大利亚第四大城市）旅行到罗德内斯特岛（Rottnest Island）……走着去。（顺便说一下，"Rottnest" 这个词源于荷兰语的"老鼠巢"！）

2697 千米

到阿德莱德的陆地距离，这也使珀斯成为世界上最偏远的省会城市。

$1 000 000

世界上最昂贵的金币的价值，它重 1 吨，在 2012 年由珀斯造币局制造。

4.6 平方千米

国王公园（Kings Park）的面积，这是世界上最大的市内公园，明显比纽约著名的中心公园大。

86

一年中的第 86 天是 3 月 27 日

无零

86 被推测为最大的数字 n，以满足 2^n（十进制）不包含 0。

你可能在想，2^{86}=77 371 252-455 336 267 181 195 264

3

珀斯造币局运作的世纪数。珀斯造币局是世界上最古老的造币局,于 1899 年建立,在澳大利亚成为联邦国家的前 2 年。

8 小时

对不起,布里斯班(Brisbane),这是珀斯每天的平均光照时间,这使珀斯成为澳大利亚阳光最充足的省会城市。

1962

宇航员约翰·格伦(John Glenn)绕轨道航行到珀斯,并命名它为"光之城(City of Light)"的年份。

$800

于 2010 年由珀斯的尼尔啤酒厂(Nail Brewing)制造的世界上最昂贵的啤酒的售价。他们只生产了 30 瓶。

质数组

前 4 个质数的平方和是 $2^2+3^2+5^2+7^2=87$。

87（Four score and seven）

87=4×20+7,这看起来并不那么美,但是当亚伯拉罕·林肯将从签署《独立宣言》到葛底斯堡战役(Battle of Gettysburg)之间的 87 年称为"四个二十年加七年(Four score and seven years)"时,他发表了历史上最伟大的演讲之一。

87

一年中的第 87 天是 3 月 28 日

野性事实

这里有一些让你感到不安的数据。

在澳大利亚，每天晚上有 75 000 000 只以上的本土动物被野生猫科动物杀死。太令人悲伤了，但这是真实的。

事实上，仅在澳大利亚一地，猫科动物就要对至少 20 种哺乳动物物种和亚种的灭绝负责，这其中就包括兔耳袋狸（lesser bilby）和沙漠袋狸（desert bandicoot）。

澳大利亚的野生猫科动物捕食相当多物种的生物 —— 大约 400 种不同的脊椎动物。这包括 123 种鸟类，157 种爬行动物，58 种有袋目哺乳动物，27 种啮齿动物，21 种蛙类以及 9 种外来的中型和大型哺乳动物。

准确地说，这并不是那种能让你愉快地提交给吉尼斯世界纪录的工作人员的纪录，但这却比被记录的猫科动物在全球其他群岛上猎食的物种数量 —— 179 的两倍还多。

我们的前景很渺茫，并且这里还有另外一个数据（如果你需要另一个理由让你尝试保护我们的星球的话）：每天，大约有 74 个物种灭绝。

88

一年中的第 88 天是 3 月 29 日

对称数（strobogrammatic）

88 是一个对称数，当它围绕着自己的中心旋转 180° 时，得到的数字和原来一样。另一个例子就是 69。如果一些数字旋转时产生不同的数字，它们就被称为"可逆整数（invertible integer）"（例如 109 变成 601）。

生日三胞胎

我们在 1 月 23 日提到了一个令人惊讶的结果：在一个有 23 个陌生人的群体中，有两人同一天生日比没有两人同一天生日的概率大。好吧，在 88 人的小组中，有 3 个人同一天生日的概率略高于 50%。

非平均统治下 ……

2015 年 9 月 9 日，伊丽莎白二世女王聚集了全世界的目光，因为她已统治英国 63 年 108 天。这样一来，她就超越了她的曾曾祖母维多利亚女王的神奇任期——23 226 天。

虽然令人赞叹，但这个女王仍然无法和世界上任期最长的统治者相提并论。

这个头衔将授予斯威士兰王国（Swaziland）的索布扎二世（Sobhuza II），他在 1899 年 12 月 10 日加冕，当时只有 4 个月大。他一直统治到 1982 年 8 月 21 日，统治时间为 82 年 254 天。事实上，统治 63 年的伊丽莎白二世刚刚可以挤入世界上任期最长统治者的前 40 名。但其中也有很多时间非常接近与并列的，再统治 10 年，她就将挤进前 10 名。

惊人的是，现今世界的医药学、营养学等是如此先进，但前 50 个任期最长的统治者几乎没有一个是在 1900 年以后的。哎呀，那些老伙计应该再多活几年！

在另一个极端，统治时间最短的列表也是十分有趣且有时有点可怕的读物。

最短任期的国王被争论的是法国的路易斯·安东尼王子（Prince Louis Antoine），或者称为昂古莱姆公爵（Duke of Angoulême），或是"国王路易十九世

89

一年中的第 89 天是 3 月 30 日

全都止于 89

除了 0 这个平凡解，如果你任意写一个整数，并对其各位数字的平方求和，然后继续重复，最终你会得到 1 或 89。

例如：从 16 开始，你会得到：$1^2+6^2=37$；$3^2+7^2=58$；$5^2+8^2=89$。

如果这听起来像我们曾在数字 58 时玩的游戏，那么你说对了。

这是一场完全相同的游戏，因为 58 和 89 都在 4,16,37,58,89,145,42,20,4… 的循环中。

我们把循环到 1 的数字称为快乐数字（happy number），因此 16 是一个不快乐的数字（unhappy number）。:-(

（King Louis **XIX**）"，确切地说，他在 1830 年 8 月 2 日戴了 20 分钟的皇冠。

你看，当他的父亲 —— 查理十世（Charles **X**）退位的时候，路易斯·安东尼继承了皇位，而后者也让位给自己的侄子，亨利五世（Henri **V**）。作为七月革命的结果，皇位成了一个十分不受欢迎的头衔！然而，在这两个退位之间有 20 分钟的时间间隔，这给了路易斯·安东尼足够的时间来思考他的退位，也无疑成就了他最短时间的"统治"。

与路易十九世差不多的是金末帝，中国金朝的最后一个皇帝。他在 1234 年 2 月 9 日加冕，当时金国正受到蒙古国对蔡州的围攻。他短暂任期的大部分时间都在巩固皇宫的城墙，但不太成功，过了不久他就被杀了，结束了他仅仅 2 个小时的统治。

Sayyid Khalid bin Barghash 是桑给巴尔岛（Zanzibar）的首领，任期仅 3 天，为 1896 年 8 月 25、26、27 日。他在 Sayyid Hamad bin Thuwaini Al-Busaid 死后夺得皇位，导致了长达 38 分钟的盎格鲁—桑给巴尔战争（Anglo-Zanzibar War）。他投降后让出了皇位。

教皇不像其他统治者那样长时间地统治，因为他们加冕的时候年龄已经比较大了。在位时间最长的教皇是第一位教皇圣彼得（St Peter），他从公元 30 年开始一直统治了 34 或 37 年，当然这取决于你询问哪个人。

大多数 50 岁以上的人还记得教皇约翰·保罗一世（John Paul **I**），他在成为天主教皇（1978 年 8 月 26 日~1978 年 9 月 28 日）仅仅 33 天后就去世了。但那也只勉强让他挤进史上统治时间最短的教皇前 10 名。

90

一年中的第 90 天是 3 月 31 日

90，加入俱乐部吧

计算（90^3-1）÷（90-1）。验证它是一个梅森素数（参见 31 页）。

半完全图片

90 的真因数是 1,2,3,5,6,9,10,15,18,30 和 45。

因为我们可以把 90 写成它的一些真因数的和，例如：90=45+30+10+5，所以我们称 90 是半完全数。

和教皇约翰·保罗一世打了个平手的本尼迪克特五世(Benedict V)也统治了 33 天,那是在公元 964 年。让我们来看看 10 个最短任期的其他几个吧:

- 利奥十一世(Leo XI)(1605 年 4 月 1 日~1605 年 4 月 27 日)统治了 27 天

- 庇护三世(Pius III)(1503 年 9 月 22 日~1503 年 10 月 18 日,统治了 27 天

- 达马苏斯二世(Damasus II)(1048 年 7 月 17 日~1048 年 8 月 9 日)统治了 24 天

- 马塞勒斯二世(Marcellus II)(1555 年 4 月 9 日~1555 年 5 月 1 日)统治了 22 天

- 西西尼乌斯(Sisinnius)(708 年 1 月 15 日~708 年 2 月 4 日)统治了 21 天

- 西奥多二世(Theodore II)(897 年 12 月)统治了 20 天

- 西莱斯廷四世(Celestine IV)(1241 年 10 月 25 日~1241 年 11 月 10 日)统治了 17 天,在祝圣仪式之前就去世了

- 博尼法斯六世(Boniface VI)(896 年 4 月)统治了 16 天

现在我们迎来史上最短任期的教皇:乌尔班七世(Urban VII),他只统治了 13 天,从 1590 年 9 月 15 日到 27 日。乌尔班在加冕仪式之前就死于疟疾。但在那极短的任期内,他确实做了一件事,成了第一个在世界范围内禁止吸烟的统治者。乌尔班威胁说,他将开除那些"将烟草带入走廊或教堂内,不论是咀嚼、用烟斗吸,还是用鼻子吸粉末"的人的教籍。

非常有趣

$6^3 - 5^3 = 4^3 + 3^3 = 91$,
$91 = 1^2 + 2^2 + 3^2 + 4^2 + 5^2 + 6^2$,
$91 = 1 + 2 + 3 + \cdots + 13$,
$91^3 = 753\,571$ 以及
$10^n + 91$ 和 $10^n + 93$ 是一对孪生质数(twin primes),即一对以 2 为间隔的质数,其中 $n = 1, 2, 3, 4$。

所有这些陈述都是真的,而非愚人节的玩笑。

但是,当心在 4 月 1 日,每隔几年就会有人说:"嘿,他们终究算出 π 不是无理数了。"这对一些人来说很好笑,对另一些人则是冒犯啦。:-(

91

一年中的第 91 天是 4 月 1 日

1776 年的这一天,数学家索菲·日尔曼(Sophie Germain)诞生。

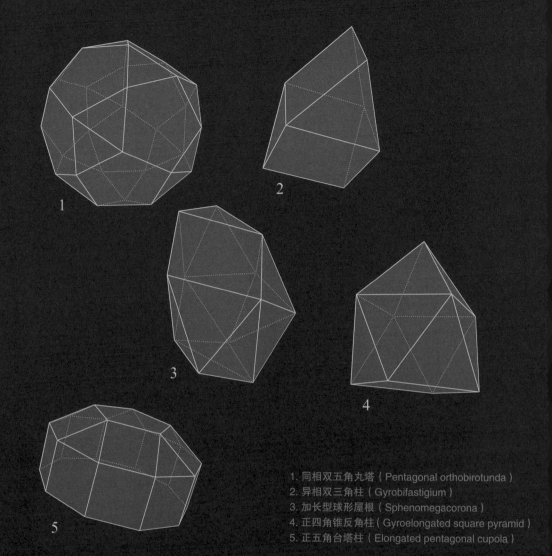

1. 同相双五角丸塔（Pentagonal orthobirotunda）
2. 异相双三角柱（Gyrobifastigium）
3. 加长型球形屋根（Sphenomegacorona）
4. 正四角锥反角柱（Gyroelongated square pyramid）
5. 正五角台塔柱（Elongated pentagonal cupola）

约翰逊多面体（Johnson solid）

92

1981 年的这一天，IBM 发布了 IBM 个人电脑。

我们已经遇到了柏拉图多面体，它们所有的面都是相同的正多边形，这些正多边形都以相同的方式在每个顶点相交。

同样，我们也接触到了阿基米德多面体，它们有两个不同的正多边形的面。

好吧，一旦我们不关心这些面是否以同样的方式在每个顶点相交，我们就得到了约翰逊多面体。有

92 个这样的多面体，其中包括名字惊人得长的正五角台塔柱、异相双三角柱、同相双五角丸塔、加长型球形屋根。

如果你让一群 6 岁的孩子自由地玩磁性或塑料的相互连接的正方形和三角形，他们会很自然地发现许多这样的形状。

来见见弗兰克·福德
（Frank Forde），澳大
利亚第 15 任总理。

福德荣获澳大利亚任期最短
的总理的头衔。他在约翰·科廷
（John Curtin）死后任职了 8 天，
然后就输给了本·奇夫利（Ben
Chifley）了。

事实上，他还创造了另一个
纪录，即最长寿的澳大利亚总理
（享年 92 岁 194 天）。但是，这
项纪录在 2009 年被高夫·惠特
拉 姆（Gough Whitlam）打破，
后者活到了 98 岁高龄。

93

给我 93！的前 93 位

　　93!=1 156 772 507 081 641-574 759 205 162 306 240 436-214 753 229 576 413 535 186 142-281 213 246 807 121 467 315 215-203 289 516 844 845 303 838 996-289 387 078 090 752 000 000 000-000 000 000 000，这是一个巨大的数字。

　　但有趣的是，93！的前 93 位（即 115 677 250 708 164 157 475-920 516 230 624 043 621 475-322 957 641 353 518 614 228-121 324 680 712 146 731 521-520 328 951）是一个质数。

　　当我说"有趣"的时候……

一年中的第 93 天是 4 月 3 日

1973 年的这一天，马丁·库珀（Martin Cooper）用手持移动电话打了第一个电话。

雄性跳蚤

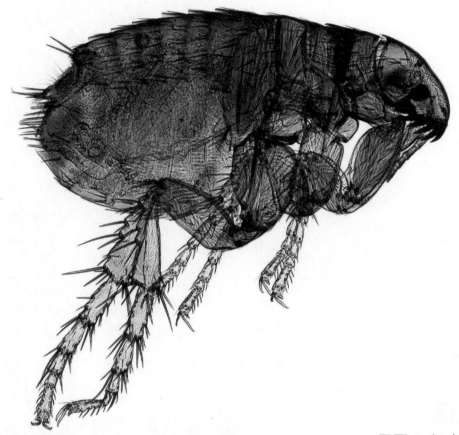

需要 8 小时
才能展开它的阴茎的所有不同部位。

一年中的第 94 天是 4 月 4 日

1980 年的这一天，吃豆人（Pac-Man）开始闯入拱廊进行吃豆。

阶乘质数

94!−1=108 736 615 665 674-308 027 365 285 256 786 601 004-186 803 580 182 872 307 497 374-434 045 199 869 417 927 630 229-109 214 583 415 458 560 865 651-202 385 340 530 687 999 999-999 999 999 999 999 是一个质数。

这个阶乘质数看起来非常棒，它以 21 个连续的 9 结尾。但如果你思考的时间足够久，你就会明白为什么会这样。

你身体的所有部位加起来多大了?

你体内的细胞无时无刻不在重生。所以我们可以合情合理地说,今天你体内正在呼吸的肺可能不再是 5 年以前的肺了。

有些人歪曲了生物学的事实,把它们编成莫名其妙的话,称"每 7 年你的身体在细胞层面上被完全更新,所以想要重新创造你的精气神是可能的 ……"

事实上,组成你身体不同部位的细胞的重生速度是不同的。通过测量名为碳 −14 的快速衰变的碳元素,科学家可以准确地为细胞重生计时。比如说你味蕾上的细胞,就是每 10~14 天更新一次。因此,你可以争辩说,虽然你可能是 12 岁、24 岁,或 86 岁,但你的味蕾细胞却真的只有 10 天的年龄。按这个逻辑一直下去,这就是一张你身体各部位真实年龄的图。

一个异常抵消

分数 19/95 化简为 1/5,但巧合的是,你可以划掉那两个 9,使 19/95 变成 1/5。

数学上,你不能只划掉那两个 9,但当数学原理和"划掉它们"的结果正好相同时,我们称之为"异常抵消(anomalous cancellation)"。

对于一个分子、分母为两位数的真分数(小于 1 的正分数),只有 3 例可以异常抵消。我们也不只是在两个数的末尾消去零。要找到下一个例子,请关注 4 月 8 日。

95

一年中的第 95 天是 4 月 5 日

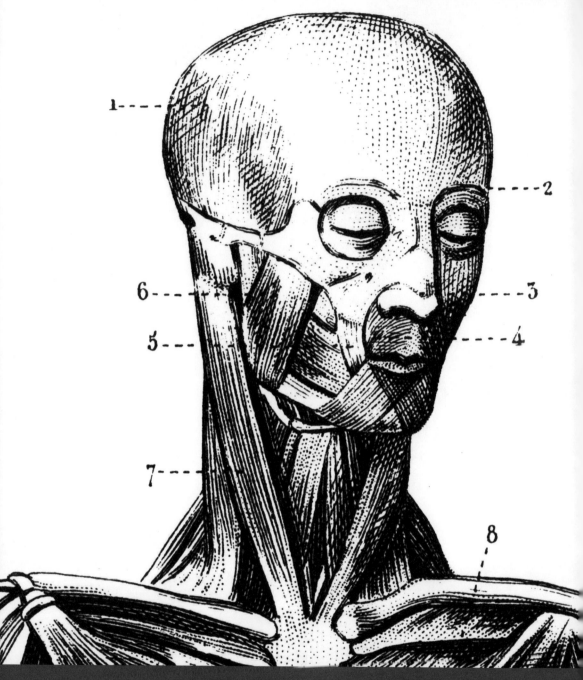

1------
2------
3------
4------
5------
6------
7------
8

96

一年中的第 96 天是 4 月 6 日

TTTTTTTTT6

96 是可以用 4 种方式写成 2 个不同数的平方差的最小的数。一个例子是 $10^2-2^2=100-4=96$。

好吧，我是个通情达理的人，所以展示一下另一种方式：$11^2-5^2=121-25=96$。

你能找到其他两种把 96 写成 2 个数的平方差的方式吗？

头发：3~6 年

你头发的年龄取决于每一根头发的长度,对于我们这些足够幸运拥有头发的人来说,它们每个月生长 1 厘米。女性的头发可以保持 6 年,而男性的头发则可以保持 3 年。你的睫毛和眉毛每 6 到 8 个星期重生一次,但如果你长期拔毛发的话,你会打乱它们的自然生命周期,它们会因此停止生长。小心点儿用你们的拔毛镊子,好吗?

大脑：和你的年龄一样大

不论好坏,我们出生时拥有的大脑细胞就是我们可能拥有的所有大脑细胞了 —— 大约 1000 亿个。不幸的是,当我们变老时,大脑的大部分不会自动更新。事实上,我们会失去大脑细胞,这也是为什么人们会得痴呆,以及头部受创后果为什么这么严重的原因。然而,也有例外,大脑的两个区域会重生:负责我们嗅觉的嗅球,以及负责学习的海马体。

眼睛：和你的年龄一样大

你的眼睛是你身体内极少数不会在你生命中发生变化的部位。眼睛中唯一长期重生的部分叫作眼角膜,也就是眼睛最上面的透明层。如果眼角膜损伤了,它会在短短的 24 小时之内自我修复。眼角膜必须有光滑的表面,以助你的眼睛正常对焦。这就是为什么眼角膜可以这么快重生的原因。不幸的是,我们眼睛中其他的部分并不是这样 —— 当我们变老时,晶状体失去弹性,这也是我们视力下降的原因。

味蕾：10 天

你知道你的舌头上布满了大约 9000 个味蕾吗? 这些生物学界精妙的奇迹帮助你品尝到甜、咸、苦和酸味。味蕾是由细胞组成的,它们每 10 天到 2 个星期更新一次。但如果你是一个有吸烟习惯或者容易感染病毒的人,你的味蕾会被损害,且不会那么快更新。它们也会失去敏感性,你就不能很好地品尝食物的味道了。

97

这个种类的最后一个?

97 是我们能找到的小于它的每一个数位上的数字的平方和的最大质数,$9^2+7^2> 97$。

另外,还有一种推测,这意味着我们不能确定,但事实可能是这样,$97=3^4+2^4$ 是可以表示为 3^n+2^n 形式的质数中最大的。

我们已验证,如果存在另一个这样的质数,它必须大于 $10^{16000000}$,说实话,真是相当大。

一年中的第 97 天是 4 月 7 日

肝脏：5 个月

你的肝脏真的是一个奇迹。它拥有充沛的血液供给，且即便是你在厕所冲掉你的排泄物的时候，它也在重生。肝脏细胞在重生之前存活约 150 天，但这不是滥用这个特殊器官的理由。你相信当医生切除病人 70% 的肝脏以后，几乎所有的肝脏都会在之后的 2 个月内重生吗？好啦，那是真的。

心脏：20 年

直到最近，我们还认为人类的心脏不能重生。然而，纽约医学院的一项研究发现，心脏中其实散布着一些长期新生的干细胞 —— 在人的一生中它们至少重生 3 到 4 次。

肺：2~3 个星期到 1 年

你肺内的细胞时刻在更新自己，但是不同种类的细胞更新速度不相同。负责氧气和其他气体交换的细胞在一年内稳定地重生。然而肺表面的细胞每 2 到 3 个星期就要重生一次。

肠：2~3 天

在你的肠里，排满了微小的、像手指一样的分支，它们帮助肠道吸收营养。这些分支裸露在如胃酸这样的强化学物中，所以它们每 2 到 3 天重生一次。肠的其余部分被一层黏液覆盖，但这也不能长期保护它受到胃酸侵蚀，所以这些细胞每 3 到 5 天重生一次。

15- -

18- - - -

98

一年中的第 98 天是 4 月 8 日

另一个异常抵消

在 4 月 5 日，我们讨论了"异常抵消"，即一个分数的正确数学化简恰好与仅仅划掉分子、分母中相同的数字相同。不过我得强调的是，你几乎从来不能以仅仅划掉一个相同的数字，来得到正确的答案。

你瞧，19/95=1/5。你也可以16/64=1/4，26/65=2/5，还可以是分母为 98、分子为一个两位数的分数。

一些坚持不懈的人不喜欢这个例子，因为你得到的分数还可以进一步简化。你能找到涉及 98 的异常抵消吗？

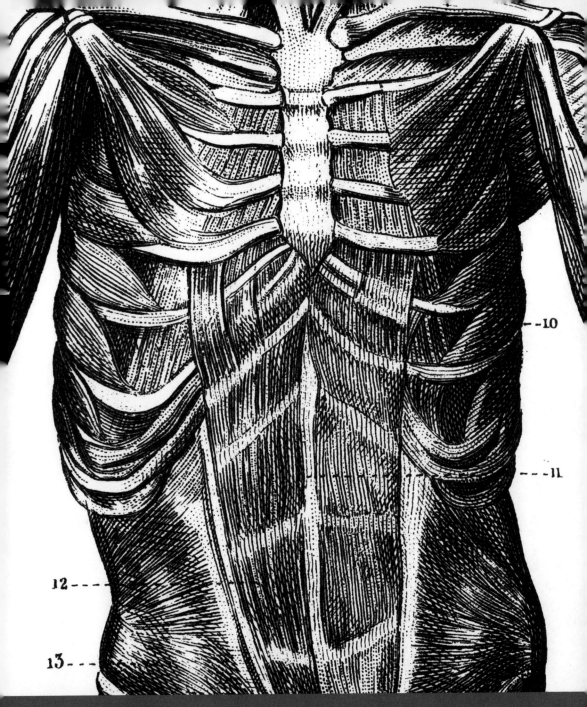

--10

--11

12----

13---

无论如何

是一个卡普雷卡尔常数
（Kaprekar number）：
$99^2=9801$ 和 $98+01=99$。

如果 99 整除四位数 ABCD，
那么 99 也能整除 BCDA，CDAB
和 DABC。事实上，99 也整除
DCBA，CBAD，BADC 和 ADCB。
99，你真是个愉快的分割者。

一年中的第 99 天是 4 月 9 日

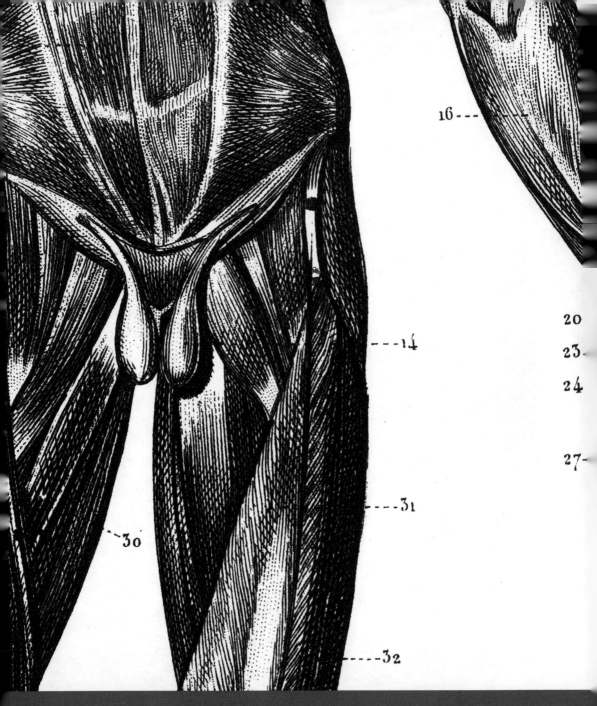

16 - - -

20

23 .

24

27 -

- - - 14

- - - 31

- 30

- - - - 32

100

另一个地方,另一个质数

前 3 个质数加起来是 10,前 3^2=9 个质数加起来是 10^2=100。

万一上面的这些小案例对你来说还不足够,那么第 3^2=9 个质数是 23。

同样,98,99 和 100 是至少有 3 个(不一定是不同的)质因

数的 3 个连续数的最小序列。

皮肤：2~4 个星期

你皮肤的最外层（也叫表皮层）每 2 到 4 个星期重生一次。这是因为你的表皮层帮助你防御外界元素：太阳、风、雨和污染。但不管别人怎么说，皮肤不断地再生并不能让我们变得更年轻！当我们变老时，我们的皮肤流失了一种叫作胶原蛋白的物质，而这就是保持我们皮肤足够柔软的东西。并且我们对此无能为力。

--- 17

骨骼：10 年

你的骨骼时刻在自我再生。我们必须说，这个过程是漫长的：要让你体内整个骨架再生需要大约 10 年时间。在任何时间段内，你的体内都含有新老骨骼的混合体，因为骨骼再生速度各不相同。不幸的是，当我们迈入中年后，骨骼再生过程变得缓慢，所以我们的骨骼变得更加脆弱和薄，而这会引发骨骼疾病。

-- 22

-- 25

手指甲：6~10 个月

你的手指甲每月生长 3.5 毫米 —— 比脚趾甲生长速度的两倍还快。完整的脚趾甲生长成型需要 10 个月，而手指甲则只需要 6 个月。这可能是因为手指甲有更充沛的血液供给，因而拥有更好的血液循环。

--- 26

以下是你以前不知道的事情。你的指甲比你祖父母在你这个年龄的时候生长得快了 25%。这个"急剧增长"被认为是饮食的改善，蛋白质的摄入量增多导致的。

红细胞：4 个月

红细胞将氧气带到你体内每一个有生命的组织中，还将有毒物质带走。想想这些工作量，它们每 4 个月就会精疲力竭也不让人惊讶了。

完美之路

在 1 月 6 日和 1 月 28 日，我们谈到了完美数。我们不知道是否存在无穷个完美数，虽然我们迄今发现的所有完美数都是偶数，但我们不知道是否会有奇数完美数的存在。但我们知道，如果有一个奇数完美数存在，它必须至少有 101 个质因数。

倒计时！

$$101=5!-4!+3!-2!+1!$$

101

一年中的第 101 天是 4 月 11 日

1976 年的这一天，苹果第一台电脑 Apple Ⅰ 问世。

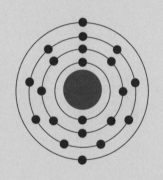

钪

(Scandium)

钪原子中有 21 个质子。1879 年，科学家在斯堪的纳维亚半岛（钪的名字就是由此得来）分析黑稀金矿（euxenite）和硅铍钇矿（gadolinite）之后发现了钪。如今，钪矿藏主要出产于俄罗斯和中国，但每年的出产量非常少。钪合金用于制造战斗机引擎和运动产品，包括自行车框架和长曲棍球棒。但如果你想在这个夏天带一个用钪制作的板球棒，别做梦了，它们早就被禁了！

102

一年中的第 102 天是 4 月 12 日

1961 年的这一天，尤里·加加林（Yuri Gagarin）成为第一个进入太空的人。

质数时光

前 102 个质数的立方的和是一个质数，而 102 本身可以写成 4 个连续质数的和。

你能找到它们吗？

一个乘积的回文数

102 和它的反转数（201）的乘积是一个回文数。哇哦，是吗？

我的意思是：

102×201=20 502，而 20 502 从前或从后读起来是一样的。

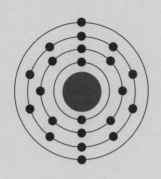

钛

（Titanium）

元素周期表上第 22 个元素是钛，是一种过渡金属。它呈银色，密度低且极其结实。像钪一样，它也被广泛应用于航天航空和摩托赛车工业。造船业的人也十分喜爱它，因为它非常不易被海水腐蚀。钛存在于陨石和 M 型恒星（例如红矮星）中。M 型恒星是银河系中最冷的恒星 —— 我的意思是它的表面温度低于 3500℃，这实在不是一个极好的纪录！

没有靶心

玩飞镖时，103 是你不能用 2 个飞镖击中的最小质数。在这之前的质数，如 101，可以由一个靶心（50 分）和三个 17 分获得。

同样，每一个其他较小的质数都可以只用 2 个飞镖来得分。

它们中谁是最公正的平方？

数字 103 是 301 的倒序数。请验证 103 和 301 的平方也是彼此的倒序数。

103

一年中的第 103 天是 4 月 13 日

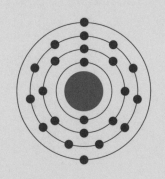

钒

（Vanadium）

钒在自然界中从来不单独出现（它十分黏人，如果出现肯定是和其他元素结伴而行），但一旦被分离出来，就是一种有剧毒的过渡金属（就像钛一样），常常被用在合金钢中，例如用于制造高速运行的工具。钒也在汽车历史中扮演了极其重要的角色。1905 年，亨利·福特（Henry Ford）发现了一种 V 形钢，一种能使他的 T 形汽车的重量减少一半的钒钢合金。亨利曾说过一句名言："如果没有钒，就没有汽车！"

123456789101112131415161718192021222324252627282930313233343536373839404142434445464748495051525354555657585960616263646566676869707172737475767778798081828384858687888990919293949596979899100

104

一年中的第 104 天是 4 月 14 日

2003 年的这一天，人类基因组计划（The Human Genome Project）宣布完成。

这是什么东西？

数字 104 是可以存在于"正则图（regular graph）"中的单位线段数量最小的数字，满足每个顶点都有 4 条线段，但不相交。

下次当你有几盒火柴，特别是你还有很多空闲时间的时候，可以试试。

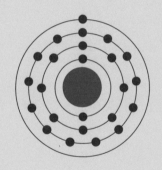

铬

（Chromium）

元素周期表中的第 24 个元素从希腊语的 chroma 衍生而来，意指颜色，因为很多含铬的化合物都有鲜艳的颜色。1817 年，法国化学家、药剂学家、矿物学家安德烈·劳吉尔（André Laugier）在帕拉斯（Pallas）陨石中发现了铬，它是安德烈 1749 年在西伯利亚山脉靠近克拉斯诺亚尔斯克（Krasnoyarsk）的地方发现的重为 680 千克的外太空陨铁石。

铬对人体消化葡萄糖起着关键作用，并且大多存在于胎盘中。

保罗·鄂尔多斯（Paul Erdös）

是一位著名的匈牙利数学家，他推测 105 是最大数 n，使得 $n-2^k$ 的正值都是质数（这些质数是 103，101，97，89，73 和 41）。

鄂尔多斯是数学界的一大谜题。

这位才华横溢但古怪的人定期去往一位同事的家里，他只说一句话："我的大脑是开放的。"然后在那里待上一段时间，一起工作，然后离开。他还给了我们关于数字的美丽引文："为什么数字是美的？这就像问为什么贝多芬的第九交响曲是优美的。如果你不明白为什么，别人无法告诉你。我知道数字很美。如果它们不美，那么没有什么是美的。"

105

一年中的第 105 天是 4 月 15 日，1707 年的这一天，莱昂哈德·欧拉（Leonhard Euler）诞生，比列奥纳多·达·芬奇（Leonardo da Vinci）晚了 255 年。

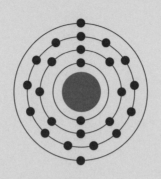

锰

（Manganese）

我们体内的锰十分有限，大概只占总质量的五百万分之一，但这已经足够维持生长、代谢和抗氧化系统的工作了。甜菜根中着实有非常多的锰，这确实是件好事儿，因为依本人拙见，甜菜根简直太棒了！

1974 年，美国政府声称他们准备开采盛产锰的海底矿藏。事实上，后来证明所有一切都是假象，其实他们要找的是一艘沉没的苏联潜艇。

106

一年中的第 106 天是 4 月 16 日

10 点树

数学"树"是没有任何循环的点的连接。总共有 106 个带有 10 个顶点的数学树。这里就有几个：

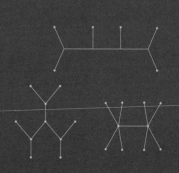

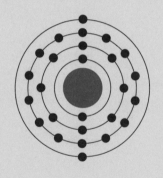

铁

（Iron　Fe）

在所有我们发现的元素的原子核中，铁的原子核有着最紧密的组成。这也说明了在一个恒星的核熔炉中所发生的核聚变，其释放的能量无法被提取出来。取而代之的是能量被**消耗**，从而导致恒星内核温度降低。因此，铁元素是典型恒星熔炉中生成的最重的元素。

早在公元 160 年，希腊物理学家、来自佩加蒙（Pergamon）的盖伦（Galen）就建议用铁屑制造泻药。如果真的是这样，它们极有可能起了相反的作用！实在难以确认当时在佩加蒙的一些地区盖伦是否十分受欢迎。

有趣的整数

没有整数 N，使得 $N!$ 里面正好含有 107 个 0。如果我们用质数 3，31 或 43 替换 107，结果也是一样的。

六音节的

107（one hundred and seven）是英语中最小的，满足需要 6 个音节发音的整数。当然，除非你喜欢模模糊糊地发音，在这种情况下，就只能发出 "hhhunsen" 的音了。

107

一年中的第 107 天是 4 月 17 日

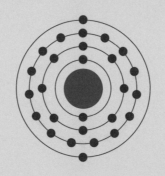

钴

（Cobalt）

在 16 世纪，采矿人尝试提炼一种他们确信含有银的物质，但他们失败了，原因是这其中其实包含一种人类尚未了解的物质——"砷化钴"。他们认为这种物质是被诅咒的，因此称它为 kobald——德语"小精灵"的意思。也就是由 kobald，我们得到了英文 cobalt 这个词。

如果下一次遇到你的热爱手工的朋友正在疯狂地制作陶器、彩色玻璃和瓷砖，告诉他们，他们手上的那些鲜艳的塞维斯蓝（Sevres Blue）的材料中有很大可能含有硅酸钴或钴蓝。

在 25 种人体必需元素中，钴是含量最少的，只有一亿分之二。

108

一年中的第 108 天是 4 月 18 日

迷失……发现？

电视剧《迷失》（*Lost*）中的人物在每次输入数字 4，8，15，16，23，42 以关掉警报之间有 108 分钟的神秘时间。剧透警告：当有人最终决定不这么做，并让计时器运行倒数至零，结果是相当惊人的。

立方和平方

数字 108 可以用两种方式写成一个正数的立方和一个正数的平方的和（a^3+b^2）。
你能找到它们吗？

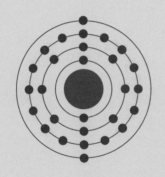

镍

（Nickel）

　　"Nickel"源于德语单词 kupfernickel，意为"恶魔的铜"。德国开采铜矿的工人专门用这个名字来称呼一种看似毫无用处的红褐色矿石。最终，科学家发现 kupfernickel 中蕴藏的不是铜，而是一种从未被发现的新元素 —— 镍。

　　我们都讨厌自己的老 CD 变得肮脏不堪，或是被某个傻蛋抓花了。现在有人发明了一种被称为 HD-Rosetta 的新 CD［从罗塞塔石碑（Rosetta Stone）得名］，它可以在 800 摄氏度的高温下储存 150 万页的资料长达 1000 年。这下我的小女儿奥利维亚（Olivia）可以放心了，她最爱的凯蒂·佩里（Katy Perry）的魅力可以流传下去啦！

234567891011121314151617181920212223242526272829303132333435363738394041424344454647484950515253
5455565758596061626364656667686970717273747576777879808182838485868788899091929394959697989910

数量不能决定一切

　　验证：109 比它的平方有更多不同的数字。它确实是。事实上它是具有这个属性的最小的数。

109

一年中的第 109 天是 4 月 19 日

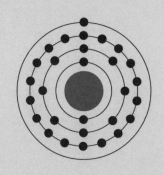

铜

（Copper　Cu）

位于元素周期表第 29 位的铜有着很好的延展性，并且有非常好的导热性和导电性。将铜和锡用 2∶1 的比例混合可以得到青铜，青铜的发现使古代文明从石器时代迈入了……你猜猜……青铜时代。我们都知道当你把铜和锌混合，你可以得到黄铜（虽然从来没有过"黄铜时代"）。

章鱼之所以有蓝色血液，是因为当你我拥有深红色的血红蛋白（haemoglobin）运输体内氧气的时候，我们这个 8 只脚的海洋朋友的血液中有一种叫作血蓝蛋白（haemocyanin）的物质在做同样的工作。

110

把它们加起来

前 110 个质数的和只有 2 个质因数。

$2+3+5+7+\cdots+599+601=$
$29\,897=7\times4271$

$110=5^2+6^2+7^2$

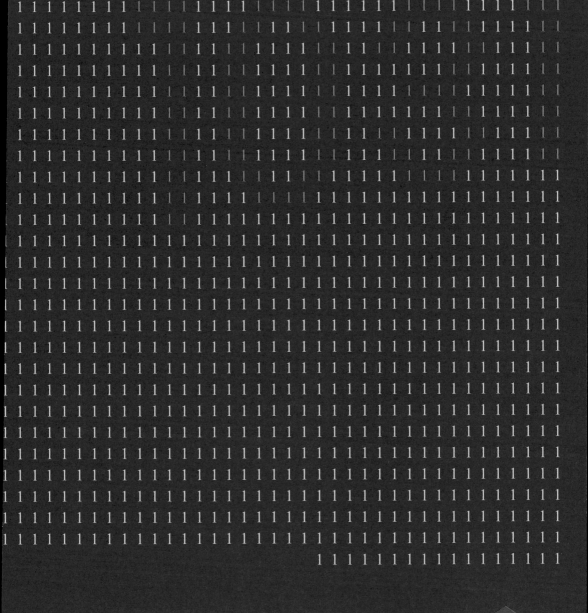

循环整数（repunit）

数字 111 是 1 的字符串，被称为"循环整数"，具体来说，就是 R_3，因为它使用了 3 个 1。

R_3=111=3×37，它不是质数，但我们知道 R_{1031}（上图）是质数，并且我们强烈怀疑 $R_{49\,081}$，$R_{96\,453}$，$R_{109\,297}$ 和 $R_{270\,343}$ 亦然。

此外，如果你决定用 11 个数字 1 来构成 111，我当然不会试图

阻止你，你可以这样写：

111=（11+1）×[11−（1+1）]
+（1+1+1）×1

111

一年中的第 111 天是 4 月 21 日

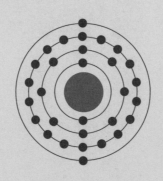

锌

（Zinc）

锌和锌的化合物广泛使用于除臭剂、洗发液、膳食补充品和一些颜料中。锌是人体必需的元素,不过过量的锌也会导致生病。Viola guestphalica 是锌堇花（Zinc Pansy）的学名,锌堇花生长在德国的工业区,那里的土壤被锌严重污染。

如果两个原子的原子核中有相同个数的质子,但有不同个数的中子,我们说它们是一种元素的"同位素"。锌的原子核中有30个质子,但它的同位素有着从24到53个不同个数的中子。

112

一年中的第112天是4月22日

多么实际!

数字 112 是 一 个"实际数（practical number）"〔亦 称"泛算术数（panarithmic number）"〕,因为任何比112小的数字都可以通过112的不同因数相加得到。

很容易看出12也是实际数,因为12的因数是1,2,3,4和6,从

1到11剩下的数中,我们可以得到5=1+4,7=3+4,8=2+6,9=3+6,10=1+3+6和11=2+3+6。

要验证从1到111所有的数可能要花很长时间,你可以随机选择一些,然后尝试把它们表示成112的不同因数的和。

现今世界上销售的 95%
的牛油果都是一棵牛油
果树的后代,这棵树是由
鲁道夫·哈斯(Rudolph
Hass),一名美国密尔沃
基(Milwaukee)的 邮
递员在 1926 年种下的。

113

接近 π

大多数人都记得 π 的近似值
π ≈ 22/7。而 355/113 是一个更
好的近似值,很容易记住,只要把
11,33,55 分成 113 和 355。

说起关于数字的话题,我敢打
赌你肯定不知道,113 × 109 253-
795 664 701 =12 345 678 910-
111 213,它由前 13 个数字"连接"
或集结在一起得到。

1858 年的这一天,物理学家马
克斯·普朗克(Max Planck)诞
生。

杰克和吉尔（Jack & Jill）：政治活动家？

如果你曾听说过这个，就请叫停我：

杰克和吉尔到山上	Jack and Jill went up the hill
提一桶水	To fetch a pail of water
杰克摔倒了	Jack fell down
摔破了他的王冠	And broke his crown
吉尔在后面翻着跟头下来了	And Jill came tumbling after.

谁知道，这首看似天真无害的，我们小时候都在唱的童谣，事实上是一首叹息税收增加以及由此给工薪阶层带来的影响的政治实践主义歌曲呢！

让我们退一步说。

"吉尔（gill）"是体积单位，从中世纪开始流传至今。直到今天，它还被用来测量酒精的体积。例如在爱尔兰，它就是标准测量单位。但是，美国吉尔和英国吉尔是不同的。

一美国吉尔相当于 1 杯（cup），或者 4 美国盎司，相当于 7.219 立方英寸，

114

一年中的第 114 天是 4 月 24 日

1990 年的这一天，哈勃太空望远镜（the Hubble Space Telescope）被发射到太空。

另一个快速质数

自然常数 e 的前 114 位数字的和是质数。这是具有这种特征的第三个数字，但是因为 e 的第 113 位和第 114 位数字都是 0，所以从某些方面来说，114 是作弊，因为它占用了 112 的所有努力！

说到 e 的小数展开式和质数这个话题，e 的小数点后面的前 114 位给出的 114 位数字本身就是质数。

注意，对于第二个质数，我们没有包括小数点前的 2，在生成第一个质数时，我们包含了 2。

或 118.29 立方厘米。1 升大约有 8 美国吉尔。在美国内战中，军医给士兵配 1
吉尔的威士忌，以抵御前一天战斗带来的伤痛。

在英国，1 吉尔要略微大一些——它等于 5 英国盎司（British fluid
ounces），或者 8.669 立方英寸，四分之一品脱（pint），或 142.07 立方厘米，或者
是七分之一升。英国吉尔从 14 世纪开始被使用，目的是测量威士忌或红酒的
多少。它也被拼写为 jill。在 1625 年英王查尔斯一世（King Charles I）继承
英国王位后不久，他就将酒品的标准容量按比例减少了一个"杰克（jack）"或者
"jackpot"（有时也被称为 a double jigger），这是为了能使他收的销售税增高。
1 吉尔，根据定义，是杰克的两倍，因此当杰克摔倒时，吉尔也自动"翻着跟头下
来了"。我已经说了一遍了，我要再说一遍：历史性极客的胜利！

图中是英王查尔斯一世，此时他的头和身子还是连在一起的。自从 1649 年 1 月他被控诉犯有叛国
罪之后，情况就不那么妙了。

好奇的合数

请验证：115（或 5!−5）是形
式为 $p!-p$ 的最小合数，其中 p 是
质数。

显然对于大于 5 的 p，我们总
是能够分解 $p!-p=p\times(p-1)\times$
$(p-2)\times\cdots\times2\times1-p=p[(p-1)$
$\times(p-2)\times(p-3)\times\cdots\times2\times1-$
$1]=p[(p-1)!-1]$，并且对于任何大
于 3 的质数 p，它都是合数。

这个规律只从 $p=5$ 时开始适
用。也许看起来有点奇怪，但如
果你回头看看当 $p=2$ 或 3 时（$p-$
$1)!-1$ 的值，你就可以知道这个规
律为什么"消失"了。

115

生命万岁

我们所发现的最年长的动物是一只圆蛤（quahog clam）—— 一种可食用的、硬壳的软体动物，如果烧得好的话，它将是一个超级美味的杂烩羹。嘿，我是个素食主义者，你可别跟我抱怨！

我们通过数这些动物小小的但很坚硬的外壳上的生命环来确定它们的年龄。早在 2007 年时，研究者就在冰岛海岸的水下 80 米处找到了一只圆蛤，然而不幸的是，在数它的生命环时，他们杀死了它。它至少有 405 岁，之后又被估计为 507 岁。

海洋动物尤其长寿。科学研究发现存在多个种类的珊瑚和海绵，它们已经活了几千年。我不愿意参与那个充满情绪的争论，争辩它们是否真的是"动物"，但如果假定它们不是，在这只名为明（Ming）的圆蛤之后，世界上最长寿的水生动物前十名将被这 10 个老家伙们占据：

花子锦鲤（hanako the koi fish）

它于 1977 年 7 月 7 日死亡，寿命长达 226 岁，也就是说它出生时还没有美国。

116

排行第十

116!+1 是质数。它是我们见过的形如 $n!+1$ 的第 10 个阶乘质数。之前的阶乘质数是 n=1, 2, 3, 11, 27, 37, 41, 73 和 77。今年我们还会遇到另外 3 个，当时的天数分别是 154，320 和 340。

百年战争

写如16年

不幸的是，对于那些参与了百年战争的可怜的人来说，到 1437 年，战争已经持续了 100 年，但还不足以让所有人放下武器，试着和睦相处。战争又持续了 16 年，直到 1453 年才结束。

北极露脊鲸（bowhead whale）

有的北极露脊鲸存活了超过 200 年, 这使它们成为最长寿的哺乳动物。

淡水珍珠蚌（freshwater pearl mussel）

淡水珍珠蚌的寿命在 210 到 250 岁之间。

深海油管虫（deep-sea hydrocarbon tubeworm）

这些伙计已经存活了四分之一个千年了。你可以想象一下它们这些两米长、无脊椎的深海生活者如何开派对庆祝这样一个里程碑。

红海胆（red sea urchin）

一些红海胆可以存活 200 年而几乎没有衰老迹象, 这使它们被称为"几乎永生"。

橘棘鲷（orange roughy fish）

橘棘鲷, 也被称为深海鲈鱼（deep sea perch）, 可以存活长达 149 年。

乔治龙虾（George the lobster）

当善待动物组织（PETA）在 1999 年估计乔治龙虾的年龄大约在 140 岁上下时, 将它买下的饭店老板说, 毋庸置疑应该把它放生。

鲟鱼（sturgeon）

2012 年, 在威斯康星州（Wisconsin）狼河（Wolf River）发现了 100 千克重的鲟鱼, 它被估计已有 125 岁了。

117

因式分解!

数字 117 可以写成两个质数平方的差和两个质数立方的差。你找到表达 117 的这两种方法了吗？

数字 117 是"一百万减一"的一个因数。如果你想找点乐子, 为什么不将 999 999 分解质因数呢, 请注意 117 本身不是质数。

一年中的第 117 天是 4 月 27 日

按比例显示的水熊

但接下来的这些小动物应占有一整页……

水熊虫（water bear）只有 1 毫米长，但却不可思议地坚强。它们在超过 150℃的温度下被持续加热 15 分钟，或者冰冻在 −272℃的液态氦中，甚至被送上太空都能幸存下来。它们可以进行一种名为"隐生（cryptobiosis）"的过程，其间它们所有的新陈代谢都停止了，直至重新进入一个能使它们的生命"重新开始"的环境才恢复。虽然它们只能存活 3 到 30 个月，但有人断言它们每 120 年就会重生一次。

118

1906 年的这一天，数学家库尔特·哥德尔（Kurt Gödel）诞生。

分拆派对

数字 118 可以用 4 种不同的方式分拆为 3 个部分，满足通过每种分拆方式所得的 3 个部分的乘积都相等：14+50+54=15+40+63=18+30+70=21+25+72=118 和 14×50×54=15×40×63=18×30×70=21×25×72=37 800。它是满足这样的规律的最小的数。

如果这个观察结果恰好激发了你的兴趣，那么你可以免费获得这个：探索数字 130 如何用这样的 2 种不同方式进行分拆！

请查看它们的乘积 {[9, 56, 65], [10, 42, 78], [14, 26, 90], [15, 24, 91]} 和 {[20, 54, 56], [21, 45, 64], [24, 36, 70], [28, 30, 72]}。

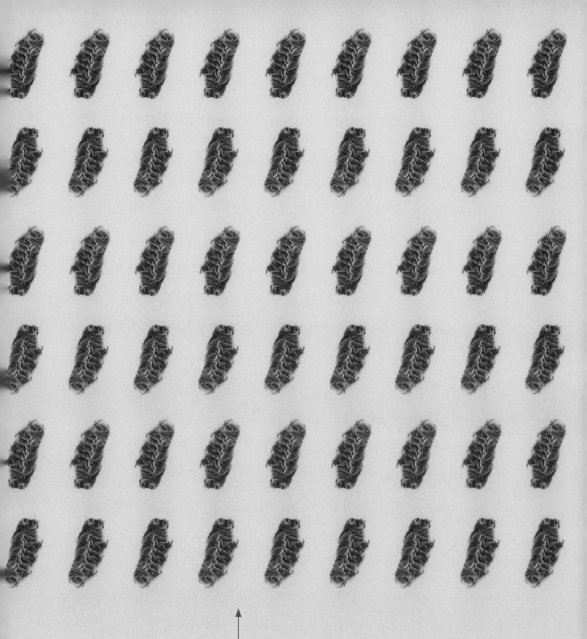

扩大 15 倍以后的水熊

巧妙的合数

　　验证 119 是一个比阶乘（5！）小 1 的合数。

　　事实上，它是满足这样的规律的数中最小的一个。

既然你已经读到这儿了……

　　你能把 119 写成 5 个连续质数的和吗？

119

一年中的第 119 天是 4 月 29 日

可惜的是,我们这些旱鸭子无法和那些热爱游泳的家伙相提并论。

Tu'i Malila

Tu'i Malila 是一只在 1965 年 5 月逝世的年龄为 188 岁的辐射陆龟 (radiated tortoise)。在那时,Tu'i 是被证实的最老的脊椎动物。然而,这个纪录被一只生活在圣赫勒拿岛(Saint Helena)的塞舌尔象龟(Seychelles giant tortoise)火热地追击(抑或,我们应该说是缓慢而沉稳地追击)。乔纳森(Jonathan)被认为已经有 182 岁高龄了,它很有可能是现今存活的最长寿的陆生动物。一只名为阿德维塔(Adwaita)的阿尔达布拉象龟(Aldabra giant tortoise),被估计存活了 250 年,但无法被证明。如果这是真的,那么阿德维塔将成为世界上最长寿的陆生动物。

珍妮·卡尔芒(Jeanne Calment)

珍妮在法国的阿尔勒(Arles)度过了她长达 122 年零 164 天的一生,她是已确认的人类最长寿者。引用她的话说:"我只有一条皱纹,我就坐在它上面!"

亨利(Henry)

一只生活在新西兰南国家博物馆(Southland Museum)的大蜥蜴(tuatara),被因弗卡吉尔人(Invercargill)自豪地宣称是他们最年长的居民。亨利在 2008 年 111 岁的时候第一次和一只 80 岁的雌蜥蜴交配,并成了 11 只蜥蜴宝宝的父亲。很适合你,亨利,祝贺你终于等来了属于你的另一半。

120

头号质数嫌疑犯

一年中的第 120 天是 4 月 30 日

1777 年的这一天,数学家卡尔·弗里德里希·高斯(Carl Friedrich Gauss)诞生。

所有质数(除了我们最初遇到的 2 和 3)都可以被表示为 $6n \pm 1$ 的形式。

从观察 6 开始,可以注意到 5 和 7 都是质数。再看 $12 = 6 \times 2$,而 11 和 13 都是质数,类似地,$18 = 6 \times 3$,17 和 19 都是质数。

然而,当 $n = 4$ 时,我们可以看到即使 $6n+1 = 25$ 不是质数,但 $6n-1 = 23$ 是质数。

继续考查并验证,$120 = 6 \times 20$ 是使得 $n = 20$ 时,$6n+1$ 和 $6n-1$ 不是质数的 6 的最小倍数。

林旺（Lin Wang）

林旺这只亚洲象，于 2003 年 2 月在中国台北动物园逝世，享年 86 岁，它超过了之前亚洲象最高 84 岁的纪录。

穆贾（Muja）

一只现今还存活着的美洲鳄，它自 1936 年起就生活在贝尔格莱德动物园（Belgrade Zoo），它至少有 80 岁高龄了。

格雷特（Greater）

当我们谈到鸟类时，一只了不起的火烈鸟，它的名字叫格雷特，于 2014 年 1 月在阿德莱德动物园（Adelaide Zoo）逝世，享年 83 岁。然而，一只在澳大利亚出生的名叫曲奇（Cookie）的米切尔凤头鹦鹉（Major Mitchell Cockatoo）在伊利诺伊州（Illinois）的布鲁克菲尔德动物园（Brookfield Zoo）生活着，它已经 82 岁了，马上要稳稳地追上纪录了。

欧比利（Ol' Billy）

这匹最长寿的马在 1822 年去世，享年 62 岁。

黛比（Debby）

北极熊黛比在 2008 年去世，享年 42 岁。

奶油泡芙（Creme Puff）

一只生活在得克萨斯州奥斯汀（Austin, Texas）的猫，它活到了 38 岁。

布鲁伊（Bluey）

一只澳大利亚牧牛犬（cattle dog），它生活了充满欢乐和叫声的 29 年。

平方数中的平方

数字 121 是能写成 $1+n+n^2+n^3+n^4$ 形式的唯一平方数，其中 n 为正整数。

这里 n 的值是多少？

另外，$121=11 \times 11$，当我们求 111 的平方时，就会得到 $111 \times 111=12\,321$。你能发现规律吗？由此可以推出美妙的结果 $111\,111\,111 \times 111\,111\,111=12\,345\,678\,987\,654\,321$

121

一年中的第 121 天是 5 月 1 日

27 俱乐部的神话

现代音乐迷也许听说过"27 俱乐部（27 Club）"，这是为在 27 岁时去世的著名音乐家们取的绰号。这个俱乐部拥有如此多有影响力的成员，以至于有些人把 27 当作是音乐人被诅咒的年龄。好吧，既然有这么多神话，那么需要一点儿老式的统计分析来还原客观的事实了。

诚然，詹尼斯·乔普林（Janis Joplin），柯特·科本（Kurt Cobain），艾米·怀恩豪斯（Amy Winehouse），吉米·亨德里克斯（Jimi Hendrix），布莱恩·琼斯（Brian Jones）和吉姆·莫里森（Jim Morrison）都在 27 岁时去世，但如果这股疯狂的超自然力量是真实存在的，那么可怜的年老的奥蒂斯·雷丁（Otis Redding），格兰·帕尔森斯（Gram Parsons），尼克·德雷克（Nick Drake），布莱恩·奥斯珀（Bryan Osper），乔恩·格思里（Jon Guthrie）以及其他那些在 26 岁时离世的人是怎么一回事呢？或者像蒂姆·巴克利（Tim Buckley），贝弗利·肯尼（Beverly Kenney），鲍比·布鲁姆（Bobby Bloom）以及另外一些活到 28 岁却没坚持住而去世的人呢？

悉尼大学心理学和音乐教授黛安娜·肯尼（Dianna Kenny）整理了一份从 1950 年到 2010 年死亡的 11 000 个音乐人，发现他们其中有 144 个人在 27 岁时去世。现在请看，144 人虽然是挺多的，但它仅仅占样本中所有人数的

122

一年中的第 122 天是 5 月 2 日

分拆的艺术

有 122 种不同的方法将数字 24 分拆成一组正整数，它们加起来是 24。例如：4, 4, 16 或 3, 5, 6, 10。

但上述例子中数字 4 是重复的，若要求得到每个数字都不等的拆分部分就要删除像 4, 4, 16 这样的分拆。坚持不重复将会使 24 的 1575 个分拆方法减少至 122 个。

1.3%，如果我们观察它相邻的两个年龄，你可以发现几乎同样多的人（128 人，占 1.2%）在 26 岁时去世，而甚至更多的人（153 人，占 1.4%）在 28 岁时去世。

也许在 27 岁时去世的人中有好几个非常著名，因此吸引了人们的注意，但从统计学的角度，我们可以一劳永逸地否定 27 俱乐部的存在。当然了，这对众多死去的明星的朋友、家人和歌迷来说并不是什么了不起的安慰，但它却确确实实打破了神话。

事实上，这些被调查的 11 000 多个音乐人死亡最集中的年龄大于 27 岁。更多的人在 56 岁时去世，共有 239 人，其中包括了艾迪·瑞比特（Eddie Rabbitt），泰咪·温妮特（Tammy Wynette）和约翰尼·雷蒙（Johnny Ramone）。

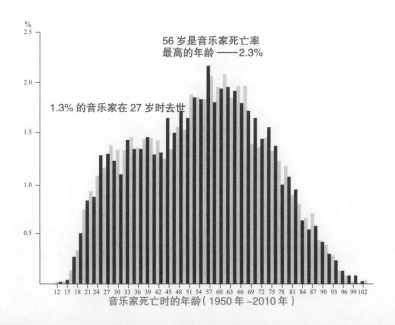

音乐家死亡时的年龄（1950 年 ~2010 年）

荒谬的质数

数字 $10^{123}+3$ 是质数。

这意味着数字 1000…0003（在 1 和 3 之间有 122 个 0）是质数。

如果你认为这是一个大质数，那么由从 123 到 1 的奇数串联而成的数也是质数。

没错，确实有人费心去解决这个问题，12 312 111 911 711-511 311 110 910 710 510 310-199 979 593 918 987 858 381-797 775 737 169 676 563 615-957 555 351 494 745 434 139-373 533 312 927 252 321 191-715 131 197 531 是质数！

123

一年中的第 123 天是 5 月 3 日

世界上不曾被英国侵略过的国家
个数是多少?
22。

124

一年中的第 124 天是 5 月 4 日

在这一天(五月四日),愿力量与
你同在(May the fourth be with
you)。

继续······

$\pm 1 \pm 2 \pm 3 \pm 4 \pm 5 \pm 6 \pm 7 \pm 8 \pm 9 \pm 10 \pm 11 \pm 12 = 0$
有 124 个解决方法。
你能把 124 写成 8 个连续质
数的和吗?

一条弦有多长?

当然了,这取决于这是条什么弦。

但在弦乐器中,弦的长度决定了音高。我们知道,如果有质量相等的两根弦(同样松紧度和重量),一根长度是另一根的两倍,较短那根振动时产生的音比较长那根的高八度。当然,如果你以这个理论为基础建造一架钢琴,是无法包括所有低音的。那么解决办法是什么呢? 钢琴上的低音弦比其他弦粗得多,因为粗的弦比相同松紧度和长度的较细的弦振动得更慢,因而发出的音更低。嘿,简单吧?

幂为 be^{2+1} 很时尚

125

很明显,125 是一个立方数,即 $5^3 = 125$。

125 同时也是不同的正数的平方之和最小的立方数。实际上,125 可以用两种方法写成不同的平方数的和。你能找到它们吗?

一年中的第 125 天是 5 月 5 日

乐器中弦的数量

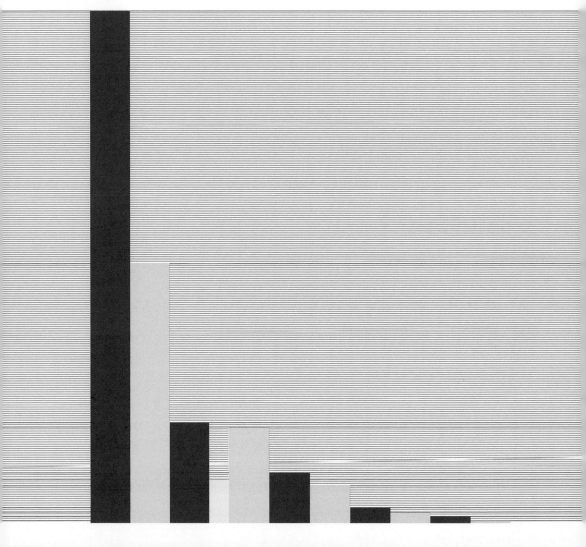

126

一年中的第 126 天是 5 月 6 日

点对点,点对点

圆上的 9 个点,可以组成 126 个不同的四边形。

还有另一种说法,那就是从 9 个点里面任选 4 个不同的点,有 126 种方式。

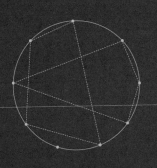

236 根弦
钢琴

120 根弦
羽管键琴（harpsichord）

47 根弦
竖琴

21~45 根弦
欧洲古筝：30~45 根弦
中国古筝：21~25 根弦

24 根弦
巴洛克鲁特琴（baroque lute）

18 根弦
锡塔尔琴（sitar）

8 根弦
曼陀林（mandolin）

6 根弦
标准吉他

4 根弦
大提琴（cello）
小提琴（violin）
中提琴（viola）
低音提琴（double bass）
标准低音吉他（standard bass guitar）
尤克里里（ukulele）
班卓琴（banjo）
厄乌德琴（oud）

2 根弦
二胡，有时被称为中国小提琴

127

一年中的第 127 天是 5 月 7 日

梅森俱乐部

数字 127 是一个美丽的梅森素数。因为 $127=2^7-1$，而 7 是质数，故 127 是梅森素数。这一现象对小于 7 的所有质数都成立，例如 2^2-1，2^3-1 和 2^5-1 都是梅森素数。

下一个候选数是 $2^{11}-1$，它是

梅森素数吗？

138 000

达尔文市的人口使它成为澳大利亚北部地区（Northern Territory）最大的城市，但却是最小且最靠北的省会。

44.5 亿澳元

这是 1974 年席卷达尔文市的特雷西飓风（Cyclone Tracy）被估计带来的损失。

32℃

达尔文市平均气温。

1942

在这一年的 2 月 19 日，日本对达尔文市发动了两次空袭，杀死了 252 个人。

达尔文市建立的年份。

128

一年中的第 128 天是 5 月 8 日

没有更大的了

128 是已知的可以用 3 种方式表示为 2 个质数的和的最大偶数。请找到它们！

128 可以拥有这个特征，但非常令人惊讶的是，不管我们如何一直深入寻找，都无法找到一个更大的偶数，满足可以用 3 种方式表示为 2 个质数的和。

30 000

制作 Mick Keeley 的名为 Extravacanz 的船所用的平均啤酒罐数量。它在 2013 年参加了位于明迪尔海滩（Mindil Beach）的年度啤酒罐划船比赛。

3

从阿德莱德到达尔文市你需要行驶的街道数［包括了 3004 千米的国家一号高速公路（National Highway 1）］，它比从伦敦到莫斯科还要远！

5000

2002 年 1 月 31 日，距离达尔文市 60 千米远的一场暴风雨中雷击的次数 —— 大约是珀斯每年经历的雷击次数的三倍。

平方之舞！

数字 129 是能用 4 种方法表示为 3 个正数的（不一定不同的）平方之和的最小数字。你能找到这 4 种方法，把 129 写成 3 个正数的平方之和吗？

129

一年中的第 129 天是 5 月 9 日

英语中最长的单词

我至今仍记得当我还是一个小孩的时候,读到"英文中最长的单词"的情景。

我的父母曾经给我买了一本小书,名叫 *Oddities*(译者注:中文为"怪事"的意思)。这本书包含了,嗯,很多怪事……在语言、数学、艺术等方面,那的确使我年轻的大脑受到冲击。我读了一遍又一遍,最终记住了英语中最长的单词。它就是这个 29 个字母的怪兽:

Floccinaucinihilipilification

你可以把它读作 floxee-nawsee-nee-hilly-pilly-fick-ashun。

Floccinaucinihilipilification 意为"藐视一切的心理"。举个例子,如果我的小女儿奥利维亚要问她的姐姐:"你觉得单向乐队(One Direction)的音乐怎么样?"如果她姐姐回答:"它完全就是差劲透顶!"此时我的小女儿就有资格回应:"埃莉,我不能忍受你对我最爱的乐队的 floccinaucinihilipilification"。

这个词是在 2012 年 2 月被添加进英国议会议事录中的。保守党议员

130

一年中的第 130 天是 5 月 10 日

分而治之

你知道 130 是唯一一个等于其最前面的 4 个因数的平方的和的数吗?这是什么意思呢?你看,130 的前几个因数是 1, 2, 5, 10, 13, 26, 65,于是 $130=1^2+2^2+5^2+10^2$

雅各布·里斯-莫格（Jacob Rees-Mogg）申请允许纵容在评判欧盟时的 floccinaucinihilipilification，标志着他们的其中一个决定有失公正。从那天开始，floccinaucinihilipilification 就成为英国议会议事记录中最长的单词了。

但事实证明 floccinaucinihilipilification 严格地说并不是英语中最长的单词，虽然它打败了以下这三个坏家伙：

Antidisestablishmentarianism（28 个字母）：它的意思是反对教会和国家分开学说，也就是说，反对去除某团体或实体的官方职位。它是一个十分罕见且古老的单词，因此并没有被收录在韦氏词典（Merriam-Webster dictionaries）里。总的来说，它只是在说到较长单词的例子时被提及。它就是我们所知道的"凝集结构（agglutinative construction）"，也就是说，一个现有的单词通过加入前缀（prefixes），如 anti，dis 等和后缀（suffixes），如 arian，ism 等得到的合理延伸的单词。

Electroencephalographically（27 个字母）：这个超长的医学专用单词其实简单地表示用脑电描记器探测和记录脑电波。医学和科学用语经常占据长单词的排行榜，因为它们通常为了描述复杂的过程或病情而由很多较短单词或单词的一部分合成。

Honorificabilitudinitatibus（27 个字母）：最长的辅音和元音交替出现的英文单词，意为不胜光荣。它仅在威廉·莎士比亚的著作《爱的徒劳》（*Love's Labour's Lost*）中出现过一次，因此被认为是莎士比亚标准语言中的罕用语

131

我是绝对质数

数字 131 的任意排序都是质数。这被称为"绝对质数（absolute prime）"。

显然，131 是绝对质数，意味着 113 和 311 也是绝对质数。

周而复始

131 的倒数，循环节有 130 位。
1/131=0.00763358778625954
19847328244274809160305343511450381679389312977099236641
221374045801526717557251908396946564885496183206106870229… 这 130 个数字不停地重复着！

一年中的第 131 天是 5 月 11 日

（hapax legomenon）。这个单词是乡村人考斯塔德（Costard）在第一场第五幕时说的，就在卖弄学问的学校校长荷罗孚尼（Holofernes）与他的朋友纳撒尼尔爵士（Sir Nathaniel）的愚蠢、装模作样的对话之后。这两个人的对话夹杂着拉丁语和辞藻华丽的英语，并小题大做。但当莫斯（Moth），这个睿智的仆人走进来时，考斯塔德说起这两个卖弄者："啊！ 他们一向是靠咬文嚼字过活的。我奇怪你家主人没有把你当作一个字吞了下去，因为你从头到脚，都没有 *honorificabilitudinitatibus* 这一个词那么长；把你吞下去，还不如吞下一个皮瓣龙（*flap-dragon*）费事。"

Flap-dragon 是一个从一碗滚烫的白兰地中尝试吃掉炙热的葡萄干的游戏！

事实上，英文中还有超过 29 个字母的单词，但它们大多都十分奇怪且罕见，因此我留给你们自己去查，如果你有兴趣的话。《牛津英文字典》中最长的非医药学单词是 34 个字母的 supercalifragilisticexpialidocious，它的意思是出奇地好，源于电影《欢乐满人间》（*Mary Poppins*）的同名歌曲。现在，如果你有兴趣的话，我们可以花几个小时的时间争辩一下这两个单词到底哪个更酷。但我会以 floccinaucinihilipilification 的态度来看待这样的一次辩论，你应该有自己的观点。

132

一年中的第 132 天是 5 月 12 日

部分之和

请证明，如果你把 132 各数位上的数字组合成的所有两位数加起来，你将得到 132。

一旦你这样做了，然后回过头来想一想，会发现其实 132 是具有这个属性的最小的数。

一头蓝鲸每天摄入磷虾的量
相当于 40 000 个芝士汉堡的重量。

别担心，要快乐

133

数字 133 是众所周知的"快乐数（ happy number ）"。如果你将其各位数字平方后相加，然后重复这个过程，最终和会变成 1。

133 变成 $1^2+3^2+3^2=19$，然后再计算 $1^2+9^2=82$，接着是 $8^2+2^2=68$，最后变成 $6^2+8^2=100,1^2+0^2+0^2=1$。

但是，其他"不快乐"的数字，永远不会得到 1。通过对其他数字尝试这个过程，你能算出那些"不快乐"的数字会发生什么变化吗？

一年中的第 133 天是 5 月 13 日

纯洁的诗歌

我当然不是什么专家，但对我而言，很多诗歌的基础是一种极美妙的数字结构。

韵脚也许会根据诗歌的种类遵循某个"公式"。例如，有些段落也许会呈现 abab cdcd 的韵脚，但诗歌的行数，甚至每一行音节的个数也会遵循一个数字结构。

举几个例子，我真的并不想惹恼任何诗人，说他们都是失败的热爱玩数字游戏的数学家。但当你们读诗时，可以密切关注它深层的"框架"，你们会有自己的结论的……

五行诗（cinquain）

五行诗是一种相对来说比较近代的诗歌形式，它是由美国诗人阿德莱德·克拉普西（Adelaide Crapsey）于 1915 年发表 28 首五行诗时首创的。

阿德莱德据说是从日本的俳句（haiku）和短歌（tanka）中找到创作灵感的，

134

一年中的第 134 天是 5 月 14 日

最热门的 134

1913 年 7 月 10 日，加州死亡谷的气温达到华氏 134 度（56.7℃摄氏度）。

附近贝克镇的居民为纪念这个温度，建造了一个 134 英尺（约 40.81 米）高的温度计，自豪地宣称它是世界上最高的温度计。

连接起来的灾难！

$134^2 - 67^2 = 13\,467$，是底数连接起来的结果。

它们也对诗歌的行数和可包含的音节数有着很严格的规定。

有许多不同形式的五行诗，它们中的一些拥有吸引人眼球的名字，如"镜子""花环"和"蝴蝶"，但有一点可以确定，它们都有 5 行（"cinq"在法语中意为 5）。开头的一行包含 1 个单词，接下去一句比一句长，直到第五句则又缩短为 1 到 2 个词。下面就是阿德莱德·克拉普西的《十一月的夜晚》(*November Night*)。

听……	Listen …
伴随着干涩微弱的声响，	With faint dry sound,
幽灵般的脚步，	Like steps of passing ghosts,
枯叶和着严寒，一同折断在树上，	The leaves, frost-crisp'd, break from the trees
然后坠落。	And fall.

莎士比亚十四行诗

莎士比亚十四行诗由 3 组压"abab""cdcd""efef"韵的四行诗(quatrains)，以及紧接着的一个压"gg"韵的对句(couplet)组成。

通常在第三个四行诗的开始，第一个"e"（译者注：即压的韵脚 e）即是"回(volta)"或转折，在这里十四行诗将改变节奏，或者将解决之前段落中出现的

换一美元？

在澳大利亚的货币（5 分，10 分，20 分，50 分）体系中，当你无法兑换一澳元的情况下，你所能拥有的最多的钱币是 135 美分。为什么呢？

顺便说一句，不起眼的 50 分澳元是你能经常遇到的为数不多的十二边形之一。

135

一年中的第 135 天是 5 月 15 日

1859 年的这一天，物理学家 / 化学家皮埃尔·居里(Pierre Curie)诞生。

问题。莎士比亚在 1609 年出版了《十四行诗》(*The Sonnets*),诗集中的 154 首诗几乎都遵循这个模式。这里有他最伟大的一首诗,著名的《莎士比亚十四行诗第 18 首》(*Sonnet 18*)。

Shall I compare thee to a summer's day? (a)

Thou art more lovely and more temperate: (b)

Rough winds do shake the darling buds of May, (a)

And summer's lease hath all too short a date: (b)

Sometimes too hot the eye of heaven shines, (c)

And often is his gold complexion dimm'd; (d)

And every fair from fair sometime declines, (c)

By chance or nature's changing course untrimm'd; (d)

But thy eternal summer shall not fade (e)

Nor lose possession of that fair thou owest; (f)

Nor shall Death brag thou wander'st in his shade, (e)

When in eternal lines to time thou growest: (f)

So long as men can breathe or eyes can see, (g)

So long lives this and this gives life to thee. (g)

(中文翻译请聪明的你自行查找)

136

一年中的第 136 天是 5 月 16 日

1718 年的这一天,数学家玛丽亚·盖塔娜·阿涅西(Maria Gaetana Agnesi)诞生。

你明白了吗?

请验证 136 是它的每一个数位上数字的立方之和的每一个数位上数字的立方之和。首先,喘口气,然后再读一遍……缓缓地。

4 月 23 日

威廉(译者注:即威廉·莎士比亚)的生日。也是他的忌日。正好在 52 年之后。

3000

他所创造的英语单词大概个数。

80

他名字的 80 种不同拼写方式。

37

他所写的剧本的总数,是总共 154 个文学作品的一部分。〔除非你相信阴谋论宣称的大多数作品都是由弗朗西斯·培根(Francis Bacon),克里斯托弗·马洛(Christopher Marlowe)或者 J.K. 罗琳(J.K.Rowling)写的。〕〔译者注:弗朗西斯·培根(1561~1626),英国文艺复兴时期散文家、哲学家。克里斯托弗·马洛(1564~1593),英国诗人,剧作家。J.K. 罗琳,1965 年生,英国作家,代表作《哈利·波特》。〕

884 429

他剧作的总字数。

2

他完整地用诗呈现的作品数。同时也是被翻译成克林贡语(Klingon)的作品数。〔译者注:克林贡语是为了 20 世纪末期美国著名科幻影视作品《星际迷航(Star Trek)》而发明的。在影片中,使用这种语言的克林贡人是一个掌握着高科技却野蛮好战的外星种族。克林贡语的发明者是美国语言学家马克·欧克朗(Marc Okrand)〕。

1380

他创造的人物的总数。

8

他拥有的孩子的总数。

你大概猜到了吧 —— 这些就是关于威廉·莎士比亚(William Shakespeare)的几个惊人的数字。或许是 Shaksper?,Shakespere,或者 Willm Shakespeare,抑或是……(译者注:即莎士比亚名字的不同拼写方式。)

清晰的截断

数字 137 是一种质数序列中的第三项,这个质数序列可以从 7 开始,然后在前一项的前面加上一个数字来创建一个新的项:7, 37, 137… 我们可以以这种方式创建一个由 24 个质数组成的序列,以最长的"左截断质数(left-truncatable prime)"(一类质数,当从左向右依次删去每一个数字的时候,剩下的部分依然是质数)结束:357 686 312 646 216 567 629 137。

137

一年中的第 137 天是 5 月 17 日

俳句（haiku）

传统日语俳句包含了 3 行假名（kana），分别为 5,7,5 个字长。

不幸的是，假名不能直接翻译为英语，因此英语俳句通常是 3 行 5-7-5 音节的诗词。

举例来说，松尾芭蕉（Basho Matsuo）（1644~1694，被认为是最伟大的俳句作家）写下了这首美丽的诗：

一个老旧而安静的池塘……	An old silent pond …
一只青蛙跳进池塘，	A frog jumps into the pond,
哗! 又安静了。	splash! Silence again.

不错啊，芭蕉。这里有我自己写的一篇（以我的能力，我只能是不知名的且永远不会出名的俳句诗人）：

一首俳句被创造出来，	A haiku is made,
它有 17 个音节，	Of seventeen syllables,
像太阳一样发光。	That shine like the sun.

138

一年中的第 138 天是 5 月 18 日

一年中最异常（anomalous）的时候

138/184 给出了一个伟大的异常抵消。如果你只是划掉分子、分母共同的 1 和 8，就会将 138/184 变成 3/4，而 138/184=3/4。注意，这是一个巧合，而不是通常化简分数的方法。

我们会在这里看到更多的异常抵消。从现在开始，我们只关心分子和分母是三位数的情形。如果你想冒险，你可以通过忽略最后一个条件来寻找更多的异常抵消。但你不会在答案中看到这些。

五行打油诗 / 五行幽默短诗（limerick）

五行幽默短诗是一种短小的，通常是粗俗、有趣的诗。

事实上，大多数五行打油诗并不粗俗。确实，现今所知的最久远的五行打油诗是 13 世纪托马斯·阿奎那（Thomas Aquinas）写的拉丁文祷告，它必定不会以"从前有个来自 …… 的人"开头。

五行打油诗包含了 5 行，它可以被分成第 1、2 和 5 行一组，第 3、4 行一组。第 1、2 和 5 行几乎每次都拥有同样数量的音节（7~10 个），全部押韵，并拥有同样的口语韵脚。

相似地，第 3、第 4 行更短（5~7 个音节），但它们也押韵，且有同样的韵脚。这里是一个（有些粗俗的）例子。

话说有一个叫作圣人的画家，	There once was an artist named Saint,
他吞下了颜料的样本。	Who swallowed some samples of paint.
所有各种颜色的光谱，	All shades of the spectrum,
从他的直肠中流出，	Flowed out of his rectum,
色彩斑斓、毫无节制。	With a colourful lack of restraint.

找到一个质数

139 和 149 这两个数字是第一对相差 10 的连续质数。下一对相距没那么远。你能找到它们吗？

异常抵消

正如我们昨天提到的，138/184 = 3/4 是一个异常抵消。你能找到涉及 139 的异常抵消吗？这是一个棘手的问题——祝你好运。

139

一年中的第 139 天是 5 月 19 日

意大利十四行诗（petrarchan 或 Italian sonnet）

一首意大利十四行诗是由 8 行压"abbaabba"韵脚的韵文和紧接着的 6 行压"cdcdcd""cdecde"或者类似的韵脚的结束语组成的。

一般是开头的 8 行诗确立一个问题，而后面的 6 行诗则着眼于解决它。在下面这个例子——威廉·华兹华斯（William Wordsworth）写的《伦敦，1802》（*London, 1802*）中，诗的前 8 行阐述了英国阶级没落和失败的事实。嘿，比尔，真是沉重的话题啊！在后面的 6 行中，从第 9 行［回（volta）或转折］开始，我们就可以看到为什么弥尔顿（Milton）这么伟大了。

Milton! thou shouldst be living at this hour: (a)

England hath need of thee: she is a fen (b)

Of stagnant waters: altar, sword, and pen, (b)

Fireside, the heroic wealth of hall and bower, (a)

Have forfeited their ancient English dower (a)

Of inward happiness. We are selfish men; (b)

Oh! raise us up, return to us again; (b)

And give us manners, virtue, freedom, power. (a)

Thy soul was like a Star, and dwelt apart; (c)

Thou hadst a voice whose sound was like the sea: (d)

Pure as the naked heavens, majestic, free, (d)

So didst thou travel on life's common way, (e)

In cheerful godliness; and yet thy heart (c)

The lowliest duties on herself did lay. (e)

（中文翻译请聪明的你自行查找）

140

一年中的第 140 天是 5 月 20 日

在 1990 年的这一天，哈勃太空望远镜拍摄并发送了它的第一张照片。

数字里有什么？

数字 140 是前 7 个正整数的平方的和：$1^2+2^2+3^2+4^2+5^2+6^2+7^2=140$。

140=160−20，这本身并不具有突破性，但它解释了为什么推文（tweets）的上限为 140 个字符。

推特（Twitter）的名字

因为 SMS 的全球标准是 160 个字符，推特的创始人决定在移动电话作为访问这些通信的主要方式的时代，在推特用户名中留出 20 个字符的空间。

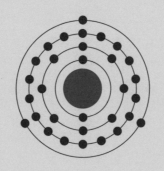

镓

（Gallium）

镓被很多人认为是第二种名字源于法国的元素（第一种是钫）。但是在约翰·埃姆斯利（John Emsley）的一本非常杰出的元素周期表的"圣经"——《大自然的组成》一书中，他指出是法国化学家博伊斯鲍德兰（Boisbaudran）用他中间的名字"Lecoq"命名了镓，这个词在英语中是公鸡的意思，在拉丁语中为"gallus"。如果这是真的，那么博伊斯鲍德兰还真是一个厚颜无耻的家伙，但他却着实帮助发现了镓、钐和镝，所以也许他是实至名归。

镓可以被用于治疗不只是一种，而是两种致命的疾病，它们的英文名称都以 M 开头，分别是疟疾（malaria）和黑素瘤（melanoma）。

π 图表

46264

141

友好的老伙计 141 是 π 的小数展开形式中出现的第一个非平凡解回文数，它紧跟在小数点之后，3.14159…

如果你想知道，第一个 5 位回文数 46 264，从小数点后第 19 位开始，而后我们将遇到第一个 4 位回文数 3993，该回文数从小数点后第 43 位开始。

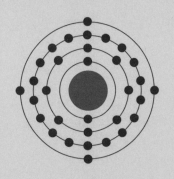

锗

（ Germanium ）

和钫（Francium），镅（Americium），钋（Polonium），钪（Scandium），铜（Copper）[（以塞浦路斯（Cyprus）命名]（译者注：塞浦路斯是地中海东部的一个岛国），钌（Ruthenium）（以俄罗斯命名），铥（Thulium）（以挪威命名）一样，锗是另外一个以国家名字命名的元素。

在 20 世纪 80 年代，有一场崇尚以锗为健康补品的风潮，其中著名的是最佳畅销书《锗：提高健康和生命质量》（*Germanium：the health and life enhancer*），不过它很快就被英国政府封杀。含有锗的补给物，油类，血压和心脏病治疗方法，甚至排毒盐浴还存在，但是由于医学权威的意见，它们不再被信任了。

123456789101112131415161718192021222324252627282930313233343536373839404142434445464748495051525545556575859606162636465666768697071727374757677787980818283848586878889909192939495969798991

142

一年中的第 142 天是 5 月 22 日

朴素的平面

有 6 个顶点的平面图形（planar graph）可能有 142 个。

平面图形是一个可以在二维平面上绘制的图形，无论我们怎样滑动顶点，都没有任何边相交。右上方的图形是平面图形，右下方的图形是非平面图形（non-planar），因为它的边是相交的。

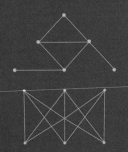

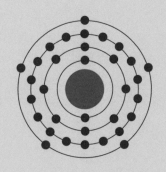

砷

（Arsenic）

砷是 19 世纪和 20 世纪反派角色制作毒药的不二选择。它可以从所有东西中提取，包括农药和捕蝇纸。人如果在几周内少量摄取，所产生的症状就像是普通的消耗性疾病或无明显特征的疾病。

当然，砷其实在比这早得多的时候就存在了，它曾经被发现于意大利境内的阿尔卑斯山脉中一具 5000 多岁的"冰人"遗骸的头发上。人们猜测他曾经是一个铜匠，因为含砷量高的金属熔化后会产生铜。

极佳的因数

因为 $1001=143 \times 7$，我们可以有一个可爱的事实，即 143^2 是 143 143 的一个因数。

还不够呐

$3^2+4^2=5^2$，而 $3^3+4^3+5^3=6^3$。但就在你以为你自己取得了什么惊人的发现时，$3^4+4^4+5^4+6^4$ 不等于 7^4。它少了……143。

143

一年中的第 143 天是 5 月 23 日

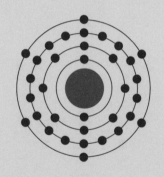

硒

（Selenium）

　　硒的原子核中有 34 个质子，所以它的原子序数为 34。硒被应用于玻璃、颜料和电子制作工业。它还是动物体内必需的微量元素。你体内含硒最多的部分是毛发、肾脏，如果你有的话，你的睾丸里也有硒。事实上，你体内的每一个细胞中都有超过 1 000 000 个硒原子。但你得小心对待这东西，因为过多的硒会导致硒中毒，后果严重，其中包括口臭和体臭。

144

一年中的第 144 天是 5 月 24 日

颠倒的平方（erauqS）

　　144 是最小的平方数，当它各数位上数字颠倒时也是一个平方数，即 $144=12^2$，而 $441=21^2$。

　　你也可以提议 100，因为 100 颠倒之后是 001，但严格地说，无意冒犯，100，你不被邀请参加这个聚会。

斐波那契数

　　144 是一个完全平方数。并且 1+4+4 和 $1×4×4$ 也是完全平方数。144 也是最大的斐波那契平方数。

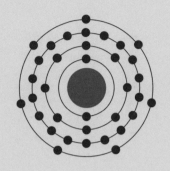

溴

（Bromine）

和汞一样，溴是另一个常温下呈液态的元素。

如果你要在一个密闭空间中灭火，如果这个空间中有电脑、艺术品或发动机，那么用水灭火太危险（我了解的，我们都曾在这种地方待过），这时你也许希望得到一个可以喷射有机溴化物的卤代烷灭火器。同时你得记住，这些卤化物对地球臭氧层可不好，所以别喷过头了，好吗？

距离为阶乘和数！

145=1!+4!+5! 只有 4 个具有这种属性的数字。1, 2, 145 是其中的 3 个，如果你想知道，那么第 4 个是 40 585。请随意查看，如果 0!=1 困扰你，那就别理它。

这些数字被称为"阶乘和数（factorions）"，这个术语是克里夫·皮克罗夫（Cliff Pickover）在 1995 年创造的。

异常抵消

5 月 25 日，一年中的第 145 天，带给我们又一个异常抵消。

你能找到以 145 为分子的分数的分母吗？这个字母满足的条件是使得这个分数化简后得到的结果和你划掉分子、分母中相同数字得到的结果是一样的。提示：分母在 400~500 之间。

145

一年中的第 145 天是 5 月 25 日

1977 年的这一天，第一部《星球大战》电影上映。

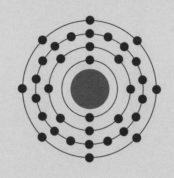

氪

（Krypton）

氪是一种无气味的气体，我们可不能把氪和氪星石（kryptonite）混为一谈，氪星石是《超人》（*Superman*）电影中超人星球上的有放射性的危险物质。好啦，我很高兴你们知道如何区分它们了。

1960 年，元素铂和铱的标准米尺被国际上官方的米的测量方法取代。从 1960 到 1980 年，一米被定义为氪 –86 光谱上亮橙色线波长的 1 650 763.73 倍。

146

基数之跃

146 是以 8 为基数（译者注：即八进制）的 222。这意味着 $146=2\times8^2+2\times8+2$。

说到 222，当我们将 146 的因数相加，得到 1+2+73+146 也等于 222。

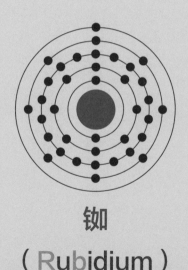

铷

（Rubidium）

铷的名字源于拉丁语 rubidus，这是因为铷的原子光谱散发着两条宝石红（ruby-red）般的光线。

在 1995 年，美国物理学家埃里克·康奈尔（Eric Cornell）和卡尔·威曼（Carl Wieman）将铷的气体冷却到绝对零度以上几十亿分之一度[或者更复杂一点说是"绝对零度以上 170 纳开尔文（nK）"]。由此，他们创造了空前的玻色-爱因斯坦冷凝物（Bose-Einstein condensate）。你刚问我什么问题呢? 当大部分粒子占据了最低可能量子态时，玻色-爱因斯坦冷凝物就形成了，并且这些粒子会大规模地进行惊人的量子变化。这实在令人难以理解，但这个发现堪称杰出，足以使这两个伙计获得 2001 年的诺贝尔物理学奖。

3 的汇聚

147

147 能被 3 整除。这里有一个很酷的事情，你可以用任何可以被 3 整除的数来完成。将这个数的各数位上的数字的立方相加，并重复这个过程，最终你将得到 153。

从 147 这个例子可以得到：
$1^3+4^3+7^3=408$
$4^3+0^3+8^3=576$
$5^3+7^3+6^3=684$
$6^3+8^3+4^3=792$
$7^3+9^3+2^3=1080$
$1^3+0^3+8^3+0^3=513$
$5^3+1^3+3^3=153\cdots$

一年中的第 147 天是 5 月 27 日

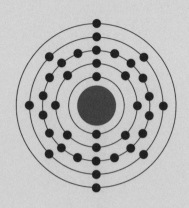

锶

（Strontium）

锶的原子序数为 38，它是一种极活跃的银白色金属元素，遇空气变为黄色。锶可防止 X 射线的发散，所以它被广泛应用于制造老式阴极射线管电视和电脑的玻璃。钛酸锶晶体比钻石还要闪亮，但不像钻石那么坚硬，很容易被划花。所以虽然锶理所应当排在闪闪发亮的元素的榜首，但如果你想对你的那个特别的人说"爱你就给你买锶"，还是别了，再考虑考虑吧。

148

一年中的第 148 天是 5 月 28 日

吸血鬼数字（Vampire number）

吸血鬼数字是这样一类数，它的所有数位上的数字可以被重新组合成两个比原数小且位数相等的数字［叫作"尖牙（fang）"］，它们相乘可以得到原始数字。例如，1260=21×60。

我们通常不让两个"尖牙"都以 0 结尾。

有 148 个六位数的吸血鬼数字。例如：108 135=135×801。

你能证明以下六位数是吸血鬼数字吗：125 433，378 450 和 567 648？

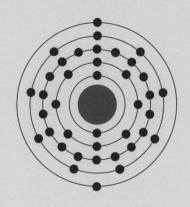

钇

（Yttrium）

钇位于元素周期表的第 39 位，它被用于治疗癌症，还有不那么重要的珠宝的制作。这种有剧毒的银白色过渡金属是 4 种以瑞典一个叫伊特比（Ytterby）的小镇得名的元素中的第 1 种，因为在 1787 年，钇最先在那里被发现，如果不是它们的发现，这个小镇到现在可能还是默默无闻。伊特比小镇还命名了 Erbium（铒）、Terbium（铽）和 Ytterbium（镱）。但是你早就知道了，对吗？对一个距离斯德哥尔摩 150 千米的小镇来说，真的已经很不错了！

天堂的 3 个平方

149

你能把 149 表示成 3 个连续数字的平方之和吗？

真的，你能吗？来吧，让我看看。

一旦你明白了 149 是如何用 3 个数的平方之和来表示的，你会发现 149 的各位上的数字之和是如此可爱，它也可以用 3 个连续数字的平方之和来表示：

$$1+4+9=14=1^2+2^2+3^2$$

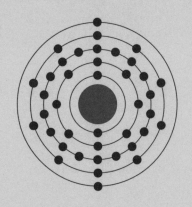

锆

(Zirconium)

锆是一种有光泽、坚硬、灰白色的过渡金属,它由于以下几个原因而深受人们喜爱,其中突出的是它耐高温,以及它无可否认的闪亮的光泽! 我在说什么呢? 好了,钻石是由地球内部的碳长期受高温高压自然形成的,而钻石的竞争者的原貌 —— 锆石(二氧化锆)是如此稀有,以至于几乎所有用于制造珠宝的锆都是人造的。

150

一年中的第 150 天是 5 月 30 日

魔方

5×5×5 的魔方有时被称为专家的魔方(the Professor's Cube),上面覆盖着 6×5×5=150 块彩色贴纸。

专家的魔方是一只狡猾的野兽,可以用 282 870 942 277 741-856 536 180 333 107 150 328-293 127 731 985 672 134 721-536 000 000 000 000 000 种不同的方式来安排。

澳大利亚大师费利克斯·曾姆丹格斯(Feliks Zemdegs)以 48.42 秒的惊人成绩打破了专家的魔方的世界纪录。这位勇敢的澳大利亚人延续了他在 2013 年传统魔方世界锦标赛中的战绩,在 2015 年蝉联冠军。干得好,你这个巧手数字恶魔。

1979 年, 西澳大利亚的埃斯佩兰斯市政厅（Esperance Shire Council）向 NASA 提出 400 美元的罚款。

这笔罚款处罚的是乱扔垃圾行为。这些垃圾是由太空实验室（Skylab）燃烧后重新进入地球大气层产生的。虽然 NASA 从未付款，但加利福尼亚州巴斯托（Barstow）的美国流行音乐播音员（DJ）斯科特·巴利（Scott Barley）从听众那里筹集了钱款，于 2009 年 7 月 12 日在庆祝埃斯佩兰斯－太空实验室日（Esperance Skylab Day）30 周年时展示了这笔钱的支票。巴斯托和埃斯佩兰斯现在是兄弟城市了。

适当的质数

151

151 是一类质数中最小的，这类质数开始于一个由 5 个连续质数的和构成的 3 位质数：151+157+163+167+173=811，然后从 811 开始，对接下来连续 5 个质数求和得到 811+821+823+827+829=4111，猜猜接下来会是什么？你可以得到 4111+ 4127+4129+4133+4139=20 639，这也是质数。

这种规律到这里就结束了，因为从 20 639 开始，接下来的 5 个质数的总和是 20 639+20 641+20 663+20 681+20 693=103-317=3×34 439。

一年中的第 151 天是 5 月 31 日

写给所有初学者 ……

我爱语言，一直都爱。就像你猜想的那样，我也爱数学。就像数字是数学的心脏一样，单词和字母表也是语言的心脏。

说英文的人也许认为字母是十分简单的。有一组字母可供选择，然后你把它们进行排列组合，组成词组，就万事大吉了。但事实上并不像你想的那样简单。

首先，不只有一个字母表，有一大堆呢。

世界上大约有 26 亿人（也就是所有人口的 36%）使用拉丁（或罗马）语，大约有 13 亿人（18%）（译者注：最新的数据约为 14.5 亿人）使用中文，大约有 12 亿人（16%）使用梵文（印度），大约有 10 亿人使用阿拉伯语，大约 3 亿人使用西里尔字母表。

在其他语言中，字母会根据它们所在单词中的位置而改变形式，不是像英语那样仅句首字母大写。

152

一年中的第 152 天是 6 月 1 日

仍然得到质数

数字 152 是恰好可以用 4 种方式表示为 2 个质数之和的已知的最大偶数。你能通过发现这 4 种方式来"a pinch and a punch"这个月的第一天吗？（译者注："a pinch and a punch"是澳大利亚人庆祝某月第一天的方式。）

当然了，任何一个学过英语的人都知道英语有 26 个字母（很多其他语言的字母表里都有相似个数的字母），但是，哈哈，别认为这对所有字母表都适用。

人们所知道的拥有**最少**字母个数的语言是东巴布亚（East Papuan）的罗托卡特语（Rotokas），它只有 12 个字符，布干维尔岛（island of Bougainville）上的约 4000 位居民说这种语言。

夏威夷的官方语言由传教士于 1826 年创造，把之前口头交流的形式编成法典。这些传教士十分高效，因为他们设法将夏威夷语归纳为 13 个字母，A、E、I、O、U、H、K、L、M、N、P、W 以及 "okina" 或者是声门闭塞音（glottal stop）。

西里尔字母表是字母表中当之无愧的高手。以圣西里尔（St Cyril）命名，他可能有也可能没有发明西里尔语（嘿，这是在公元 860 年左右，那时还没有相机或手机，所以字母写得有点儿潦草），它在希腊字母表的基础上加了一些**额外**的字母来补充斯拉夫语（Slavic）的发音。这 33 个字母的大写形式如下：

А	Б	В	Г	Д	Е	Ё	Ж	З
И	Й	К	Л	М	Н	О	П	Р
С	Т	У	Ф	Х	Ц	Ч	Ш	Щ
Ъ	Ы	Ь	Э	Ю	Я			

153

三位数组

$1^3+5^3+3^3=153$。还有 3 个这样的三位数满足自身等于其各数位上数字的立方和。请找到它们。我给你们一些提示 —— 有 2 个非常接近，在 370~380 之间，还有 1 个刚刚超过 400。

也有……

$153=1!+2!+3!+4!+5!$

一年中的第 153 天是 6 月 2 日

你大概之前早就看到过这些字母了。

十分令人着迷的还有辅音音素文字（abjad）。简单地说，辅音音素文字就是一种所有字母都是辅音，由读者自行补充适当元音的书写系统。所谓话语自由吧！

而元音音素文字（abugida），则是一种辅音和元音连接在一起作为一个单位的"字母"。在最久远和最重要的元音音素文字中，有一种盛行于南亚和东南亚的婆罗米文（Brahmi），一些古代最著名的文字就是用婆罗米文书写的。

婆罗米字母表包含了西藏语的30个字符，到泰语的44个，高棉语的50个，再到斯里兰卡的61个几乎没有直线模式的僧伽罗语（Sinhala）字符。人们认为因为僧伽罗语以前写在风干的棕榈树叶上，如果写直线的话，棕榈树叶会沿着叶脉裂开。

如果不提一下以下这两个惊人的"字母表"的话，婆罗米文就不能算是完整的。孟加拉语（Bengali）有50个字母，它是一种元音音素文字，全球有3亿人使用它，使用者主要分布在孟加拉国和印度，这使它成为全球使用者数量第七多的语言。另一种元音音素文字是大多数印度人使用的梵文（Devanagari），它使孟加拉语也相形见绌。梵文用于梵语（Sanskrit）、印地语（Hindi）、尼泊尔语（Nepali）、马拉塔语（Marathi）、巴利语（Pali）、孔卡尼语（Konkani）、博多语（Bodo）、信德语（Sindhi）、迈蒂利语（Maithili）及其他语言，在全世界共有10亿使用者。

154

一年中的第154天是6月3日

方程王国

154 生成了这个可爱的等式：

$$1+5^6+4^2=15\ 642$$

异常抵消

154/253=14/23 是一个异常抵消的例子，你只需要从分子和分母中各去掉一个数字。

阿拉伯语,世界上也有 10 亿人口使用它,它从右往左书写,包含了 28 个字符:

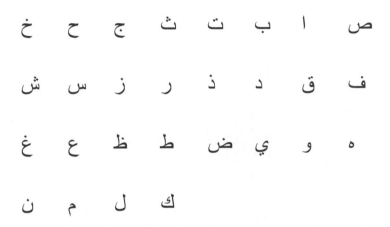

Abjad 这个词源于阿拉伯语的第一个字母按顺序发音。

汉语是汉藏语系(Sino-Tibetan)中的一种,有多种方言。汉语的书写系统是形声字,文字同时表示发音和意义。由于每个文字有自己的意思,汉语使用一系列字符(汉字),也称为语标(logogram)[或表意文字(ideogram)]。一些较大的中文词典包含了 5 万多个语标,它们可以被分类为读音优美的象形文字(pictogram)、表意文字和形声字(radical-phonetic compound)。要想读懂一张中文报纸,你需要懂得 3000 个这种语标。(有多难算得上是!)

还有更多的质数

155 是其最小和最大质因数之间的所有质数之和。这意味着我们可以写出 155=5×31 或 155=5+7+11+13+17+19+23+29+31。

155

一年中的第 155 天是 6 月 4 日

在中国的文化中，写字的艺术 —— 人们称之为书法 —— 被深深尊重，并被很多人认为是一项高雅的艺术。我也赞同。快看看这个妙人儿 ——"biang"，陕西省十分著名的一种面条 —— 它要用惊人的 57 画才能写出来：

最后，日语是由不是一个，而是三个字母表组成的，它们是平假名（Hiragana）、片假名（Katakana）和日本汉字（Kanji）。平假名和片假名各有 46 个代表发音的字符，片假名留作外来词专用。日本汉字用的是语标符号，并且和汉语相似，没有确切的数量。在潜在的 8 万多个字符中，有 2000—3000 个是在日本常用的。这些词呀！

156

把点连接起来

156 是有 6 个顶点的图形的数目。

这里有一些可爱的图形：

10 米

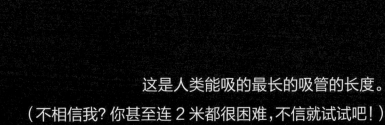

这是人类能吸的最长的吸管的长度。
（不相信我？你甚至连 2 米都很困难，不信就试试吧！）

连续平方

157² = 24 649，158² = 24 964。组成这 2 个平方数的数字完全相同，只是顺序不同。

157

一年中的第 157 天是 6 月 6 日

1984 年的这一天，阿列克谢·帕基特诺夫（Alexey Pajitnov）发布了俄罗斯方块。

数字中的
布里斯班
（Brisbane）

283

布里斯班（译者注：布里斯班是澳大利亚昆士兰州首府，也是澳大利亚第三大城市）每年平均日照天数。

48%

布里斯班经济占昆士兰州（Queensland）经济总量的百分比。

26 000 000

每年光临皇后街购物中心（Queen Street Mall）的人数。皇后街购物中心大概是澳大利亚最成功的购物中心啦！

400 000

每年参加昆士兰皇室农业展（Ekka）的人数——奇趣包（showbags）、摩天轮以及硕大无朋的蔬菜都可以在年度盛会上找到。

75 000

国际学生的人数。

158

非回文质数（non-palindromic prime）

一年中的第 158 天是 6 月 7 日

158 是最小的满足这个数本身加上它的倒序数之和为一个非回文质数的条件的数。即 158+851=1009，而 1009 是非回文质数。

说到质数这个话题，$158^6+158^5+158^4+158^3+158^2+158+1$ 是质数，同样 $158^2+159^2+160^2+161^2+162^2+163^2$ 也是质数。

83

查尔斯·金斯福德·史密斯爵士（Sir Charles Kingsford Smith）从加州奥克兰市飞越太平洋到达……你猜猜，对，布里斯班所用的时间（外加 38 分钟）。我敢打赌当他到达时，他一定消灭了巧克力椰丝方块蛋糕（lamingtons）和许多别的食物！

100 000+

每天经过 Sir Leo Hielscher 大桥的最少行人数。

92 米

市政厅大厦（City Hall Clock Tower）的高度。当它刚建成的时候，它是澳大利亚第二大建筑物，仅次于悉尼海港大桥（Sydney Harbour Bridge）。

1877

XXXX 啤酒创始的年份，它是昆士兰州最著名的产品。

35

布里斯班人的平均年龄。

1

1900 年，法国厨师阿尔芒·加兰德（Armand Galland）制作的巧克力椰丝方块蛋糕的份数，他回收了一个前一天生产的香草海绵蛋糕，为了娱乐一下市政大厦的惊喜嘉宾拉明顿夫妇（Lord and Lady Lamington）。

质数时代

你能证明 159 是 3 个连续质数的和吗？提示：它们一定都在 159 的 1/3 左右，也就是 53 的周围。你为什么不从那里开始找呢？

伍德尔数字（Woodall number）

伍德尔数字 W_n 定义为形式是 $W_n = n \times 2^n - 1$ 的任意整数。

请算出前几个伍德尔数字，并在心里确认 159 确实是一个伍德尔数字。

159

一年中的第 159 天是 6 月 8 日

1935 年的这一天，建筑师理查德·帕多万（Richard Padovan）诞生。

160

聚合体是永恒的

在 3 月 7 日，我们遇到了 8 个正三角形组成的聚合体。嗯，由 9 个正三角形组成的聚合体有 160 个，其中一个特别酷，因为它的中间有个洞！

我们所玩的游戏

从快餐到足球，我们可真是超具竞争性的民众

明晰的质数

每个大于 161 的数都是形如 $6n-1$ 的不同质数的和。例如：$162=5+17+23+29+41+47$，$163=11+17+23+29+83$，$164=11+41+53+59$ 等。注意，在每个例子中，每个奇数都是形如 $6n-1$ 的质数。

如果你愿意，可以试一下，但是你不能把 161 写成形如 $6n-1$ 的不同质数的和。

四子棋（Connect Four）游戏！

四子棋是一个具有"完美信息（perfect information）"的游戏！

在一个标准的四子棋棋盘上（7 列，6 行），一共有 4 531 985 219 092 种不同的位置。当 2 个玩家对弈，且他们棋艺完美时，四子棋最终的结果是第一个落子的玩家胜出。如果是一场完美的比赛，先走的玩家从居中的一列开始落子，则他一定能在第 41 步或之前胜出。如果先走的玩家在中心两侧的任意一列中落子，且假若双方都是完美的玩家，则一定会产生平局。但如果先走的玩家在外部的列上落子，且他们都是完美的玩家，那么先走的玩家会在第 40 步（落在第 1 或第 7 列）或第 42 步（落在第 2 或第 6 列）输掉比赛。

162

幂为 be^2 依旧时尚

162 是能用 9 种方式写成 4 个正数的平方之和的最小数。除了 $162=12^2+4^2+1^2+1^2$，你能找到其他 8 种方法吗？

飞速的球

规则很简单。

将以下运动技能按各自史上最快的纪录从大到小排列。以下信息有极小的可能性会对你有用：其中许多最快的纪录并不是在赛场上产生的，而是在特殊测量方式或者演示过程中产生的。

- 羽毛球猛扣
- 棒球投掷
- 板球滚球
- 足球射门
- 高尔夫球发球
- 冰球击球

- 回力球击球
- 长曲棍球击球
- 壁球击球
- 网球（男子）发球
- 网球（女子）发球

你会怎么排列呢? 翻到下一页，看看你做对了吗? 我想你可能会大吃一惊……

拉马努金常数（Ramanujan constant）

163

一年中的第 163 天是 6 月 12 日

数字 $e^{\pi\sqrt{163}}$ 是美丽的还是可怕的，取决于你的观点。但它不只是一个随机、混乱的数字和数学术语。确切地说，它被称为拉马努金常数，是以伟大的数学家斯里尼瓦萨·拉马努金（Srinivasa Ramanujan）的名字命名的。它之所以著名，是因为尽管它是由 3 个无理数组成的术语（不能写成分数形式），但是它非常接近一个整数：

$$e^{\pi\sqrt{163}} = 262537412640768$$
743.99999999999925…

1. 羽毛球猛扣

羽毛球猛扣的最快速度是由陈文宏(Tan Boon Heong)创造的493千米/时。为了免得你对这个数据因为不是在正式的演示过程中产生的而产生疑虑,我得告诉你,在赛场上产生的最快的速度是332千米/时,多亏了傅海峰和他的球拍。

谁料想得到呢? 羽毛球是互动运动中运动得最快的物体!

2. 高尔夫球发球

排名第二,且仅以微弱优势打破了赛场上产生的最快羽毛球猛扣速度的纪录,那就是瑞安·温特(Ryan Winther)的349.38千米/时的高尔夫球发球速度。

3. 回力球击球

回力球有时被称为是"世界上最快的运动",这是因为它飞快的球速(嗯,当然了,如果我们暂且将那些羽毛球恶魔和他们的球拍搁置,它就挺接近了)。它就是用一个叫作"cesta"的设备使球在各个墙面之间弹跳。那听起来不怎么激动人心吗? 我提过它很快吗? 非常快。约瑟·雷蒙·阿雷提(José Ramón Areitio)是纪录保持者 —— 他曾经的击球速度高达302千米/时。

4. 壁球击球

那将是281.6千米/时 —— 多谢本领巨大且轰动一时的澳大利亚壁球传奇卡梅伦·皮利(Cameron Pilley)。我只能想象那些和卡梅伦亲近的朋友们一辈子身上都留有瘀伤啦!

164

一年中的第164天是6月13日

为了论证

验证:从164开始,如果你删除一个三位数中的任何一个数字,对剩下的两位数加上或减去3,你总是能得到一个质数。

拼字游戏(Scrabble)

在最令人着迷的文字游戏 —— 拼字游戏中,棋盘上有225个方格,其中164个是空的,没有双字母或三字母或单词得分。如果一提到拼字游戏就让你们倒吸一口气,那就翻到这本书的拼字游戏章节吧!

5. 网球发球

在韩国釜山的一次国际男子职业网球协会巡回赛(ATP Tour)中,澳大利亚人塞缪尔·葛罗斯(Samuel Groth)以 263 千米 / 时的速度将网球发给弗拉基米尔·义戈纳提克(Uladzimir Ignatik)。在赛末点时,塞缪尔创造了史上最快的发球纪录。但令人沮丧的是,他还是以 6-4,6-3 输掉了比赛。

目前女子网球最快发球纪录来自萨比尼·利斯基(Sabine Lisicki)的球拍 —— 强大的 210.8 千米 / 时,它发生在 2014 年斯坦福定级赛(2014 Stanford Classic)的赛场上。像葛罗斯一样,她也输了比赛!

6. 长曲棍球击球

扎克·多恩(Zack Dorn)在 2014 年的美国职业棒球大联盟全明星赛(Major League All Star)的周末比赛中扔出了 186.7 千米 / 时霹雳般的球速,打破了世界纪录。最妙的一点是他根本不是个运动明星,他"仅仅"是一个粉丝而已!

7. 冰球击球

人类最快撞击冰球的纪录从这两名选手中产生 —— 你要么选择丹尼斯·库利亚什(Denis Kulyash)(177.5 千米 / 时),要么选择亚历克斯·梁赞采夫(Alex Riazantsev)(183.46 千米 / 时)。在看到冰球运动员相互之间产生争执会做什么之后,我决定不去管他们的事情啦!

三角形的网球

165 是前 9 个三角形数的和。想想将每一个三角形数(1,3,6,10,15…)用网球的网格表示。如果我们把所有三角形数叠成金字塔形放起来,底部是最大的数,你就会明白为什么我们也把 165 叫作第 9 个四面体数(tetrahedral number)了。

吸血鬼之猎

165 是一个六位数的吸血鬼数字的"尖牙"(见 5 月 28 日)。

如果我告诉你它的搭档的"尖牙"是数字 951,你能算出这个六位的吸血鬼数字吗?

165

一年中的第 165 天是 6 月 14 日

8. 棒球投掷

最快的棒球投掷是被誉为"古巴火焰投球手"的阿罗鲁迪斯·查普曼（Aroldis Chapman），在辛辛那提红人队（Cincinnati Reds）对抗圣地亚哥教士队（San Diego Padres）时投出的球，速度为 169.14 千米/时。

9. 板球滚球

有一些板球手被认定能滚出速度高于 160 千米/时的球，他们包括了澳大利亚人布雷特·李（Brett Lee），肖恩·泰特（Shaun Tait）和杰夫·汤姆森（Jeff Thomson）。但他们的滚球速度是由相当原始的器械测量的，因此他们大有可能更快。吉尼斯最快板球世界纪录是由修艾布·阿克塔（Shoaib Akhtar）创造的 161.3 千米/时。

10. 足球射门

说到射门速度，足球是很难测量的。相比其他球类，如冰球等从静止位置射出、运动轨迹为直线，足球射门不知从哪儿冒出来，弯曲、扭转，且往往不被算进此运动的计时范围。因此虽然吉尼斯世界纪录认可 183 千米/时[由大卫·赫斯特（David Hirst）在 1996 年的谢菲尔德星期三足球俱乐部（Sheffield Wednesday）对抗阿森纳俱乐部（Arsenal）时踢出]是英国顶级联赛中最快的射门速度，但有人称被称为"人类炸弹（Homen-Bomba）"的罗尼·赫伯森（Ronny Heberson）踢出了 —— 看看吧 —— 球速为 212.2 千米/时的球，那是他在 2006 年里斯本竞技队（Sporting Lisbon）对抗海军队（Naval）时踢出的。

166

一年中的第 166 天是 6 月 15 日

我想成为质数

166 的颠倒数（661）是质数。如果你将它旋转 180°（991），它也是质数。如果你在每个数字之间放进数字 0，结果也是一样的。也就是从 10606 开始，60601 和 90901 都是质数。

异常抵消

166 是一个可以进行异常抵消的分子。

你能计算出满足条件的三位数的分母吗？

自 1940 年起，

一共有 167 个人

从飞机上跳落时没有降落伞却存活。

167 是唯一一个可以表示为恰好或不少于 8 个正数的立方之和的质数。事实上，有两种不同的表示方法。试试吧，这算是相当特别的了。

你能够靠自己找出这两种方法吗？

如果我给你一个提示，告诉你其中一种方法涉及的一项将会出现 5 次呢？

167

一年中的第 167 天是 6 月 16 日

1963 年的这一天，瓦伦蒂娜·捷列什科娃（Valentina Tereshkova）成为第一位进入太空的女性。

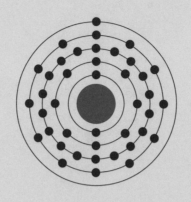

铌

（Niobium）

铌的名字源于古希腊神话中坦塔罗斯（Tantalus）的女儿尼俄伯（Niobe）。铌在 1801 年首次被发现，当时被人们称为钶（Columbium）。但人们不能确定它是一种新元素，还是钽（Tantalum）的另一种存在形式（我们还没说到钽，请见第 73 个元素）。把铌和锡或钛混合，你将得到一种在超低温（−250℃ 啊啊啊啊！）状态下的超导体。因此，这些铌合金在核磁共振成像（magnetic resonance imaging，MRI）和全身成像（full body imaging）中起着重要作用。

168

一年中的第 168 天是 6 月 17 日

旅馆里没有房间

2^{168}=374 144 419 156 711-147 060 143 317 175 368 453-031 918 731 001 856，这是一个大数字，但看起来并没有那么特别——无意冒犯哦，2^{168}。

但如果仔细看，你会发现这个 51 位的怪兽缺少数字 2。嗯，据我们所知，不存在更大的 2^n，会缺少 0 到 9 中的任何数字，直到 $2^n=10^{399}$。

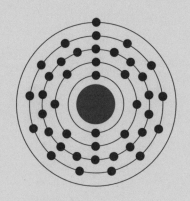

钼

（Molybdenum）

钼是另一种银灰色过渡金属，它的原子序数为42。它很早就为人类所用，14世纪就被用于制作武士剑。质地坚硬、抗腐蚀，钼一定是极棒的制作武器的原材料。然而，由于种种原因，直到第一次世界大战，钼才被广泛运用。英国军队成功地将盾牌上镀的锰换成更轻且更坚固的钼。

镜像平方根

169是961的倒序数。它们的平方根也是这样的，$\sqrt{169}=13$和$\sqrt{961}=31$。

一朝平方……

$169=13^2$，所以在13进制中，我们可以把它写成100。但有趣的是，在11进制中它是144（$11^2+4\times11+4=169$），在十二进制中它是121（$12^2+2\times12+1=169$），169在这4个进制下看起来都是平方数。

169

一年中的第169天是6月18日

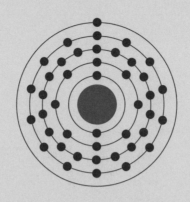

锝

（Technetium）

关于锝的很有趣的一件事情，就是它是元素周期表中第一个所有同位素都具有放射性的元素（还记得吗，同位素是原子核中有相同数量的质子和不同数量的中子的元素）。甚至在锝没被发现的时候，它的特性就被俄罗斯著名化学家德米特里·门捷列夫（Dmitri Mendeleev）预测了。他觉察到元素周期表中有一个空缺，猜想有可疑的事情正在发生！锝也是第一个人工合成的元素，在1937年通过用氘核（deuteron，即一个拥有一个质子和一个中子的原子）轰击钼而创造的。

12345678910111213141516171819202122232425262728293031323334353637383940414243444546474849505152535455565758596061626364656667686970717273747576777879808182838485868788899091929394959697989910

170

一年中的第 170 天是 6 月 19 日

1623 年的这一天，数学家布莱斯·帕斯卡（Blaise Pascal）诞生。

170

是可以写成两个不同质数的平方之和的最小的数，且每个质数都是一个质数的平方加上另一个质数，即 $170=(2^2+3)^2+(3^2+2)^2$。

当你有点困的时候，试着把上面一句话连续快速说 3 次。

事实上，你们中一些极聪明的人可能已经注意到，170 事实上可以用两种不同的方式写成这种形式。没错，你也可以这样做：$170=(2^2+3)^2+(2^2+7)^2$

现在没有理由保持清醒了！

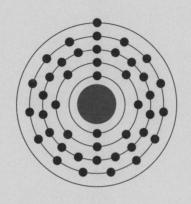

钌

（Ruthenium）

　　钌位于元素周期表的第 44 位，它是一种极其稀有的元素，属铂系元素（Platinum group）。钌大多用于非常坚硬的电插头和厚膜电阻的生产中，以及人们未曾预想过的美食制作。传统威尔士美食莱佛面包（laverbread）由海藻、紫菜制成，多亏了位于英国塞拉菲尔德（Sellafield）附近的核再生工厂，这些食物中都含有大量的钌！

到山顶还有很长的路要走

171

　　数字 12 不是质数，123 或 1234 或 12345 或 123456 也不是。事实上，如果你一直循环 1,2…9,0，你必须写出 171 个数字，才能得到此系列中的第一个质数 12345678901234567890123456 7890…78901。对我来说，这似乎是一个惊人漫长的等待！

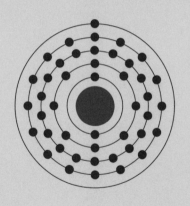

铑

(Rhodium)

铑这个名字源于 rhodon，是希腊语中玫瑰色的意思，它指的是三氯化铑（rhodium chloride）晶体鲜艳的玫瑰红色。而铑就是英国化学家、物理学家威廉·海德·沃勒斯顿（William Hyde Wollaston）在 1803 年从三氯化铑中提取出来的。

其他以颜色命名的元素还有铯（Caesium，天蓝色），氯（Chlorine，黄绿色），铟（Indium，靛蓝色），碘（Iodine，紫色）以及铷（Rubidium，宝石红）。

172

一年中的第 172 天是 6 月 21 日

甜蜜的 17（和 2）

把 172 分成 17 和 2，我们得到了一个离奇而有趣的小事实：17 个 2 后面跟着 2 个 17，即 222 222-222 222 222 221 717，这个数是质数。

7 的能量

$7^2=49$，$7^3=343$，$7^4=2401$。如果你持续通过 7 的幂去寻找第一个包含 5 个连续相同数字的数，你就得等到有 146 位的 7^{172}。

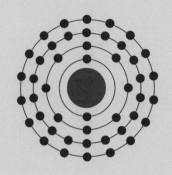

钯

（Palladium）

你即将在本书中遇到铈（Cerium），它的名字源于小行星谷神星（Ceres），因为它们差不多是同时间被发现的。钯的发现者也曾设想过要不要把它命名为 Ceresium，这个名字也源于谷神星。这肯定是一个超酷的小行星啊！但是后来他们还是将它命名为钯，名字源自帕拉斯小行星（Pallas asteroid）。

你现在身上很有可能就带有一些钯。在你的口袋里、在手机里，它们以陶瓷电容器的形式存在，为了绝缘，人们通常将钯夹在一层层的陶瓷中间。

高端的数学

你知道 173 是唯一一个各数位上的数字的立方和恰好等于它的倒序数的质数吗？别担心，我也不担心！这只是 $1^3+7^3+3^3=371$ 的一种高端的说法。

173

一年中的第 173 天是 6 月 22 日

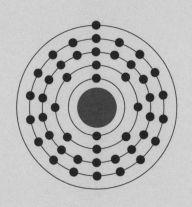

银

（Silver　Ag）

　　柔软、白色、有光泽 —— 当然别忘了昂贵，过渡金属银比任何一种金属都有更好的导热和导电能力，它价格昂贵，且用处甚广。在工业界，制作货币、珠宝、太阳能电池板、刀具和餐具…… 我可以一直列举下去，但我不这么做了。虽然很多元素都是以国家的名字命名的，例如钫（Francium）或镅（Americium），而银是唯一一个命名了国家的元素。阿根廷（Argentina）的名字源于 argentum，这在拉丁语中就是"银"的意思。

174

1912 年的这一天，数学家艾伦·图灵（Alan Turing）诞生。

孪生质数

　　孪生质数是一对质数，它们之间仅相隔 2，例如 (3,5)，(5,7)，(11,13)… 我们对孪生质数有一些了解，但还远不如我们想象得那么深刻。

　　比如我们不知道是否存在无限对孪生质数，但我们发现了一些大到 $3\,756\,801\,695\,685 \times 2^{666\,669} \pm 1$ 的孪生质数。

　　还有我们确实知道前 1000 个质数中恰有 174 对孪生质数。

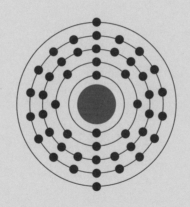

镉

（Cadmium）

1966 年，一个建造塞文河公路桥（Severn Road Bridge）的英国工人队伍用氧乙炔焊炬（oxyacetylene torch）熔化螺栓。他们丝毫不知道这些螺栓表面镀有镉，氧化它们后，产生了有毒气体，并被这些工人吸入。其中一个工人因此死亡，所以镉被联合国列入环境污染物前十位。

微量的镉会与锌混淆而被吸收潜入到体内。幸运的是你的消化道会将大部分镉隔离在外，但每一个被吸入体内的镉原子都将在你的身体里潜伏大约30 年。

3456789101112131415161718192021222324252627282930313233343536373839404142434445464748495051525355565758596061626364656667686970717273747576777879808182838485868788899091929394959697989910 0

175

175

是最小的数 n，使得 $n^6 \pm 6$ 均为质数。

$175 = 1^1 + 7^2 + 5^3$

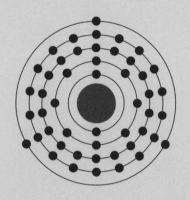

铟

（Indium）

　　这个柔软的、延展性好的金属铟的原子核中有 49 个质子，所以它的原子序数为 49。它的名字源于拉丁语 indicum，意为靛蓝或紫罗兰色。元素周期表的下一个元素是碘（iodine），以 iodes 命名，即希腊语中的 —— 你猜吧 —— 紫罗兰色。

　　你大抵听过弄弯锡纸的声音。在扯断锡纸之前，它会发出一种"锡的哭声"。而比这更鲜为人知的是，铟也会在被掰弯时发出一种刺耳的尖叫声。过分敏感的铟啊！

176

一年中的第 176 天是 6 月 25 日

无论 11 的哪一面

　　176 能被 11（176=11×16）整除。所以数字理论家们马上就知道它的倒序数 671 也能被 11 整除。如果你愿意，你可以试试其他可以被 11 整除的数。

　　$176^2=30\,976$，$176^3=5\,451\,776$，$176^4=959\,512\,576$。事实上，对于任何正整数 n，176^n 均以 76 结尾。

　　实际上，对于任意以 76 结尾数，以上规律都成立。

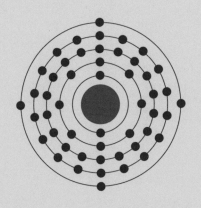

锡

（Tin　Sn）

锡是元素周期表中的第 50 个元素，它的用途极其广泛，人类千百年以前就已经开始使用它了。人类在 5000 年前把铜和少量的锡混合，得到了青铜，青铜带领人类步入青铜时代，深层次地改变了整个世界。从那以后，锡被用于制作白镴器具（刀具和餐具）和焊锡。但锡最广为人知的用途大抵是被镀在其他金属上，例如易拉罐上。锡真的是太棒了，它没有什么毒性且抗腐蚀性极强。

幸运数字 7

有 7 条边，且没有未使用的顶点，这样的图形有 177 个。

有趣的是，下面是同一个图形的不同版本。

数字中的博尔特

9.58 秒跑完 100 米，牙买加短跑运动员尤塞恩·博尔特（Usain Bolt）是人类中跑步最快的。他到底有多快呢？

基本计算显示如果他在 9.58 秒内跑完 100 米，那么 1 秒内他能跑 100/9.58=10.438 米。好吧，10.438 米 / 秒就是 3600 秒可以跑（10.438×3600）米，或者说是 37.58 千米 / 时。这还真是神速！比谷歌地图假定的纽约、波士顿和旧金山的交通速度还要快！

博尔特的速度其实比那还要快。别忘了他是从半蹲静止的姿势开始的，所以加速到他的"最高速度"还要一点时间。我们可以用高感底片观察他跑步的情况，一帧接着一帧，每 10 米为一个测量间隔，然后利用他跑完这 10 米所需的时间计算出他在每个 10 米中的速度。我们得到以下数据：

他跑的距离	秒 /10 米	千米 / 时
0~10 m	1.89	19.048
10~20 m	0.99	36.364
20~30 m	0.90	40.000
30~40 m	0.86	41.860

178

178^5

一年中的第 178 天是 6 月 27 日

从 178 开始。现在，对于你们中的一小部分人 —— 真正的计算狂，我真正的兄弟姐妹们来说，这件事就像用一块红布对准公牛。

继续，拿起笔和纸，验证、计算，你知道你能做到！

续表

他跑的距离	秒 /10 米	千米 / 时
40~50 m	0.83	43.373
50~60 m	0.82	43.902
60~70 m	0.81	44.444
70~80 m	0.82	43.902
80~90 m	0.83	43.373
90~100 m	0.83	43.373

再制作一个像下图这样的图像，分析他 2009 年在柏林打破世界锦标赛纪录时的跑步过程。

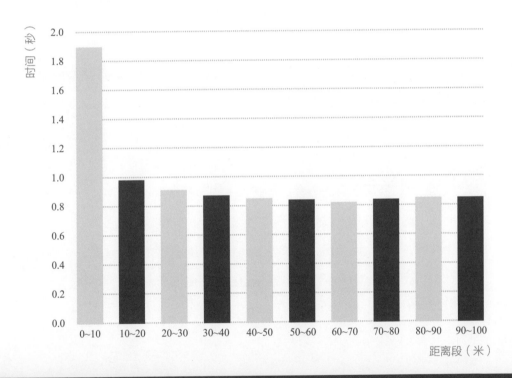

迷人的敲减质数（knockout prime）

6 月 28 日是引人注目的一天，因为 179 是一个敲减质数。如果去掉这个质数中的任何一个数字，你得到的仍然是一个质数（17，19 以及 79 都是质数）。

狩猎一个吸血鬼

数字 179 是一个吸血鬼数字的"尖牙"。如果我告诉你与它匹配的三位数的"尖牙"包括数字 2，5 和 7，你能算出此"尖牙"和这个六位数的吸血鬼数字吗？

179

一年中的第 179 天是 6 月 28 日

不同的技术给出了不同的结论，一些人宣称博尔特的最快速度可以达到闪电般的（译者注：原文为 bolted，为双关语）44.72 千米 / 时。

不消说，博尔特的最快速度 44.44 千米 / 时比他的平均速度 37.58 千米 / 时可要快得多啦。

虽然我们必须诚实地说人类中没有几个人能做到像他那样，但可以灭灭他的士气，假设在动物世界举办一个 100 米跑的比赛，那么博尔特估计想进前 30 名都很难。他大抵能打败大象，但根本不可能接近陆地最快的鸟类 —— 鸵鸟的速度。鸵鸟可以以 50 千米 / 时的平均速度跑 30 分钟。事实上，一头鸵鸟完成马拉松全程的时间是人类最短时间的一半。

超级神速动物比赛的冠军要颁发给猎豹，它们爆发力极强，短时间内速度可超过 100 千米 / 时（62 英里 / 时）。猎豹可以在 6 秒内跑完 100 米，真不错啊！银牌大约要颁发给叉角羚羊、灰狗，抑或是蒙古野驴，它们都是跑步飞速的动物。

然而，这些腿脚轻快的恶魔们在高空生物面前根本不值一提。游隼 —— 所有动物中速度最快的 —— 飞行速度可达 240 千米 / 时。

当然了，在赛场上，尤塞恩·博尔特是最可能待在他的赛道上的，一旦他的其他 27 个竞争者被取消资格，他一定能给出最好的胜利者的获奖感言！

180

一年中的第 180 天是 6 月 29 日

许多质数

180+1 是质数，180^2+1 是质数，180^4+1 是质数，$180^6+180^5+180^4+180^3+180^2+180+1$ 是 …… 你猜对了，它也是质数。

由于他惊人的身高（6 英尺 5 英寸高，大约 195.5 厘米），尤塞恩迈了 41 步就跑完了 100 米。他的竞争对手大约需要 47 步。

他的脚是美码 13 码（相当于中国的 47.5 码）的，体重 94 千克，还说自己卧推的重量"仅"为 140 千克。

由 J.Brichto 供图，
于 London Anniversary Games 拍摄

欢闹中的重复

数字 1/7=0.1428571428571 42857… 六位数字串 142857 在小数点后无限重复。嗯，1/181 跟其类似，除了重复的数字串有 180 位之长！

你真的想看到 1/181 的小数展开式？

你确定？好吧，请看 0.00552 48618784530386740331491712 70718232044198895027624309 39226519337016574585635359 11602209944751381215469613 25966850828729281767955580 11049723756906077348066298 34254143646408839779…（重复循环）

你刚从商店里买来的
牛奶有多少升？

它很有可能包含了超过 1000 头牛的奶呢！

182

一年中的第 182 天是 7 月 1 日

相信我……

$(1!)^2 + (2!)^2 + (3!)^2 + \cdots + (181!)^2 + (182!)^2$ 是质数。我认为你最好相信我的话！

异常的你，异常的我

182 是可以进行异常抵消的分子，你能找到三位数的分母，从而得出这个异常抵消分数吗？

闪电般的老奶奶

哈丽雅特·汤普森（Harriette Thompson）于 2015 年 5 月 31 日在圣地亚哥完成了全程 26.2 英里（约 42.2 千米）的马拉松，历时 7 小时 24 分 36 秒，这使她成为完成这项赛事的最年老的女性。当然了，7 个半小时没那么摇滚（rock'n'roll），它算是马拉松比赛中缓慢的那种了，但，嘿，她已经 92 岁了呢！

她的努力令人惊叹，但和百岁老人、运动员怪人弗加·辛格（Fauja Singh）相比，她也仅仅算是小巫见大巫呢，后者为了应对家庭的悲剧从 89 岁时开始跑步。

作为一个 100 岁的老人，辛格创下了完成多伦多湖滨马拉松的年龄最大的运动员纪录。他是最后一个完成跑步的参赛者 —— 历时 8 小时 25 分 17 秒 —— 但这个成绩创造了一个吉尼斯世界纪录。

看看吧，仅仅在湖滨马拉松前 3 天，也在多伦多，人们举办了一场安大略省大师协会弗加·辛格邀请赛（Ontario Masters Association Fauja Singh Invitational Meet）。现今的人们大抵都会有一点儿压力，如果一个比赛是以他们的名字命名的话……但这人绝不会是弗加·辛格。那一天，2011 年 10 月 13 日，他创造了不是 1 个，也不是 2 个，而是 8 个世界纪录：100 岁男子 100 米（23 秒 40）、200 米（52 秒 23）、400 米（2 分 13 秒 48）、800 米（5 分 32 秒 18）、1500 米（11 分 27 秒 81）、1 英里（11 分 53 秒 45）以及 3000 米（22 分 52 秒 47）。他还轻松地用 49 分 57 秒 39 完成了 5000 米跑。他在 94 分钟的时间内创造了 5 项世界纪录。好样的，弗加。

追随的平方

如果你把相邻的数 183 和 184 写成一个大数，就得到 183184。

我们还知道数字 183184 = 428^2 用一种奇特的方式来表述就是"183 和 184 的组合连接（concatenation）是一个完全平方数"。

没有更小的数使得它和相邻数字按顺序连接起来的更大数字是完全平方数。如果你真的很感兴趣，你可以试着去寻找下一对这样的数字。我给你一个提示：它们会在 11 月下旬出现。

183

一年中的第 183 天是 7 月 2 日

布勃卡（Bubka）是什么？

事实上，问"什么"还不如问"谁"？

不妨见识一下谢尔盖·布勃卡（Sergey Bubka），全球保持运动纪录最多的人。

在他的运动生涯中，谢尔盖持有不可思议的 35 项世界纪录 —— 史上保持世界纪录最多的人。他在撑竿跳运动项目中保持了 17 个户外纪录和 18 个室内纪录。从 1984 年到 1995 年这十几年里，他提高了户外纪录，经常是一次提高 1 厘米，从 5.85 米一直到 6.14 米，而室内纪录则是从 5.81 米到 6.15 米。

在 1984 到 1988 年，他将横竿升高了 21 厘米，神奇地仅用 45 次就清光了 6 米横竿上的记号。其余的人要用 100 次才能达到这个成就。

他退役之后没有满足于停留在之前的荣誉上，他十分积极地参加了一系列的运动协会，包括成了国际田径联合会（the International Association of Athletics Federations, IAAF）的副主席。对于这个职位，布勃卡说："我在 IAAF 工作已经有很长一段时间了，我的工作并不局限于一个领域。运动员内心的操守一直深存于我的心中。"多么有雄心壮志的一个人啊。

也许，布勃卡应该成为运动员的一种测量单位，或至少是一种毅力的象征。"我们根本不能爬过去。那至少有 8 个布勃卡！"

184

一年中的第 184 天是 7 月 3 日

表亲们……

我们曾经讲过孪生质数，即相隔 2 的两个质数，例如数对（3,5）或（41,43）等。

嗯，相隔 4 的质数，例如（37,41）不像孪生质数那么接近，所以我们称它们为"表亲质数（cousin primes）"。

……性感质数

当两个质数相隔 6 时，我们称它们为"性感质数（sexy prime）"，这是基于拉丁语中表示数字 6 的单词。我告诉你这些，是因为 $184^3 \pm 3$ 就是性感质数。

这不是你输还是赢的问题 ……

如果你因为上周三最爱的无挡篮板球队(netball team)在半决赛中以一球之差输了比赛而难过的话,别泄气。

在 2015 年跨塔斯曼无挡篮板球锦标赛(Trans Tasman netball championship)中,我深爱的球队新南威尔士雨燕队(NSW Swifts)虽然一直到比赛结束前 30 秒都领先,但最后还是输给了超棒的昆士兰火鸟队(Queensland Firebirds)。这让我非常痛心。说到紧张得令人咬指甲的比赛,还有另一场比赛,也是十足地震撼人心。

在 1938 年第五次比赛上,英国以 1 局 597 分的成绩打败了澳大利亚。英国在掷硬币中获胜,并选择先击球,他们在得到 903 分时仅仅失去 7 个球。最后,澳大利亚队在第一局得到 201 分时被迫退场,而第二局则在 123 分时就出局了。唉。

更近一点的,在足球场上,澳大利亚重击了美国队,以 31 比 0 获得了 2001 年世界杯的参赛资格。前锋阿奇·汤普森(Archie Thompson)进了 13 个球,创造了世界纪录。而这个胜利就发生在澳大利亚以 22 比 0 彻底打败了汤加王国(Tonga)之后的 2 天。很显然,我们接连大获全胜。

即便加起来的实际进球数没有破纪录,但谁会忘记 2014 年世界杯上德国

不同的表述

你能用两种不同的方法把 185 表示成两个不同的数的平方和吗?让我换个说法,你可以……

现在就去做吧!

独立日

美国读者认为 7 月 4 日既是独立日,又是 7/4。

说到 7 和 4:7=2+4+0+1 和 $7^4 = (2+4+0+1)^4 = 2401$

185

一年中的第 185 天是 7 月 4 日。2012 年的这一天,人们在大型强子对撞机上发现了希格斯玻色子,这距离 Hotmail.com 启动运行已有 16 年。

以 7 比 1 打败东道主巴西的那场比赛? 那被认为是巴西足球史上最丢人的、可耻的、极其尴尬的失败。据说你在今天还可以在里约热内卢的大街上听到成年男子的哭声。说到德国队, 在 2007 年上海的 FIFA 女子世界杯中, 她们以 11 比 0 击败阿根廷队。要注意啦!

当然了, 屈辱性的失败不局限于球类运动。在 2003 年橄榄球联盟世界杯中, 澳大利亚以 142 比 0 打败了纳米比亚队。你相不相信在同一年, 在板球世界杯中, 澳大利亚在以 256 分的成绩超出纳米比亚队 45 分后又取得了 6/301 的 50 分优势。

在网球赛场, 1988 年法国公开赛中, 超级神速的施特菲・格拉芙 (Steffi Graf) 成功卫冕, 在仅仅 32 分钟的时间内打败了娜塔莎・兹维列娃 (Natash Zvereva), 比分为 6 比 0。可怜的老塔莎在整场比赛中只得了 13 分。

但是, 最后的语言必须用来描述, 再一次声明, 献给 "最美丽的比赛"。这场有许多爆点的比赛是马达加斯加的顶级足球联赛, 阿德玛队 (AS Adema) 在 2002 年打败了埃米尔尼队 (Stade Olympique l'Emyrne), 且以破纪录的比分领先。让情形变得更糟的是埃米尔尼队没有认同这一系列的进球, 他们将其记为了乌龙球。对方球队站立着, 十分困惑, 观众发生了暴乱, 要求退钱, 而埃米尔尼队则针对裁判的裁决进行了一次怪诞的抗议。

这次冲突的后果非常严重, 奥林匹克首席教练扎卡・比 (Zaka Be) 3 年内被禁止从事足球行业。

而最终得分是?

186

一年中的第 186 天是 7 月 5 日

1687 年的这一天, 艾萨克・牛顿 (Isaac Newton) 首次发表《自然哲学的数学原理》。

了解你的产品

验证 186 是前 4 个质数的乘积减去前 4 个正整数的乘积。

186 是奇数

虽然 186 本身并不是一个奇数, 但在非闰年里, 第 186 天的日期是奇数。

阿德玛队　　　　　　　　　　V　　　　　　　　　埃米尔尼队

大异常

　　187 不是 1 个，也不是 2 个，而是 7 个可异常抵消的分数的分子，且这些分数的分母是三位数（见 4 月 5 日、5 月 9 日等，如果你错过了这一概念）。这 7 个异常抵消是什么？注意，这可是一个残忍而粗暴的问题。

一个盛大的生日聚会

　　一个房间里有 187 个人，4 个人的生日在同一天的概率略高于 50%。

187

一年中的第 187 天是 7 月 6 日

数字中的温布尔顿
（Wimbledon）

54 250
每场网球赛所需的网球。

665 分钟
最长的一场比赛，美国人约翰·伊斯内尔（John Isner）打败了法国人尼古拉斯·马赫特（Nicolas Mahut），比分为 6~4,3~6,6~7（7~9）,7~6（7~3）,70~68,这场比赛发生在 2010 年。

8 毫米
球场上黑麦草的高度。

212
2001 年比赛中戈兰·伊万尼塞维奇（Goran Ivanisevic）赢得的 ace 球数。

238 千米 / 时
史上最快发球速度（泰勒·丹特,2010）。澳大利亚人山姆·葛罗斯（Sam Groth）在 2015 年以慵懒的 236 千米 / 时的速度超过罗杰·费德勒（Roger Federer）。

201 千米 / 时
女子最快发球速度［露西娅·哈迪卡（Lucia Hradecka）,2015 年］。

28 000 千克
每年被吃掉的草莓的质量，它们和 7000 升奶油一起下肚。

102 千帕
网球内部空气压力。

9
玛蒂娜·娜拉提洛娃（Martina Navratilova）赢得的个人头衔总数。

13
已知的尖鼻怪（Wombles）总数。
（译者注：尖鼻怪是英国儿童文学家伊丽莎白·贝雷斯福德虚构的一种尖鼻子小精灵）。

188
一年中的第 188 天是 7 月 7 日

一个偶数的表示

188 是已知的可以用 5 种方式表示为 2 个质数之和的最大偶数。你能找到所有表示方式吗？

86 是运动员在
北悉尼奥林匹克游泳池创下的纪录个数。

这个数字本身就是一项世界纪录!

其中一项纪录独一无二:

它是在一次学校比赛中产生的。那是 1971 年 4
月 3 日,由格雷厄姆·温迪特(Graham Windeatt)
创下,他以自由泳的形式用 8 分 28 秒 6 游完了 800
米——是那时最快的速度。

质数四胞胎(prime quadruplets)

189

质数四胞胎[也被称为质数
四元组(prime quadruple)]是形
式为 $\{p, p+2, p+6, p+8\}$ 的 4 个
质数的集合。

现在你知道了,我可以很可
靠地告诉你,质数四胞胎中的质
数乘积总是以 189 结尾,除了第

一个:$5 \times 7 \times 11 \times 13 = 5005$。

你能找到下一个最小的质数
四胞胎并验证它具有这个性质
吗?

$S_1C_3R_1A_1B_3B_3L_1E_1$

我过去爱极了拼字游戏（Scrabble）。100 个砖块（tile）、225（15×15）个方块、策略、英文语言的美妙和特性，还有一大堆额外的数学趣味夹杂其中。简直是书虫大杂烩！

然而，当我说"我过去爱"，我确确实实感到了现代数字拼字游戏应用程序和游戏的爆炸对原始事物的改变 —— 这些改变不一定就是使它变得更好。我对"高科技拼字游戏"没有很多的经验，所以如果我是错的，或者冒犯了任何铁杆苹果手机拼字游戏爱好者的话，我得说声抱歉。但这些数码化身似乎被猜测和"作弊"所统治，玩家们用的是非常生僻的单词，双方都无法定义这些单词……

我的咕哝抱怨够多了[CHUNTER，即拟声咕哝，表示抱怨，如果在三线交叉填字游戏（triple word score）中将会赢得 36 分]，依我拙见，老式的拼字游戏可棒了！

向那些不熟悉这个游戏的人解释一下，其实拼字游戏是一个文字游戏，2 到 4 个玩家将每个代表着一个字母的砖块放置到一个 15×15 的方格盘上就可以了。这些砖块在行中从左向右读，在列中从上到下读必须形成单词，就像纵横填字游戏那样。游戏开始时，每个玩家从一堆砖块中取 7 个，并将它们排放到方格盘中上。

190

一年中的第 190 天是 7 月 9 日

CXC（罗马数字中的 190）

罗马数字狂人们会兴奋不已，因为他们可以以今天的日期为借口，向人们解释 190 是能够由不同的罗马回文数质因数组成的最大罗马回文数（Roman numeral palindrome）。我的意思是 190 = CXC = II × V × XIX（译者注：此等式中数字皆为罗马数字，转化为阿拉伯数字为 190=2×5×19）。

你必须拼写出大家普遍认可的英文单词（不是专有名词），而得分取决于你所取的砖块的分值。除了第一步，每一个拼写出的新单词必须包含一个或几个方格中已有的砖块。如果你的砖块产生了多于一个单词，你的得分就是所有单词得分之和。

数量

分值 \ 数量	×1	×2	×3	×4	×6	×8	×9	×12
0		（BLANK）						
1				LSU	NRT	O	AI	E
2			G	D				
3		BC MP						
4		FHV WY						
5	K							
8	JX							
10	QZ							

就像你看到的那样，以下单词中的字母，如：S, E, T…分值为 1 分，而到 Q 和 Z 时，每个字母值 10 分。

索菲·热尔曼（Sophie Germain）

191

191 是质数，当你把 191 加倍再加 1，就会得到另一个质数。这使得 191 被称为索菲·热尔曼质数，这类质数以史上最伟大的数学家之一命名。

我们认为这样的质数有无限个，但我们还没有证明它。

和 131 相同，我们的朋友 191 是仅有的另一个三位回文索菲·热尔曼质数。

一年中的第 191 天是 7 月 10 日

1856 年的这一天，发明家尼古拉·特斯拉（Nikola Tesla）诞生。

一旦你将砖块放置在一个能使这块砖块、甚至是整个单词得分翻倍或变 3 倍的方格中，你的得分就能升高。方格盘中最让人垂涎的方格就是"三线交叉正方形（triple word square）"，如果你将所有 7 个砖块都放在一个单词里（热衷者称之为"bingo"，虽然它只有 5 个字母），那么你就可以赢得额外的 50 分。

赢得拼字游戏的秘诀其实并不是知晓罕见的 7 个字母的单词，而是拥有 2 个和 3 个字母的单词的巨大词汇量，不论你已有的砖块多么差，它们也能帮你找到冲破重围的方式。因此，是时候对以下这样的单词下苦功了：AA（火山岩的一个种类），XU（1/100 个越南盾）以及 QAT（一种阿拉伯灌木）。相信我，它们绝对值 ZUZ（一种犹太银币）！

在高手级别，这些年以来已经有很多超棒的高得分比赛了。有些人也许会争论这些能否算作纪录，因为不同的国家有着不同的字典，但暂且让我们不要在这里纠结，这儿是几个十分惊人的拼字游戏对弈表现的例子……

192

小却强大

192 是使得它的两倍和三倍恰好包含了从 1 到 9 的每一个数字的最小的数字。

还有其他的 3 个 n 的值，使得 n、$2n$ 和 $3n$ 包含每个非零的数字恰好一次。你能找到它们吗？

得分最高的比赛

托·韦宾（Toh Weibin）在 2012 年 1 月 21 日的北爱尔兰锦标赛（Northern Ireland Championship）中获得了破纪录的 850 分（领先第二名 591 分）。

最高合并分

1320 分（单人得分 830 和 490），它是由迈克尔·克雷斯塔（Michael Cresta）和韦恩·约纳（Wayne Yorra）于 2006 年在美国马萨诸塞的俱乐部中创造的。也是在那一场比赛中，迈克尔拼写出了 QUIXOTRY，赢了 365 分。绝对出色的得分，虽然在这个伟大的游戏史上还有一次更高的得分……

作为一个澳大利亚人，我应该为澳大利亚最高合并分获得者颁发一个荣誉提名 —— 由爱德华·奥库里克斯（Edward Okulicz）和迈克尔·麦肯纳（Michael McKenna）于 2013 年在新南威尔士的大型宴会上所创造。

最高失败得分

美国人斯特凡·劳（Stefan Rau）以 552 分败给了同为美国人的基斯·史密斯（Keith Smith），后者得分为 582 分，比赛发生在 2008 年美国达拉斯公开赛（Dallas Open）的第 12 场中。真是运气不好，斯特凡，你在基斯状态超级厉害的一天和他对弈。

最高平局比赛

532 比 532，这是由泰国选手辛纳特·帕提纳苏瓦纳（Sinatarn Pattanasuwanna）和塔·佩普斯瑞（Tawan Paepolsiri）在 2012 年世界青年拼字游戏锦标赛（2012 World Youth Scrabble Championship）中创造的得分。

最高开局得分

Muzjiks（U 被一个空格代替，意为俄罗斯农夫）为杰西·英曼（Jesse Inman）在 2008 年美国佛罗里达州的国家拼字游戏锦标赛中赢得了 126 分。这和第一局允许的最高得分十分接近 ——MUZJIKS 128—— 后者用了一个真正的 U，而不是一个空格。（注意：单词 MUZJIKS 没有空格的潜在可能性为 55 581 808 分之一。）

最长用时比赛

1984 年 8 月，英国人皮特·芬南（Peter Finan）和尼尔·史密斯（Neil Smith）在英国默西赛德郡（Merseyside）的圣安瑟伦大学（St Anselm's College）玩了 153 个小时的拼字游戏，创造了新的玩游戏时间纪录。吉尼斯世界纪录再也没有记下更长时间的比赛纪录，因为出版者决定这个纪录的性质已经变得太过危险，并停止接受任何数据。我真的好爱有人玩拼字游戏并过分热爱它这件事儿！

e 的奖赏

在我开始研究这本书之前，我并不知道 193/71 是一个奇妙而重要的数学常数 e 的佳近似值，你在微积分、指数增长和衰变以及一大堆地方都遇到过这个常数。$e = 2.71828\cdots$ 和 $193/71 = 2.71830\cdots$，都精确到万分之一。

拼字游戏在 1938 年被发明

它原本被叫作 Lexiko，但在 1944 年被重新命名为 Scrabble，它有着多个得分的方格。

砖块的分值

它是由发明家阿尔弗雷德·莫舍·巴茨（Alfred Mosher Butts'）根据《纽约时报》（ *The New York Times* ）分析得出字母 E，T，A，O，I，N，S，H，R，D，L，U 占了英文中所用字母的 80% 得来的。

拼字游戏的销量

一直很少，直到 1953 年，梅西百货商店（Macy's Department Store）的老板在他的暑期玩了以后，到 1954 年，这个游戏就被卖了 400 多万份。

超过 150 000 000 种拼字游戏集

从 1948 年开始就被翻译成 29 种语言销售。

估计有 30 000 场比赛

每个小时都有 30 000 场拼字游戏。

单词 QI（读作 "chee"）

当汉字 "气" —— 中文意为 "生命力" 的单词被加入可接受单词库中后，拼字游戏就焕然一新了。现在 Q 就是能得到的最好的字母，因为你不止能得到 4 个 U，还能有 9 个 I 来补充它。QI 紧接着成为拼字游戏赛场上最常见的单词。

最短的比赛

拼字游戏中最短的比赛只有 14 步。

史上最伟大的策略

肯定得数 1982 年 4 月，当卡尔·卡西诺博士（Dr Karl Khoshnaw）使出他的撒手锏，拼出了一个非常罕见的单词，意为拉丁美洲的一种政治领袖或者酋长，也可以表示鸟的种类。

当卡尔身体向前倾，将他的 7 个字母加入已有的字母中，拼写出了 CAZIQUES，穿过了不是 1 个，而是 2 个三线交叉方格时，他创造了拼字游戏的历史。在这个过程中，他仅用一步就增加了惊人的 392 分！

194

一年中的第 194 天是 7 月 13 日

1944 年的这一天，发明家厄尔诺·鲁比克（Ernö Rubik）诞生。

194

是可以用 5 种方式写成 3 个正数（不一定全都不同）的平方和的最小的数。继续，你知道你也想找到那些数。

快点儿

194 可以写成 2 个数的平方和。你能找到它们吗？

三倍得分单词   双倍得分字母   三倍得分单词

以下就是这个令人称奇的文字游戏背后的算术：

当 CAZIQUES 中的 Q 位于双倍得分字母位置时：

$3+1+10+1+2 \times 10+1+1+1=38$

而这又在两个三倍得分单词的方格中，真像中了头奖，得分变为了

$38 \times 3 \times 3=342$

再加上因为用了所有 7 个砖块（即 bingo）而加上的额外的 50 分：

$342+50=392$

卡西诺博士，我现在就帮你把那辆悍马开过来。

我们很幸运

    取数字 1,2,3,4,5,6,7…，每隔一个数字进行删除（都是偶数），得到 1,3,5,7,9,11,13… 下一个幸存的项是 3，所以删除新数列中第 $3n$ 项，得到 1, 3, 7, 9, 13, 15, 19, 21… 现在删除数列中第 $7n$ 项，以此类推。剩下的数字是幸运数字。195 就是一个幸运数字。

195

1983 年的这一天，《马里奥兄弟（Mario Bros）》上映。

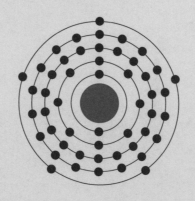

锑

（Antimony　Sb）

　　如果你喝了一杯含有锑的酒……你会把肠子也吐出来。亚当，你到底为什么这么做？如今你当然不会这么做，但在 16 世纪的时候这被当作是一种从身体中去除坏"体液（humour）"的方法。对，我知道，这种"体液"的定义着实怪诞！

　　锑也是拜占庭帝国的武器"希腊之火（Greek fire）"的组成部分。希腊之火是一个极其难以对付的家伙，它在水中还可以继续燃烧。人们相信它含有辉锑矿（stibnite），即亚硫酸锑（antimony sulfite），但我们将永远不会知晓，因为透露原料的秘密成分是死罪。

123456789101112131415161718192021222324252627282930313233343536373839404142434445464748495051525
5455565758596061626364656667686970717273747576777879808182838485868788899091929394959697989910

196

利克瑞尔数（Lychrel number）

　　利克瑞尔数是一种自然数，它不能通过反复将其数字和倒序数相加形成回文数。

　　什么意思呢？

　　好吧，以昨天的数字 195 为例，如果我们按照我刚才提到的过程，我们得到：195+591=786。

然后，重复这个过程，得到：786+687=1473，1473+3741=5214，5214+4125=9339。

　　最终我们得到一个回文数，这里是 9339。如果我们没有得到回文数，这个数字就叫利克瑞尔数。也就是说，这很难证明：196 不一定是一个利克瑞尔数，但它被推测是最小的一个。

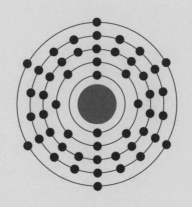

碲

（Tellurium）

碲的名字源于拉丁语 tellus，是土的意思。它被用于制作合金，以使其他金属更具延展性。它颇具毒性，而且我们几乎不可能去除它的毒性。自然生成的同位素 Te-128 有放射性，它的半衰期为 2.2×10^{24} 年（等于是 2 200 000 000 000 000 000 000 000 年！），这是我们发现的所有放射性同位素中半衰期最长的元素。

197

质数样本

我们的朋友，197，有一些非常重要的属性，它们和相加的质数有关。验证一下：197 是所有的两位数质数的所有数位上的数字之和。即 11，13，17，19，23，29，31，37，41，43，47，53，59，61，67，71，73，79，83，89，97 的各数位上的数字之和。

它是前 12 个质数的和：197 =2+3+5+7+11+13+17+19+23+29+31+37。它也是能写成 7 个连续质数之和的最小质数。

你能找到加起来是 197 的连续的 7 个质数吗？

一年中的第 197 天是 7 月 16 日。

1945 年的这一天，代号 Trinity 的第一次核爆炸发生。

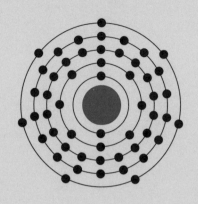

碘

（Iodine）

　　碘的原子核中有 53 个质子。在怀孕的前 3 个月中，碘对胎儿神经系统的生长有很大作用，而碘蒸气则是 19 世纪中叶银版照相法（daguerreotype）的主要原料。

　　碘也被用于云催化（cloud seeding）—— 将化学物质投放在云中，致使水蒸气产生并形成降雨的过程。现在人们对云催化的功效还有争议，但 2008 年北京奥运会的举办者宣称他们在开幕式和闭幕式之前对体育馆上空的云进行了催化，以避免降雨影响盛会。

198

一年中的第 198 天是 7 月 17 日

1975 年的这一天，陶哲轩（Terence Tao）诞生。生日快乐 Terry！

哈士德数（Harshad·）

　　198 是一个哈士德数，因为它可以被它的各数位上的数字之和整除。即，1+9+8=18 而 198=18x11。

　　哈士德数是由印度数学家卡普雷卡尔（D.R.Kaprekar）命名的。为什么不叫卡普雷卡尔数？因为他已经命名了那些啦（详见 2 月 14 日）。

　　"Harshad" 一词来源于梵语

harsa（喜悦）+da（给予），意思是对乐给予者。

　　如果因为某些难以理解的原因Harshad 这个单词不能给你带来快乐，那么哈士德数有时也被称为尼文数（Niven number），那是伊万·M.尼文（Ivan M.Niven）在 1977 年的数论会议上发表了一篇绝妙的论文后用他的名字命名的。

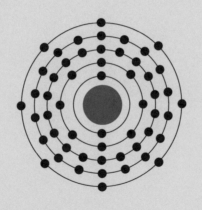

氙

(Xenon)

氙是一种无色无味的稀有气体，多用于照明（illumination）。这不是说它会让你更有智慧、更聪明，而是你会在闪光灯、激光灯和高端汽车前灯中发现它。它通常放射出典型的蓝色或白色的光。氙是最容易被电离的稀有气体（就是说它容易失去一个电子，从而带有正电荷），并且它相对来说比较重。它是为许多卫星和航天器的氙离子发动机提供动力的完美燃料。

我们的总和

质数 199 是 3 个连续质数和 5 个连续质数的和。
你能找到它们吗？

A199

199 是涉及一个可异常抵消的分数的分子。
因为 9 是重复的，所以就更容易找到那个三位数的分母。
走起！

199

一年中的第 199 天是 7 月 18 日

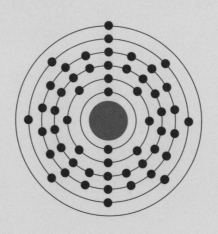

铯

(Caesium)

铯是一种柔软的碱性金属, 它的原子序数为 55。铯的一种原子, 铯 -133, 被用于制造原子钟。这种原子每秒在两个能量状态间交替 9 192 631 770 次, 这也是现今 1 秒的官方定义。铯原子钟是如此精确, 以至于从 6600 万年前恐龙灭绝到现在仅有 2 秒的时差 (如果当时人类发现了铯的话)。所以如果你戴了铯原子钟, 可别为开会迟到找借口啦。

200

一年中的第 200 天是 7 月 19 日

不可转化为质数 (Unprimeable)!

200 是最小的 "不可转化为质数" 的数字, 这意味着它不能通过只将其某一位上的数字改变为任何其他数字 (包括将它变成一个 0) 而转化成质数。

下一个这样的数是什么?

最小的不可转化为质数的奇数是多少?

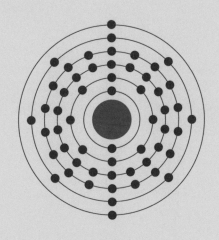

钡

（Barium）

钡这样质量较重的元素，它比更常见的元素，如碳、硫和锌，在地壳中的含量更丰富，这让人十分惊奇。

虽然我们人类的饮食中不需要钡的摄入，但一种巨大、绿色、单细胞的海藻，即我们所说的带藻（desmid），它简直爱死钡了。它们把钡从沼泽地的污水和其他无法登大雅之堂的地方吸收入体内。我们认为钡的作用等同于重力传感器，以帮助带藻定位。如果你恰巧和一株带藻聊天，一定要记得问问它啊。

3 4 5 6 7 8 9 10 11 12 13 14 15 16 17 18 19 20 21 22 23 24 25 26 27 28 29 30 31 32 33 34 35 36 37 38 39 40 41 42 43 44 45 46 47 48 49 50 51 52 53

55 56 57 58 59 60 61 62 63 64 65 66 67 68 69 70 71 72 73 74 75 76 77 78 79 80 81 82 83 84 85 86 87 88 89 90 91 92 93 94 95 96 97 98 99 100

201

给我欢乐

201 和昨天的数字 200 一样，是一个哈士德数。如果你不记得哈士德数，那么可以快速查看 7 月 17 日。你不需要等太久就能遇到下一对连续的哈士德数。它们是什么呢？

嗜血

201 是 4 个不同的六位吸血鬼数的"尖牙"。$201 \times 510 = 102\,510$，$201 \times 600 = 120\,600$，$201 \times 627 = 126\,027$，$201 \times 897 = 180\,297$。与那么多吸血鬼数有关，你多半期待数字 201 被称为"嗜血"，但据我所知，事实并非如此。暂且阅读至此吧，人们。

一年中的第 201 天是 7 月 20 日

1976 年的这一天，海盗一号（Viking 1）登陆火星。

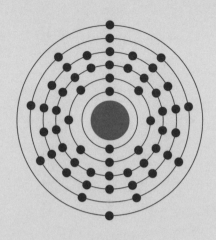

镧

（Lanthanum）

　　镧是一种柔软的、银白色的金属，它是 15 个"稀土元素（rare earth element）"中最早被发现的。令人不解的是，这些"稀土元素"其实一点也不稀有。它们大多是和其他物质一起存在，而不是大量独立存在。镧的化合物多用于制作玻璃、碳素照明灯、点火元件和混合动力汽车的电池。镧这个名字来源于希腊语 lanthanō，意为"隐藏着"。它着实是隐藏了很久，没有让科学家发现——一直到 1839 年，它才被好奇的瑞典化学家卡尔·古斯塔夫·莫桑德尔（Carl Gustav Mosander）发现。

202

一年中的第 202 天是 7 月 21 日

1969 年的这一天，尼尔·阿姆斯特朗（Neil Armstrong）迈出了登上月球的第一步。

角色反转

　　202^{293} 以数字 293 开始，而 293^{202} 以数字 202 开始。

　　$10^{202}+9$，即数字 $1000\cdots0009$，有 201 个 0 在中间，它是一个质数。

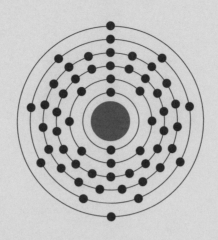

铈

（Cerium）

铈的原子序数为 58，它是一种柔软、银色、延展性好的金属，是我们所说的"稀土金属"中含量最丰富的（关于"稀土金属"，大家可以详见镧元素）。铈是发现第 98 个元素锎（Californium）的基础材料，但它具有很强的放射性，以至于人们花了 3 年的时间才采集到实验所需的百万分之一克的铈。

铈在 1803 年被发现，它以谷神星（Ceres）命名，谷神星在 1801 年被发现于火星和木星之间的小行星带上。

3 4 5 6 7 8 9 10 11 12 13 14 15 16 17 18 19 20 21 22 23 24 25 26 27 28 29 30 31 32 33 34 35 36 37 38 39 40 41 42 43 44 45 46 47 48 49 50 51 52 53 54 55 56 57 58 59 60 61 62 63 64 65 66 67 68 69 70 71 72 73 74 75 76 77 78 79 80 81 82 83 84 85 86 87 88 89 90 91 92 93 94 95 96 97 98 99 100

圆周率日

在澳大利亚日期记法中，7 月 22 日可以写成 22/7，因此今天是圆周率日。真是太棒了，我们也在 3 月 14 日庆祝它，作为一个美国日期，被写作 3.14。

这里有一些关于 π 的可爱的表达方式：

$$\pi = 4 \times \left(\frac{1}{1} - \frac{1}{3} + \frac{1}{5} - \frac{1}{7} + \cdots\right)$$

$$\pi \approx \sqrt{7 + \sqrt{6 + \sqrt{5}}}$$

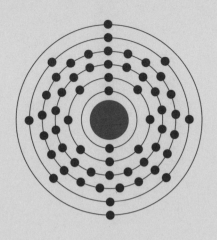

镨

(Praseodymium)

镨的名字来源于希腊语 prasios didymos，意为"绿色的双胞胎"。绿色指的是镨的主要化合物是鲜艳的绿颜色。"双胞胎"则透露了镨被发现的秘密。在 1841 年，瑞典化学家卡尔·古斯塔夫·莫桑德尔声称他在铈盐中分离出 2 种元素。他把这两种元素命名为镧和 didymium，这是一个伟大的发现，但是他只对了一半。40 年之后，人们证实所谓的 didymium 其实是两种不同的元素 —— 我们称它们为钕（Neodymium）和镨（Praseodymium）。

204

一年中的第 204 天是 7 月 23 日

额外的一套尖牙

我们之前讨论过吸血鬼数，参阅 5 月 28 日。你看，125 460 是一个吸血鬼数，因为 125 460 = 204 x 615。但它还有另一个吸血鬼数的分解。

它是唯一一可以用两种不同方式将原数分解成 2 个三位数乘积的六位数。你能找到另外一对数字吗？

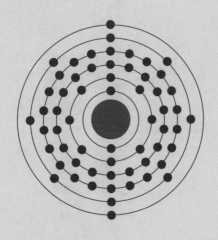

钕

（Neodymium）

钕、铁和硼磁体是如此强大，以至于它们猛击在一起会分裂。有人甚至在口中安放一个磁铁，再将一块金属钉吸在脸颊上。这样做着实可以避免刺穿肉体的疼痛，但通过手术将金属和磁铁分离还是同样的痛苦！

钕的名字源于希腊语，意为"新生双胞胎"，寓意它和镨（绿色双胞胎）曾一度被认为是同一种元素。我知道这听起来简直和《勇士和美人》（*The Bold and the Beautiful*，译者注：美国一部爱情主题电视剧）一样复杂，但事实上它是 19 世纪化学史上一个激动人心的故事。

要得到零还太小啦

205

数字 205^7=15 215 177 646 953-125 有 17 位数字，且不包含零。

你觉得这令人印象深刻吗？嗯，如果你正在读这本书，很有可能你确实认为那太令人印象深刻了，那么来看看这个吧：205^{13}=1-129 276 247 943 131 871 729-736 328 125，是一个有着 31 位数字的野兽，也不包含 0。

回到像你我这样的凡夫俗子的世界，我们为什么不动手试试呢：

$$205=4^4-4^3+4^2-4^1+4^0$$

狼吞虎咽决赛

有时，冠军们因为他们的真实且超人的表现登上舞台。嗯，在吃东西比赛中，史上无可争议的了不起的人就向我们展示了这个。在 2001 年内森·科尼岛吃热狗比赛（Nathan's Coney Island Hot Dog Eating Contest）中，绰号"海啸"的小林尊（Takeru Kobayashi）在 12 分钟内吃了 50 个热狗，是先前纪录 25 个的 2 倍。

组织策划者被他超凡的能力惊呆了，事实上他们准备的复印好的标签已经用完了，也跟不上他吃的速度，于是他们就换作手写！

除了使自己之前的纪录作废，小林尊还让他自己成为吃香辣鸡翅的 Bradman（译者注：意为膀大腰圆的人），吃羊肉火锅的勒布朗（LeBron）［译者注：即 NBA 球星勒布朗·詹姆斯（LeBron James）］，吃龙虾卷的莉斯·埃利斯（Liz Ellis）（译者注：澳大利亚女篮队长）。总而言之，他在不下 15 个食物种类里创下过纪录。

2006 年，小林尊于约翰逊维尔市世界德式小香肠锦标赛（Johnsonville World Bratwurst Eating Championship）现场。图片来源：www.flickr.com/photos/51035630117@No1/207657996/

206

一年中的第 206 天是 7 月 25 日

206（two hundred and six）

是只使用所有的元音一次的最小的正整数（当用英文写的时候）。这需要使用单词"和（and）"，即"二百和六（two hundred AND six）"。

如果我们没有从单词"and"中得到"a"，你能找到的第一个使用所有元音的单词是什么？提示：你最好先思考一下，而不是尝试着把所有单词都写出来，直到找到答案为止。

58 千克重，173 厘米高，并且非常饥饿。

这里是一些小林尊吃过的东西……在破纪录的时间内。

10 分钟内 41 个龙虾卷

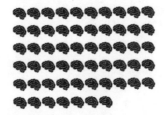

15 分钟内 57 个牛脑（重 8.03 千克）

12 分钟内 62 块比萨

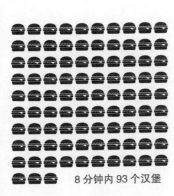

8 分钟内 93 个汉堡

30 分钟内 150 个饭团(9.07 千克)

10 分钟内 110 个热狗

更不用说还有：

2.5 分钟内 60 个无面包热狗
1 分钟内 13 个烤芝士三明治
30 分钟内 337 个香辣鸡翅
10 分钟内 130 个墨西哥卷饼
24 分钟内 55 个羊肉火锅
24.3 秒内 1 份芝士牛排
12 分钟内 9.66 千克荞麦面
12 分钟内 100 个叉烧包

质数管理

207 是可以用 1 到 9 的所有数字组成的质数之和来表示的最小数字。

例如，你可以写成
89+61+43+7+5+2=207

还有另外两种方法可以把 207 表示成 1 到 9 的所有数字组成的质数之和。你能找到它们吗？

207

一年中的第 207 天是 7 月 26 日

澳大利亚有
超过 360 000 个篮网球（netball）
注册队员

这其中包括了超棒的苏珊·帕蒂特（Susan Pettitt），她时常为我最爱的篮网球队 —— 新南威尔士雨燕队投中得分。

2015 年 ANZ 冠军争夺赛的现场状态 图片来源：SMP 图片

208

一年中的第 208 天是 7 月 27 日

加立方，减立方

验证 208 是前 5 个质数的平方和。

现在继续验证：$7^3=6^3+5^3-4^3+3^3=2^3+1^3=208$。

将军（checkmate）!

我爱上国际象棋的其中一个原因 —— 请相信我，我喜欢国际象棋有很多理由 —— 就是任何一盘棋的下棋过程都可以用简单的数字和字母归纳出来。

国际象棋在数学上被认为是一个"开放性问题"。举个例子，相比于圈叉游戏（noughts and crosses），如果两个玩家都玩得很好，那么游戏总会以平局结束。或者四子棋（Connect Four）（请见第 162 页），它有一套保证能赢的策略，但国际象棋是如此复杂，以至于我们还未发现如何计算出一套"完美的"策略，即如果选择白棋就保证能赢的策略。

白棋可以在一开始的 20 步棋中任意挑选 —— 任何兵走 1 或 2 格，或者马走 1 到 2 步。因此在黑棋走完第一步后，棋盘上一共有 20×20=400 种可能的棋子布局。此时，虽然一些棋子的布局可能比另一些更合理，但所有的 400 种布局理论上都可以存在。而 6 步棋之后，这个数字飞速增长，大约有 1000 万种不同的布局可能存在!

有大约 10^{120} 种可生成的棋局（多过整个宇宙所有基础粒子的个数），这其中的数百万种棋局是合理的，可让双方玩家绞尽脑汁。而最美妙的事情就是，你

找一个数

$209=1^6+2^5+3^4+4^3+5^2+6^1$。相当漂亮。同样地，在 3 月 6 日那一天，我确信你注意到 $65=1^5+2^4+3^3+4^2+5^1$。这个系列中使用了下一个数字，即包括 1,2,3,4,5,6 和 7，将会出现在今年的某一个日子吗?

209

一年中的第 209 天是 7 月 28 日

可以重现对弈过程，甚至是那些水平远远高于你的玩家的对弈也可以。

我的意思是什么呢？好吧，假如你喜爱网球——真的爱它。不管你的兴趣多么浓厚，你就是不能走到球场内，然后重现 2011 年美国公开赛萨姆·斯托瑟（Sam Stosur）打败塞琳娜·威廉姆斯（Serena Williams）的 6 比 2，6 比 3（干得好，萨姆）这场比赛。即使我们真的很想这样做，我们也无法像他们一样发球、控制击球，然后将比赛忠实地重现，一分接着一分，一场接着一场。

但只要使用国际象棋的记法，你就可以精确地做到它！

一个国际象棋棋盘有 64 个方格，被标为 a1 到 h8。我们称 a，b，c···h 为"行（file）"，1，2，3，4···8 为"列（rank）"。

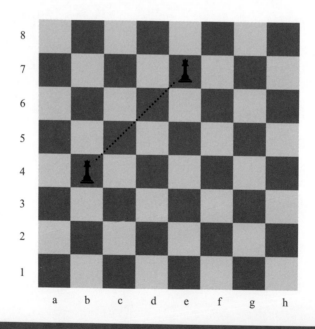

210

本原三角形（Primitive triangle）

这两个直角三角形的面积都是 210，而且都是"本原"的，这意味着它们不是边长为倍数关系的较小的三角形。

它们是边长为整数，斜边（最长的边）不相等，但面积相同的最小的直角三角形。

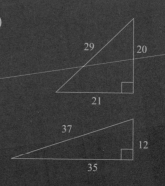

所以上图中的黑棋皇后就是从 e7 移动到 b4。

我们也把国王(king)记为 K,皇后(queen)记为 Q,车(rook)记为 R,象(bishop)记为 B,以及马(knight,王已经把马抓走啦)记为 N。兵(pawn)十分常见,因此我们时常不写成 P。

因此上一页的移动可以被记为 Qb4。

要重现史上任何一次伟大的对弈,你需要知道三件事情:第一,如果你将一枚兵移到任何一格中,比如 e4,我们不将其写作 Pe4,而是为了节约时间只写作 e4。第二,记法 0-0 意为"入堡(castling)",即白棋国王从 e1 走到 g1,然后位于 h1 的白车跳过国王,移动到 f1。类似地,当黑棋走 0-0 时,黑棋的国王和车最终分别落在 g8 和 f8 上。最后,x 的意思是"吃掉那个棋子"。

现在你准备好啦。拿起一个棋盘,然后重现 1960 年鲍里斯·斯帕斯基(Boris Spassky)和大卫·布朗斯坦(David Bronstein)的高手对弈。当然了,斯帕斯基因为在 1972 年输给了鲍比·菲什尔(Bobby Fischer)而失去了世界冠军的皇冠,同时也因此在国际上声名鹊起。

这儿有个提示 —— 也有可能是一点儿剧透 —— 你也许想下白棋(Spassky),然后说服你的朋友下黑棋(Bronstein)。

什么是质数,狼先生?

如果你观察一天中 24 小时内的所有时间,并发问什么时候是质数,例如 00:07 写作 7,是质数,13:19 写作 1319,是质数,你将会在一天当中发现 211 个质数时间。但不是在午夜前的这 1 分钟,因为 2359=7×337。

211

一年中的第 211 天是 7 月 30 日

鲍里斯·斯帕斯基 vs 大卫·布朗斯坦，1960 年

座椅上的运动没有比这更刺激的了！

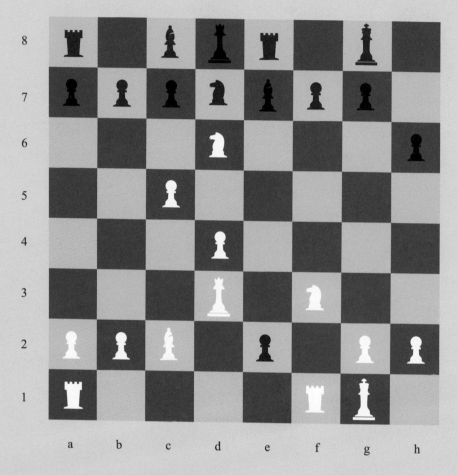

这是在白棋走了 15 步之后的棋盘布局。

212

一年中的第 212 天是 7 月 31 日

煮，宝贝，沸腾

华氏 212 度是海平面水的沸点。

同样，212，213，214，215，216，217，218 和 219 都恰有两个不同的质因数。

我们开始啦!

1. e4 e5
2. f4 …… 这个开局被称为是国王策略 …… exf4
3. Nf3 d5
4. exd5 Bd6
5. Nc3 Ne7
6. d4 0–0
7. Bd3 Nd7
8. 0–0 h6
9. Ne4…… 白棋将兵移至 d5,从而使更厉害的棋子得以移动 …… Nxd5
10. c4 Ne3
11. BxN fxe3
12. c5 Be7
13. Bc2!…… 这个惊叹号代表了这是斯帕斯基十分强势的一步。他专注于攻击黑棋国王身边的防卫,赢得了赞叹。他的皇后可以在此时移动到 d3,皇后和象都可以沿着对角线到 h7 落子。如果你觉得有个感叹号很酷,那就等着看接下来这个俄罗斯人将要做什么吧 …… Re8
14. Qd3 e2
15. Nd6!! …… 这是斯帕斯基非常著名的一步。以上图片显示了当前的位置。国际象棋中惊人的一点在于如果你的对手使他的一个兵移动到棋盘另一端,他们可以把它升级为皇后。布朗斯坦可以利用在 e2 位置上的兵抓住斯帕斯基的车,同时将先前提到的兵升级为皇后,但是布朗斯坦已经经过计算,决定放弃这两样,赢得更大的优势 …… Nf8

16. Nxf7!! exf1=Q+…… 兵杀死了车,兵变为皇后,因此此时黑棋在棋盘上有两个皇后了! 而 + 符号表示白棋国王正在被攻击,它受到被将军的威胁。
17. Rxf1 Bf5
18. QxB Qd7
19. Qf4 Bf6
20. N3e5…… 在这里,白棋的任意一个马都可以移动到 e5,因此 3 表示斯帕斯基将马从 f3 移动到 e5…… Qe7
21. Bb3 BxN
22. NxB+ Kh7
23. Qe4+,然后布朗斯坦认输了。两个人都有足够的能力预测出布朗斯坦无法逃离被将军的命运了。而他可以从这走下去的一步是 …… Kh8
24. RxN+ QxR 25. Ng6+ Kh7
26. NxQ+ Kh8 27. Qh7#

再见啦,布朗!

年轻和且无平方

213=3×71,因此称之为"无平方数(squarefree number)",因为它没有重复的质因数。实际上,213 是满足这一条件的连续 3 个整数的第一个,213,214=2×107 和 215=5×43。

213

一年中的第 213 天是 8 月 1 日

数字中的
堪培拉
（Canberra）

2005 年

堪培拉（译者注：堪培拉是澳大利亚的首都）议会大厦的安保人员被禁止喊人们为"老弟"的那一年。

1 天

议会大厦禁止安保人员叫人们"老弟"的持续时间。

195.2 米

澳洲电讯塔（Telstra Tower）的高度［也被称为黑山塔（Black Mountain Tower）］，它位于黑山（Black Mountain）之巅。

386 000

堪培拉 2015 年的人口数，它是澳大利亚最大的内陆城市。

664 公顷

堪培拉著名人造湖伯利·格里芬（Burley Griffin）的大小。

214

一年中的第 214 天是 8 月 2 日

哇哦，完美

我们在 1 月 6 日和 1 月 28 日解释了完美数。好吧，完美的数字还在继续，6，28，496，8128…我们不知道是否有无限个完美数，还是它们最终会停止。

但我们确实知道第 11 个完美数 $2^{106} \times (2^{107}-1)$=13 164 036 458 569 648 337 239 753 460 458 722 910 223 472 318 386 943 117 783 728 128（全长 65 位）有 214 个因数。

660 千米

从堪培拉到墨尔本的距离。为了平复双方的请愿者,堪培拉在 1908 年被选中为妥协之后的首都。

280 千米

从堪培拉到悉尼的路程。

61.7

堪培拉 100 000 人拥有的节日个数(位居澳大利亚之首)。

21 000 年

恩古那瓦人(Ngunnawal)(译者注:澳大利亚土著居民)住在我们现在叫堪培拉的地方的时间 —— 堪培拉意为"见面的地方"。

1913

堪培拉城市开始建立的时间,跟随着沃尔特·伯利(Walter Burley)和马里恩·马奥尼·伯利(Marion Mahony Burley)的国际获胜的计划。

20 000

现今在堪培拉工作的公务员的大概人数。

有趣的整数

有 215 个由 4 个(不一定要不同的)整数构成的序列,将它们的顺序排列视作不同,满足它们的倒数和是 1。

哇哈?喔,亚当,这读起来很伤脑筋,更不用说去思考了。

嗯,1/4+1/4+1/4+1/4=1,所以(4,4,4,4)就是这些序列中的一个。

同样,1/8+1/8+1/4+1/2=1,给出了序列(8,8,4,2),但我们也可以写成 1/8+1/8+1/2+1/4=1,给出了序列(8,8,2,4),类似还有序列(8,2,4,8)等。

你能找到其他方法,把 1 写成 4 个倒数的和吗?

215

一年中的第 215 天是 8 月 3 日

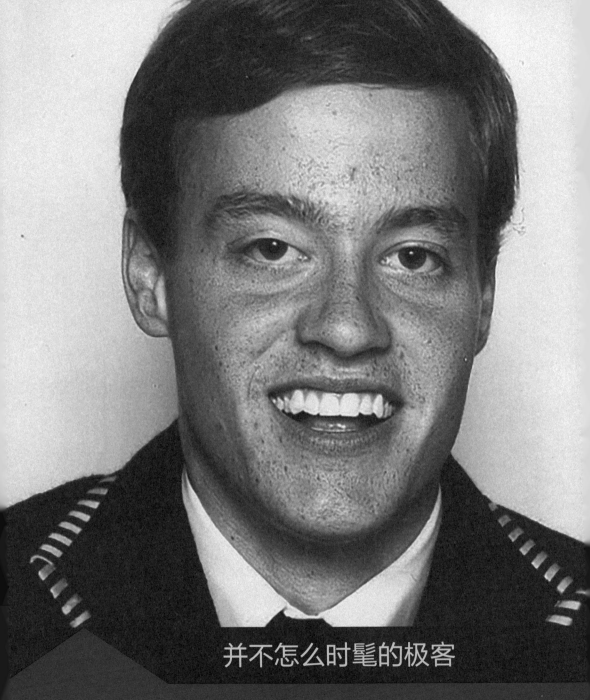

并不怎么时髦的极客

216

一年中的第216天是8月4日

1834年的这一天，逻辑学家约翰·维恩（John Venn）诞生。

我们从毕达哥拉斯（Pythagoras）和直角三角形中知道 $3^2+4^2=5^2$。好，我仍然清晰地记得那一天，我偶然发现了一件几乎每个业余数学家都会在某个时候偶然发现的东西：$216=3^3+4^3+5^3=6^3$

我有着同样的兴奋感，和在我之前的成千上万人，以及未来更多的人一样："天啊……我发现了数学中一个神奇的模式。他们会管这叫斯潘塞序列（Spencer series），我将闻名于世界！"

这里有一个更深奥的问题需要你回答：我认为我发现了什么？

说服自己，我其实什么都没发现。

选一副牌。任何一副。

你认为你洗的一副牌和世界历史上某个人洗的牌一模一样的可能性是多少？挺高的吗？

事实上，并不是。从统计学的角度来说，可能性微乎其微。一副牌可以被洗成几种不同结果？嗯，对于任何一副牌，最上面的一张牌有 52 种可能性，一叠中第二张牌有 51 种可能性，第三张则有 50 种可能性，以此类推，一直到这叠牌的最下面一张。因此一副 52 张的牌的可能洗牌结果是我们所说的 52!（52 的阶乘），也就是 $52 \times 51 \times 50 \times 49 \times 48 \times 47 \times 46 \times 45 \times 44 \cdots$ 你了解大意了吧，一直到 1 为止。

我很确定你已经算出结果了，但如果你没有的话，那就是 80 658 175 170-943 878 571 660 636 856 403 766 975 289 505 440 883 277 824 000 000 000-000 种不同的可能性。

现在，万一你们中的赌台管理员在思考你将花去人生中多少时间"得到"所有可能的洗牌结果，好吧，我有坏消息给你。

假设你有很多朋友。更确切一点，有几万万亿那么多。而这些朋友有一万万亿副牌。我指的是每个人。再假设每秒钟他们设法洗一千副不一样的牌。我提到过他们得从宇宙大爆炸的时候开始洗牌吗？

好吧，好消息是现在他们应该已经见过所有可能的洗牌结果了（因为我停顿了，我猜）。

连续执行

217 既是 2 个正立方数的和，又是 2 个正的连续立方数的差。你能找到它们中的每一个吗？

半质数时光

217 也是一个半质数，因为 $217 = 7 \times 31$，而且 7 和 31 都是质数。但是，因为 7 和 31 都是 $4t+3$（$7 = 4 \times 1 + 3$，$31 = 4 \times 7 + 3$）的形式，所以我们称 217 为一个布鲁姆整数（Blum integer），以委内瑞拉计算机科学家曼纽尔·布鲁姆（Manuel Blum）命名。找到下一个布鲁姆整数。

217

一年中的第 217 天是 8 月 5 日

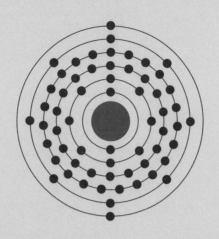

钷

(Promethium)

　　就像我已经提到过的，"稀土元素"不一定是稀有的。好，这个一定是稀有的。事实上，地球上根本没有钷。在地球刚形成的时候有很多钷，但在从那以后到现在的 45 亿年中，所有的原子都衰变了。虽然在地球乃至太阳系中没有钷，但在位于仙女座的 HR465 星上，钷正在以极快的速度涌出。我们可以遥望星系，并探测到 520 光年以外的一颗星球生成的这种稀有元素，这简直是太美妙了。

218

把我的边染色

　　取一个立方体和 2 种不同颜色的笔。用任何你喜欢的颜色组合将立方体的 12 条边染色。如果拿着立方体并旋转不算作改变它的颜色，那么就有 218 种不同的方法可以给这个立方体染色。

异常是常态

　　218/981=2/9，但是这只是又一个巧合，你通常不能通过在分数的分子和分母中划掉相同的数字来约分。

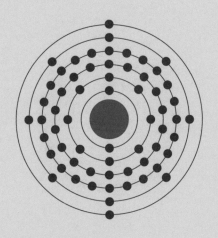

钐

(Samarium)

　　排在元素周期表第 62 位的是钐，一种相对较硬的金属，它在空气中会很快氧化。含钐的磁铁的吸力惊人的强大 —— 是常规磁铁的 10000 倍。事实上，它们强大到抗去磁能力也胜过其他任何金属。没有钐，我们将没有随身听，并且世界上无数的摇滚巨星将只能依靠劣质的贝斯和吉他的拾音器了。

一个质数的结果

219

$2^{219}=842\ 498\ 333\ 348\ 457\ 493\ 583\ 344\ 221\ 469\ 363\ 458\ 551\ 160\ 763\ 204\ 392\ 890\ 034\ 487\ 820\ 288$

$219^2=47\ 961$

$2^{219}-219^2=842\ 498\ 333\ 348\ 457\ 493\ 583\ 344\ 221\ 469\ 363\ 458\ 551\ 160\ 763\ 204\ 392\ 890\ 034\ 487\ 772\ 327$，是质数。

一年中的第 219 天是 8 月 7 日

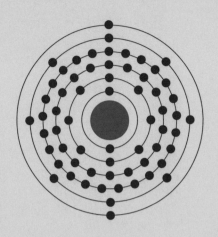

铕

（Europium）

老阴极射线电视管（cathode ray television tube）所发出的亮红色光线是铕荧光体（europium phosphor）产生的红色辐射。甚至在高端的新型液晶显示器（LCD）和等离子电视（plasma television）中，铕也被用在显示器上，以产生色彩。

氧化铕（三价）被应用在欧元纸币上，以防止伪钞的流通。因为铕的存在，这些纸币在特定波长的光的照射下会发出红色的光线。说到铕，它于1901年被发现，名字源于……你猜到了吧：欧洲（Europe）！

123456789101112131415161718192021222324252627282930313233343536373839404142434445464748495051521

545556575859606162636465666768697071727374757677787980818283848586878889909192939495969798991011

220

一年中的第220天是8月8日

结婚

真因数是除了数字本身之外的这个数字的所有因数。

验证：220的真因数之和是284，而284的真因数之和是220。所以我们说220和284是"友好的（amicable）"或"订婚的（betrothed）"数字。220是这类数字中最小的一个。

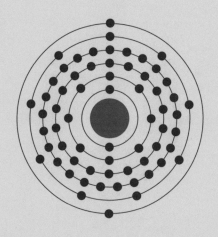

钆

（Gadolinium）

　　我们列表中的下一个元素，它的原子核中有 64 个质子，是"稀土"金属元素钆。但别让我从描述它到底有多"稀有"开始。我们所知道的是，钆具有磁性，并且可以被引入人的身体，然后经过人体内部。由于这个原因，它被用于各种医学实验，包括大约 30% 的核磁共振成像（MRI, magnetic resonance imaging），它在其中充当了对比剂（contrasting agent）。这个意思就是当医生在检查病人的内脏时，钆能提供更大的对比度和清晰度。这可真是个令人生厌的任务，但总得有化学元素去做呀。好样的，钆！

3456789101112131415161718192021222324252627282930313233343536373839404142434445464748495051525355565758596061626364656667686970717273747576777879808182838485868788899091929394959697989910 0

想想看……

　　用两种不同的方法把 221 写成连续质数的和。

还有这……

　　221 也可以用两种不同的方式写成 2 个平方数的和。感觉幸运吗？继续吧！

221

一年中的第 221 天是 8 月 9 日

1776 年的这一天，数学家阿莫迪欧·阿伏伽德罗（Amedeo Avogadro）诞生。

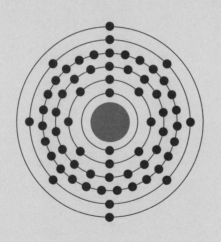

铽

（Terbium）

　　由极其著名的瑞典化学家卡尔·古斯塔夫·莫桑德尔发现，铽又是一个"害羞的"金属，它永远不会在自然中单独存在 —— 它只和其他矿物质一起出现。但别因为这个而对它有什么偏见。在 20 世纪 70 年代后期，一个关于用铽制作的陶瓷假牙的美国专利被申请，因为它们被认为能跟真牙一样发出亮光。不幸的是，这个想法没那么刺激（lack sufficient bite），以使它进军市场。懂了吗？bite（咬）……假牙？难搞的大众。

222

我们就快到达那里了

　　在你开始阅读这本书之前，你可能会发现下面的陈述令人作呕，但现在你可以说服自己 $222=(3!)^3+(2!)^2+(1!)^1+(0!)^0$。

　　所以 $(3!)^3+(2!)^2+(1!)^1+(0!)^0=6^3+2^2+1^1+1^0=216+4+1+1=222$。

　　好吧，你可能要相信我，$0!=1$ 这一点。

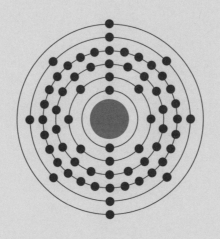

镝

（Dysprosium）

听起来和其他东西一样像一种医学状况，镝的起名源于希腊语单词 dysprositos，意为"难以得到的东西"。它的取名是为了纪念保罗 - 埃米尔·勒科克·德·布瓦博德兰（Paul-Emile Lecoq de Boisbaudran），他在家里火炉的大理石平板上完成了 58 次沉淀，才分离出这种非常 dysprositos 的元素。好吧，这就是我想看的 *Renovation Rumble*（译者注：即澳大利亚一电视剧名称）的一集啦！

镝和它在元素周期表里的邻居钬（Holmium）（你会在下一分钟遇到它）都拥有所有元素中最高的磁性，特别是在低温的条件下。

223

是质数。请展示出它也是 3 个连续质数的和，以及 7 个连续质数的和。

$7^2 = 49$ 及 $27^2 = 729$

当你把它们组合在一起，就得到 $49\,729 = 223^2$。

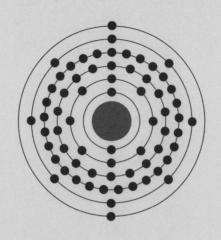

钬

（Holmium）

这个稀土元素是由另一个瑞典科学高手佩尔·特奥多尔·克利夫（Per Teodor Cleve）于 1878 年发现的。Holmium 中的"holm"源于 holmia，即拉丁语中斯德哥尔摩（Stockholm）的意思。

钬激光在一些医学过程中会用到，包括肾结石切除和前列腺手术。说到前列腺，如果你在阅读这本书，且你是一个年过 50 的男子，请去查查前列腺。不是说现在……你可以先读完这一页。但，说真的，去查查。

224

一年中的第 224 天是 8 月 12 日

1887 年的这一天，物理学家埃尔温·薛定谔（Erwin Schrödinger）诞生。

所有人都来排队

关于 224 的看起来很酷的事情：224=23+45+67+89，它也等于 $2^3+3^3+4^3+5^3$。

六质数（sexy prime）

$224^3 \pm 3$ 都是六质数。

非数学家们听到这个质数家族的时候会很兴奋，但不幸的是，这里的"性感（sexy）"这个词没有色情的含义。它来自拉丁语中"六（six）"的意思。

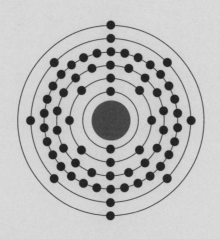

铒

（Erbium）

　　位于原子热门列表的第 68 位，铒是一种银白色固体金属，它是由，对啦，你猜到啦，卡尔·古斯塔夫·莫桑德尔在 1843 年发现的。Er：YAG（钇铝石榴石）激光，它是由铒、钇、铝以及石榴石（garnet）制成的，被用于镭射磨皮、切割骨骼和软组织、种植牙以及除疣等。铒没有严格意义上的生物学用途，但我们每年平均摄入大概 1 毫克。含铒量最高的人体部位是骨骼，虽然它也能在肾脏和肝脏中存在。

不是巧合

225

　　$225=1^3+2^3+3^3+4^3+5^3=15^2$，这不是巧合。

　　一般来说：

　　$1^3+2^3+\cdots+n^3=(1+2+\cdots+n)^2$，而 225 就是 $n=5$ 的情况。

　　相信你自己，请验证下一项 $n=6$ 时，这个等式是成立的。

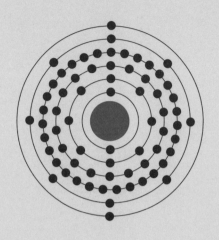

铥

（Thulium）

第 69 个元素是铥，它和铒一样，也是由瑞典大师级化学家佩尔·特奥多尔·克利夫于 1879 年发现的。可怜的老铥也许真的需要一个大大的拥抱了。在这 15 个所谓的"稀土"元素（57 号元素到 71 号元素）中，它是唯一一个我们至今未发现有惊人或独特性质的元素。

虽然如此，但欧元纸币在紫外线照射下发出的蓝色荧光是因为铥的存在。尽量放马过来吧，假币们！

226

一年中的第 226 天是 8 月 14 日

不要被吓倒

验证 $226=(3!)^3+(2!)^3+(1!)^3+(0!)^3$。

您可能会觉得 0! 的概念有点吓人，但是 0! 定义为等于 1。我知道把 0 乘小于它的整数直到 1 是没有意义的，这和 $4!=4\times3\times2\times1$ 不同。但定义 0! 在数学的其他领域都有理可循。这对你来说是足够的理由了吗？

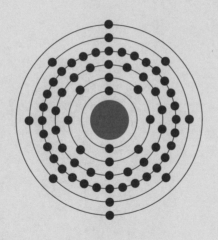

镱

（Ytterbium）

　　和钇、铽、铒一样，镱［于1878年被瑞士化学家让·查尔斯·加利萨·德·马里格纳克（Jean Charles Galissard de Marignac）发现］是第4个以瑞典小镇Ytterby命名的元素。我不知道你怎么想，但如果下次有机会，我一定会带着全家去Ytterby度过一个书呆子的节假日！

　　在很高的物理压力下，镱的电阻会迅速升高。因此，要制造一种监测地震和原子核冲击波产生的地面形变大小的仪器，镱是完美的材料。

2345678910111213141516171819202122232425262728293031323334353637383940414243444546474849505152 53 5455 56 57 58 59 60 61 62 63 64 65 66 67 68 69 70 71 72 73 74 75 76 77 78 79 80 81 82 83 84 85 86 87 88 89 90 91 92 93 94 95 96 97 98 99 100

和为227

　　227是质数，但也可以写成前4个质数的和与它们的乘积的和：$(2+3+5+7)+(2\times3\times5\times7)$ =227。

　　同样，它也可以写成2个质数的和与它们的乘积的和，类似于$(2+3)+(2\times3)=11$。227可以表示为2个质数的和与这2个质数的乘积的和吗？顺便告诉你，它们不是连续的。

227

一年中的第227天是8月15日

1957年的这一天，数学科学作家柯利弗德·皮寇弗（Clifford Pickover）诞生。

数字中的
纽约市
（New York City）

$289 000

位于中央公园（Central Park）的热狗摊一年的租费。

25 米

美国联邦储备银行华尔街分行地下室的深度。它是世界上 1/4 金条的存储地。有谁要 Ocean's 14（Ocean's 11—13 是美国和澳大利亚合拍的三部盗贼题材电影，中文名为《十一罗汉》《十二罗汉》《十三罗汉》）吗？

2

阿尔伯特·爱因斯坦存储在纽约市一处安全储藏室的眼球数。在他死后，它们被赠给爱因斯坦的眼科医生，亨利·亚当斯（Henry Adams）。

130 千米

在一个晴朗的日子，从帝国大厦最高处可以眺望到的距离。

228

一年中的第 228 天是 8 月 16 日

解剖一只母鸡（hen）

228 是通过包括旋转和反射，将一个普通的十一边形（hendecagon）分割成 9 个三角形的方法数。

如果你觉得自己不够好，因为你从未听说过"十一边形"，请不要这样想，因为它们是非常不起眼的小讨厌鬼。

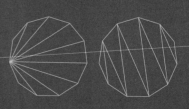

60 000

纽约最拥挤的街道上所有被蚂蚁和其他昆虫食用的垃圾,以等量的热狗计数。这在城市废物管理中起了举足轻重的作用。

2

一年中夕阳正好出现在东西向街道正上方的天数。它产生了"曼哈顿悬日(Manhattanhenge)"现象 —— 这两天大约是 5 月 28 日和 7 月 12 日。

0

2012 年 11 月 28 日被枪杀或刀砍的人数。这是纽约市警察局在人类记忆中第一个这样的日子。

830 千米

纽约市的海岸线长度 —— 比迈阿密、洛杉矶、旧金山和波士顿加起来都要长。

220 吨

埃及艳后的那枚针的重量。这是一个 3000 年前的埃及工艺品,由埃及统治者(也是土耳其统治者)赫迪夫(Khedive)于 1879 年赠予纽约。它现在矗立在中央公园内。

高产的质数

229 是最小的,满足和它的倒序数相加,得到另一个质数的质数,229+922=1151。

我们不得不一直等到 229,第 50 个质数,才能找到这样的质数,但下一个这样的质数就接近多了。你能四处窥探一下,找到它吗?

229

一年中的第 229 天是 8 月 17 日

1601 年的这一天,数学家皮埃尔·德·费马(Pierre de Fermat)诞生。

230

楔形的景观

如果一个数字是三个不同质数的乘积，我们就称它为 "楔形数（sphenic number）"。30=2x3x5 是楔形数，但 28=2x2x7 不是，因为 2 是重复的。

你能证明 230 和 231 都是楔形数吗？事实上，230 是第一个满足它和下一个数字都是楔形数的数。

极客将会继承地球

已经

一年中的第 231 天是 8 月 19 日

1 加仑牛仔帽

　　1 美国加仑有 231 立方英寸（承认吧，你不知道）。与此同时，虽然牛仔帽的防水功能很好，而且广告上确实有牛仔在给马解渴的画面，但即使是最著名的"10 加 仑 牛 仔 帽（10-gallon hat）"也只能装下大约 3/4 加仑的液体。"10 加仑（10 gallon）"这个名字很可能来自"10 加仑（10 galón）"，意思是"10 根辫子（10 braids）"，在西班牙语中，指在一些更华丽的墨西哥版本的帽子上戴的辫子的数量。它也可能是西班牙语"tan galán"的变形，翻译过来就是"非常英俊"。

　　231 是 4 个不同质数的平方之和。

　　你能这样表示 231 吗？

这是个成为极客最刺激的时代。瞬息万变的数字世界，爆炸的大数据，更多、更强大、更便宜、更微小的设备，就是定义这个时代的特征。

但就像极客喜爱用数学、科学和这种细枝末节的知识滋养他们的头脑一样，他们也爱滋养他们的身体。虽然这不完全是极客的食谱，但我实在难以想象我们如何生存在一个从未有人发明外卖比萨、能量饮料和巧克力的世界。并且，我要和你说，作为一个全副武装、随身带扑克牌的极客，有什么比吃掉它们更美妙的事情吗？当然是了解这些数字背后的故事啦！

巧克力的山峰

瑞士三角牌巧克力（Toblerone）以它的发明者命名，即瑞士巧克力制造者特奥多尔·托布勒（Theodor Tobler），它是一种将牛轧糖、杏仁和蜂蜜混合于独特的三角形脊状模具的巧克力。

三角形的数量取决于瑞士三角牌巧克力的大小。

尺寸	超小	迷你	35 克	50 克	75 克	100 克	200 克	400 克	750 克	4.5 千克
峰脊	3	3	8	11	11	12	15	15	17	12

232

盈数（abundant number）

如果你将一个数 n 的所有真因数相加，它们的和可能小于 n〔即亏数（deficient），例如，10 的真因数之和为 1+2+5=8，而 8 小于 10〕，或者等于 n（即完美数，如 6 或 28），抑或大于 n，我们称之为盈数。12 是最小的盈数（1+2+3+4+6=16>12）。

尼科马霍斯（Nicomachus）只记录了偶数，因为他认为所有奇数都是亏数，但他是错误的。第 232 个盈数是 945，而它是第一个奇数盈数。加油吧，激怒老尼科，试着证明 945 是个盈数。

当然了，所有这些特定的金字塔与每年制造的 Toblerone Schoggifest 相比都黯然失色，它就是用于庆祝瑞士三角形巧克力周年纪念日的特殊超大巧克力棒。巧克力棒的重量代表着瑞士三角形巧克力创立的年数，因此用于 2008 年百年庆典的巧克力棒重 100 千克。

大型、优质的饼干

澳大利亚最大的饼干制造厂雅乐思（Arnott's），是从 1865 年新南威尔士纽卡斯尔（Newcastle）的一个家庭小作坊发展而来的。

它一直都被这家人所有，直至 1977 年被美国的金宝汤（Campbell's Soup）公司收购。它的创建者威廉·雅乐思（William Arnott）的一位后人，罗斯·雅乐思（Ross Arnott），为了纪念 1958 年肯塔基赛马会（Kentucky Derby）的赛马赢家天甜（Tim Tam）而命名了这块美味的巧克力饼干。原味饼干因为每盒11块（这是个质数）而令人不满，在很长一段时间，人们都以一个数学阴谋论解释，即3、4或5个人都无法平分一盒，因此需要再打开一盒。就我个人而言，我觉得这难以令人信服。但不管怎么说，天甜双涂层巧克力、天甜耐嚼焦糖、白巧克力和经典巧克力都是 9 块一盒。请相信我！澳大利亚人每年要咀嚼掉 4 亿盒天甜，人们的这种痴迷程度非常可能使它成为全世界人均最受欢迎的巧克力饼干。

233

斐波那契质数

233 是唯一一个同时也是斐波那契数的三位质数。你能算出直至 233 的斐波那契数吗？

从 1，1，2，3，5，8 开始，加上最近的两项得到下一项，直到你得到 233。

斐波那契数列的哪一项是 233？

一年中的第 233 天是 8 月 21 日

2012 年巧克力食用量（人均，以千克记）

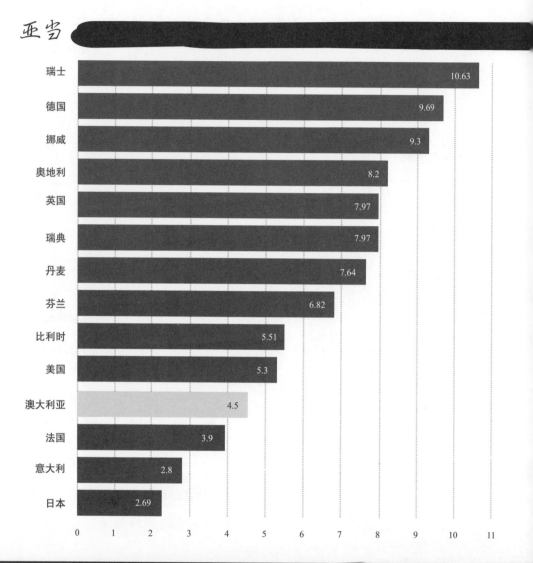

瑞士	10.63
德国	9.69
挪威	9.3
奥地利	8.2
英国	7.97
瑞典	7.97
丹麦	7.64
芬兰	6.82
比利时	5.51
美国	5.3
澳大利亚	4.5
法国	3.9
意大利	2.8
日本	2.69

0 1 2 3 4 5 6 7 8 9 10 11

234

一年中的第 234 天是 8 月 22 日

拿出你的零钱袋

234 是把 12 枚硬币排成一行，满足每个硬币可以放在桌子上或叠在 2 枚硬币上的方法数。

证明这一点

"234 各数位上数字之和与 234 的和，以及 234 各数位上的数字之和与 234 的差都是完全幂。其中一个是完全平方，另一个是 5 次方。"

当然，这不是派对时你应该说的话，但你能证明它是正确的吗？

　　每个国家的巧克力食用量数据来源各不相同，且几乎不可能找到两个一致的图表，但很少会有人质疑瑞士是所有国家中排名第一位的。

玛氏(Mars & Murrie's)

　　传说美国糖果巨头弗瑞斯特·玛氏(Forrest Mars)在西班牙内战中目睹了士兵吃硬壳棒糖，这些棒棒糖放在士兵的包里不会融化。

　　回到美国，玛氏和好时(Hershey's)甜食公司的布鲁斯·默里(Bruce Murrie)合作，开始着手重新创造这些棒棒糖。在 20 世纪 40 年代早期，美国军队是公司最大的客户之一。这就是 M&Ms 公司和其他类似公司的起源，或者说历史。它的名字中的两个 M 即 Mars 和 Murrie 的姓氏。颜色的选择是根据开展的顾客偏好测验得来的，但近几年，玛氏停止提供关于混合颜色的准确描述。

　　然而，在 2008 年，色彩的比例是……

树图

235

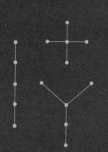

　　5 个顶点的树图一共只有 3 种，如右图所示。
　　6 个顶点的树图一共只有 6 种。然而，随着顶点数的增加，树图的种数急剧增加。11 个顶点的树图一共有 235 种。

一年中第 235 天是 8 月 23 日

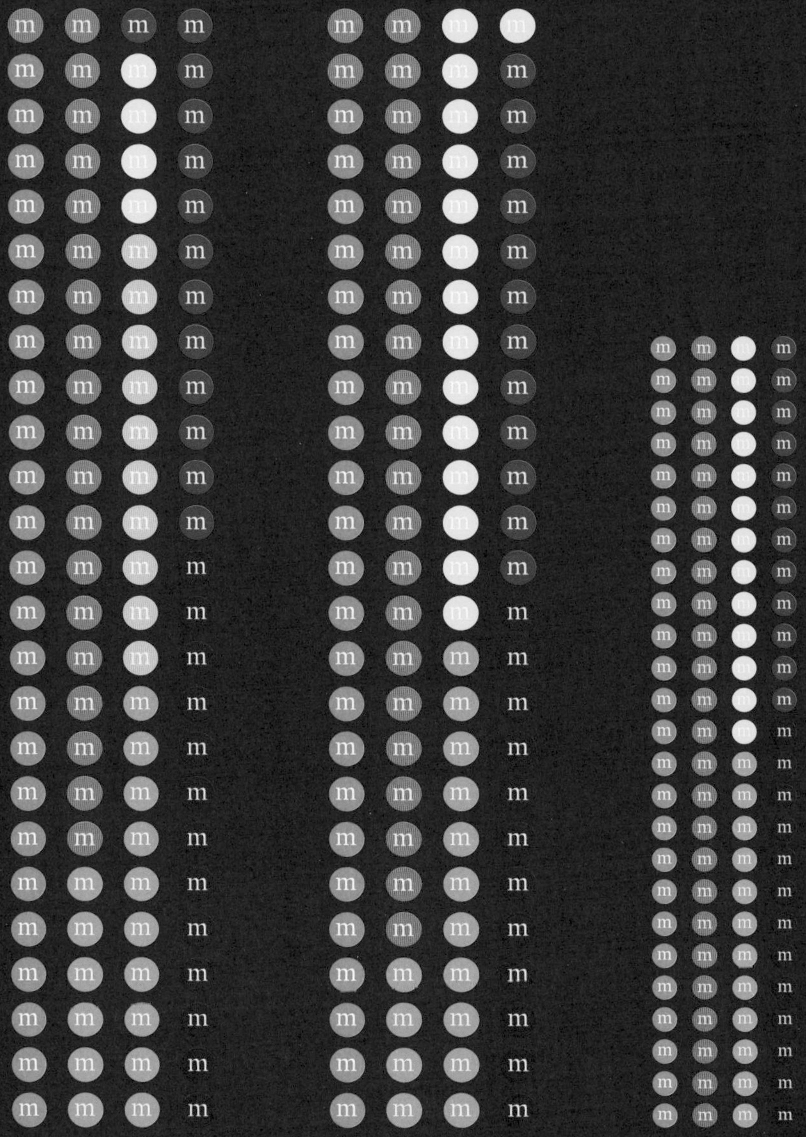

236

一年中的第 236 天是 8 月 24 日

最奇怪（oddest）的质数

236 是前 12 个连续奇质数（odd primes）之和，即 3+5+7+11+13+17+19+23+29+31+37+41。

双重麻烦

数字 $236^2+236 \pm 1=55\,931$ 和 $55\,933$ 都是质数。因为它们的差值只有 2，所以我们称它们为"孪生质数"。

M&Ms 牛奶巧克力
24% 青蓝色
20% 橙色
16% 绿色
14% 亮黄色
13% 红色
13% 棕色

M&Ms 花生巧克力
23% 青蓝色
23% 橙色
15% 绿色
15% 亮黄色
12% 红色
12% 棕色

M&Ms 儿童迷你巧克力
25% 青蓝色
25% 橙色
12% 绿色
13% 亮黄色
12% 红色
13% 棕色

M&Ms 黑巧克力
17% 青蓝色
16% 橙色
16% 绿色
17% 亮黄色
17% 红色
17% 棕色

M&Ms 花生黄油和杏仁巧克力
20% 青蓝色
20% 橙色
20% 绿色
20% 亮黄色
10% 红色
10% 棕色

这是约翰尼!

电影《闪灵》(The Shining)中的房间号从(小说中的)217号改成了237号。

拍摄地的林边旅馆(Timberline Lodge)有217号房间,没有237号房间,所以酒店管理层要求导演斯坦利·库布里克(Stanley Kubrick)更改房间号,因为他们担心看完电影后客人可能不想住在217号房间。

阿伦森序列
(Aronson sequence)

有一个无限长的句子:T是这个序列中的第1个、第4个、第11个、第16个、第……个字母,你会发现你可以不断地在字母T前面加数字。这些T占据的空间序列是阿伦森序列: 1,4,11,16,24, 29…,它的第48项是237。

237

一年中的第237天是8月25日

2012年的这一天,旅行者1号(Voyager 1)到达了星际空间。

美味的扁平椭圆体（oblate spheroid）

M&Ms 的亲戚，聪明豆（the Smartie），是由英国能得利公司（Rowntree's company）创造的。

原本被叫作"巧克力豆"，但在 1937 年被重新命名为聪明豆。如今它们由瑞士巨头雀巢（Nestlé）生产，雀巢是世界上最大的食品及饮料生产公司。聪明豆一共有 8 种颜色：红、橙、蓝、绿、黄、粉、紫和棕色。蓝色聪明豆有一阵子变成了白色，因为雀巢公司从使用人工色素转变为使用天然色素。

以几何学的角度来看，聪明豆就是我们所知道的"扁平椭圆体"。它们的短轴为 5 毫米，长轴则是 12 毫米。

当然了，对数学家来说，聪明豆和 M&Ms 巧克力豆真正令人激动的特质并不是它们的美味，抑或是一行中有 4 个红色的概率。不是，先生。真正激动人心的是"堆叠密度（packing density）"。

"堆叠密度"这个数学谜题可以一直追溯到 16 世纪，那时水手们需要计算将炮弹装上船只的最高效的方法。直至 1998 年，科学家才证明最佳方式是我们所说的立方体或六边形紧密堆叠。当球体以此方式叠起来时，它们（例如，口

238

不可及（untouchable）

238 是一个"不可及"的数字。不可及的数字不是任何数字的真因数的和。例如 2 和 5 是不可及的，但是 4 不是，因为 4 = 1 + 3，而 1 和 3 是 9 的约数。

伟大的数学家保罗·鄂尔多斯（Paul Erdös）证明了不可及的数字有无限个。你能找到 5 之后的下一个不可及的数字吗？

香糖）填充了大约 $\pi \times (3/\sqrt{2}) \approx 74.05\%$ 的空间。干得好！

　　然而，当球体随机落入一个空间中，而不是紧密堆叠时，它们排列得就不那么紧密了。球体以大约64%的效率随机堆叠，但将它们的形状做一点儿小改动，即变成聪明豆的形状，就可以使密度上升到68%。

　　抑或更佳：只需稍微调整一下 M&Ms 的基本形状，你就可以得到一个随机堆叠密度，它十分接近74%，也就是有序的球体堆叠密度。勾人心弦 …… 同样也勾人味蕾！

9 个立方数 ……

239

　　将 239 表示为平方数的和时，需要 4 个平方数，这是任何整数所需的最大值。它被表示为立方数之和时，也需要最大数量，9个立方数。

　　另外一个需要 9 个立方数的是 23，也就是由 2 个 2 的立方加7 个 1 的立方得到，但是 239 可以用两种不同的方式表示成 9 个立方数的和 ……

　　你能算出我们怎样把 239 表示成 9 个立方数的和吗？

一年中的第 239 天是 8 月 27 日

休息一下吧

　　美味的涂满巧克力的威化饼干奇巧（KitKats）起初是由能得利公司创造的（它也是聪明豆的制造者）。

　　但现今，它们是由 …… 猜对了，雀巢公司生产的。奇巧是以独特的四根手指结构（4-finger structure）而闻名。但它可能在不久的将来就没那么独特了。2015 年，在雀巢和吉百利（Cadbury）公司之间有一场恶战。这场战争是从 2004 年吉百利公司试图取得它的紫色巧克力豆的绝对专利权开始的 —— 它又被称为第 2865c 号色。虽然吉百利一开始取得了一些成功，但世界上一系列法院的判决都对它不利。然而，2015 年，吉百利卷土重来，在欧洲法院（European Court）打败了雀巢公司，赢得了四根手指结构的专利权。这场恶战和 1974 年罗伯特·科米尔（Robert Cormier）所写的《巧克力之战》（*The Chocolate War*）毫无关系。万一你在思考的话。

240

一年中的第 240 天是 8 月 28 日

谁吹嘘得最多？

　　240 拥有比之前任何数都多的因数（共有 20 个）。下一个因数比它还要多的数字会是哪个？

无所畏惧的斐波那契数

　　240 是前 6 个斐波那契数的乘积：$240 = 1 \times 1 \times 2 \times 3 \times 5 \times 8$。

甜蜜的报复?

事实证明,莎士比亚悲剧中几乎没有人选择用巧克力为毒药是有原因的。

巧克力中毒是生命体对可可碱(theobromine)过量食用的反应。可可碱是一种不仅存在于巧克力,还存在于茶、可乐饮料和其他食物中的物质。虽然人类有可能因为巧克力中毒而死亡,但一个 80 千克重的成人需要食用大约 5.7 千克未加糖的黑巧克力,或者 40 千克的牛奶巧克力才会危及生命。

对狗来说,巧克力中毒的可能性更高,这是因为它们的机体处理这种物质的速度比我们要慢得多,因此这种物质在它们体内会长时间存在。一只 20 千克的狗食用仅仅 500 克的牛奶巧克力就会毙命。所以下一次如果你想给你的狗狗一点儿甜食的话……别!

241

是一对孪生质数中较大的一个。除了 3 和 5,一对孪生质数中较大的总是比 6 的倍数大 1,较小的比 6 的倍数小 1。

买一送一?

Reel Big Fish 乐队有一首朗朗上口的 ska 小曲,名为 "241"(译者注: ska 指牙买加乐手们把当地的小调音乐与美国的爵士乐和 R&B 结合,所形成的一种音乐风格)—— 唯一的歌词是 "买一送一(two for one)",重复了好几遍。(译者注: 241 的英文为 two four one,谐音 two for one)

241

一年中的第 241 天是 8 月 29 日

喜马拉雅山

不管你相不相信,喜马拉雅山每年都在长高。

如果你问长了多高? 这个数值可能会不同,取决于你问的是谁,但所有人都同意,它的确在长高。

为什么呢? 嗯,这是因为地球的两个巨型板块 —— 印度洋板块和亚欧板块,不断地向对方挤压。在 4000 万到 5000 万年以前,它们才刚刚接触到对方,在此之前的千万年,印度洋板块一直以每年 20 厘米的速度向正北方向移动。如今,印度洋板块以每年 5 厘米的速度向东北方向移动,而亚欧板块则以每年大约 2 厘米的速度向正北方向移动。

这两者的挤压是喜马拉雅山"生长"的根源 —— 它被估计每年上升 40 到 61 毫米。

242

如果你想要令人信服的理由的话

你能证明给自己看 242,243,244 和 245 都有正好 6 个因数吗? 242 是最小的满足由它开始的 4 个连续整数都有相同数量的因数的整数。

亚欧板块

亚欧板块

阿拉伯板块

印度洋板块

印度洋板块

今天的印度

印度洋板块

斯里兰卡

印度洋

赤道

印度洋

"印度洋"
4000 万年以前是大陆

印度洋

"印度洋"
7000 万年以前是大陆

美妙的规律

$1/243$ 的小数展开部分具有一个十分有趣的规律。我们得到前几位小数 $1/243=0.0041152263$ $37448559\cdots$

但数字 $0,1,2,3\cdots$ 被 $4,5,6,$ $7\cdots$ 分隔开的规律到这儿就结束了。事实上，$1/243=0.004115226$

$337448559670781893\cdots$ 是个无限循环小数。

243

截至 2015 年，
全世界 94% 的信息以数字的形式保存。

但那还不是全部，人类所有数
据的 90% 是在近 2 年内生成的。
那可是好多的猫的视频。

244

一年中的第 244 天是 9 月 1 日

108 天以后

数字 244 和 136 以及组成它
们的各位数字之间有一个很可爱
的关系。那就是 $136=2^3+4^3+4^3$，
以及 $244=1^3+3^3+6^3$。

如果你从 5 月 16 日起就开
始绞尽脑汁尝试解答那一页的问
题，坚持不看书后面的答案，我现

在就可以结束你 108 天的痛苦时
光，以上就是我们所要的答案。

进化万岁

最早的"计算机"事实上是进行"计算"的人类(他们可能十分擅长数学!)。

最早的"机械化"计算机名叫 ENIAC,它是于 1946 年在美国的普林斯顿大学被发明的。在各种意义上,它都是个庞然大物。它的价格为 600 万美元,有 24 米长,2.5 米高,以及 1 米宽。它大约有 30 吨重(这相当于一整个学校小孩的体重),运行时十分烫手,并且时常出故障。它的发明者永远不会想象到今天我们大多数人口袋中就携带了一个微型的 ENIAC…… 在那时,他们仍被同事讥笑,后者认为这个怪物浪费时间,且"这种计算的东西"永远不会有用。

一个最简单的智能手机的主板只有几厘米那么宽,它通常含有 1 个或 2 个微型计算机。如果和巨型的 ENIAC 相比,你的智能手机:

·   价格低 17 000 倍

·   尺寸小 40 000 000 倍

·   用电量少 400 000 倍

·   重量轻 120 000 倍

245

哇!

245,246,247,248 和 249 中没有一个数含有数字 0,然而在你将它们平方后每一个都含有 0。如果你找不到其他事情做,为什么不试着证明它是正确的?事实上,如果你真的求知若渴的话,注意,除了 250 以外,我们还可以在此数列中加上 251,252 和 253。

一年中的第 245 天是 9 月 2 日

还有,最好的一点是: 它比前者强大 1300 倍!

科技进步的特点在于它随着时间的推移迅猛加速。因此当 19 世纪和 20 世纪早期"计算机"的发展被认为是"有条不紊"时, 它在 21 世纪的发展速度则是"指数级的"。请继续阅读,并准备好大吃一惊……

数据存储

1981 年,也就是 ENIAC 发明后第 45 年,引人注目的新"苹果三代(Apple Ⅲ)"计算机登上舞台。它的大小相当于几个牛奶箱,拥有 5 兆字节(MB)的容量,价格为 3500 美元。在那时,这可是一大笔钱,换算成现在的钱 —— 你也许在读这个之前想坐下来 —— 它相当于 70 万美元每千兆字节(gigabyte,GB), 或者说是 7 亿美元每兆字节(terabyte,TB)!

引用如此久远的数据似乎太过残酷 ,但即便是在我们掌握数据存储技术之后,它的价格也在飞速降低。

第一个 1TB 的硬盘在 2007 年问世。这个 3.5 英寸的 Deskstar 7K1000 的价格为 399 美元 —— 感谢,日立公司(Hitachi)。这实际上是一个由 5 个金属盘构成的驱动。每个金属盘有 200GB 的容量。仅仅在 7 年以后,价格在 150 美元以下的 3TB 的硬盘就已经不罕见了 —— 价格大约下降了十倍。

246

一年中的第 246 天是 9 月 3 日

珠宝制造商

想象有一天, 你用 7 颗白珍珠、7 颗黑珍珠制作一条项链 —— 我们都曾做过的事儿。猜一猜你能做多少条不同的项链? 继续猜吧 …… 答案是 246。你猜对啦! 你是怎么猜到的?

一台内存为 350 单位的 IBM RAMAC 305 机器正被装上飞机。这个妙人儿在 1957 年的月租价为 3200 美元（可以这么说，当时这些钱比现在同样数额的钱要值钱得多），它可以有惊人的 5MB 的内存。那大约可以储存一首单向乐队的流行歌曲（只限音频）。有趣的是，我觉得听上述音乐比在无任何机械协助的情况下将一台 IBM RAMAC 305 机器运上飞机还要痛苦。

除却不同

247 是可表示为两个整数之差的最小数字，满足这两个整数各数位上的数包括 0 到 9 的所有数字。你能得出这个等式吗？提示：它们都是五位数，但它们的差只有 247，所以想想它们一开始的几位数应该都很相近，然后想想它们的第三个数位上的数字应该是多少。最后思考每个数的最后一个数位上的数字。

247

一年中的第 247 天是 9 月 4 日

1998 年的这一天，谷歌（Google）公司建立。

数据传输

当然了，如果你没被连接到其他人的话，所有这些计算机都是无用的，对吗? 谢天谢地，我们有 SEA-ME-WE3 (每个词分别代表东南亚、中东、西欧)——世界上最长的海底通信光缆。它着实巨大: 基本长度为 39 000 千米，也就是说它能绕地球赤道一圈!

SEA-ME-WE3 十分强大，它能承受地震，并且它的双纤维(fibre pairs)可以以一秒钟480 千兆比特(gigabit)的速度传递信息 —— 那是相当快的。

248

底数为 2 的幂

底数为 2 的幂多么美丽，小时候，我经常计算它们，只是为了寻找快乐。2, 4, 8, 16, 32, 64, 128, 256…

你能只用乘法和指数幂，且只用 248 各个数位上的数至多 1 次，得到上述所有底数为 2 的幂吗?

1. 德国 诺尔登
2. 比利时 奥斯坦德
3. 英国 贡希利
4. 法国 庞马尔
5. 葡萄牙 塞辛布拉
6. 摩洛哥 得土安
7. 意大利 马扎拉德尔瓦洛
8. 希腊 哈尼亚
9. 土耳其 马尔马里斯
10. 塞浦路斯 耶洛斯基普
11. 埃及 亚历山大
12. 埃及 苏伊士
13. 沙特 阿拉伯吉达
14. 吉布提 吉布提
15. 阿曼 马斯喀特
16. 阿拉伯联合酋长国 富查
伊拉
17. 巴基斯坦 卡拉奇
18. 印度 孟买
19. 印度 科钦
20. 斯里兰卡 拉维尼亚山
21. 缅甸 壁磅
22. 泰国 沙敦
23. 马来西亚 槟城
24. 印度尼西亚 棉兰
25. 新加坡 大士
26. 印度尼西亚 雅加达
27. 澳大利亚 珀斯
28. 马来西亚 丰盛港
29. 文莱 冬古
30. 越南 山几港
31. 菲律宾 八打雁
32. 中国澳门 氹仔
33. 中国香港 深水湾
34. 中国 汕头
35. 中国台湾 房山
36. 中国台湾 头城
37. 中国 上海
38. 韩国 巨济
39. 日本 冲绳

质数森林

在 6 月 8 日的时候，我们接触了伍德尔数，它们就是形式为 $W_n = n \times 2^n - 1$ 的数。最先的几个数是 1，7，23，63，159，383… 最先的几个伍德尔质数项是 $W_2 = 7$，$W_3 = 23$ 及 $W_6 = 383$。

当我们算到第 249 个伍德尔数时，我们得到了 W_{249}=225 251-798 594 466 661 409 915 431-774 713 195 745 814 267 044-878 909 733 007 331 390 393-510 002 687，它也是个质数。也许你应该就这样相信我。

249

1766 年的这一天，化学家、物理学家约翰·道尔顿（John Dalton）诞生。

整个儿"因特网"这件事 ……

不管你是否相信,在 20 世纪 90 年代早期,很多人认为互联网只是处在极客流行文化的边缘,且会马上"过时"。也难怪 —— 在 1993 年,仅仅有 0.3% 的人在使用互联网。

事实上,直至 1997 年,这个数据才达到一个整百分比,而到了那年年底,就已经有庞大的 7000 万使用者了(这只比现今土耳其的人口少一点),或者说有大约 1.7% 的人口在"上网"。

可以这么说,从那之后,互联网开始迅猛发展。现今,有超过 2 925 000 000 人在互联网星球上消磨时光,而且,几乎没有人能想象如果没有互联网我们的世界将会是怎样。

比较著名的网站之一,谷歌(顺便说一下,它直至 1998 年才被创立),现在每秒处理超过 40 000 个搜索请求,相当于每年有 1.2×10^{12} 次搜索。我甚至已经不想猜测这其中多少次是在搜索猫的视频。

如果这还不足够惊人的话,看看这个:就在我完成这段文字的时间里,就有 981 005 925 个网站被搜索(你只管再去检查一次 —— 它肯定又增长了)。而这也仅仅是沧海一粟,如果与发出和收取的电子邮件相比:远远超过 1000 亿。

对于一个仅仅存在了 20 年的事物而言(至少它现在和以前大不相同了),你得承认互联网有很好的接受率!

250

一年中的第 250 天是 9 月 7 日

多种表示方法

250 可以被写作 2 个正立方数之和,或者可以以不止 1 种的方式被写作 2 个(不等的)平方数之和,那可真拗口!你可以找出所有这些表示方法吗?

3300,一个数中有什么?

对所有的国际象棋爱好者(更普遍地说是所有极客)来说,当 1997 年 5 月 11 日,世界上最伟大的国际象棋手加里·卡斯帕罗夫(Garry Kasparov)在走了 19 步以后认输时,时间都凝固了。当然,卡斯帕罗夫没有每一场都赢,毕竟,他只是凡人,但使这个时刻令人震惊的并不是世界冠军失败了,而是世界冠军败给了——一台计算机!

獏之野兽(Beast of Baku,译者注:即加里·卡斯帕罗夫的绰号)被"Deeper Blue"打败,后者是 IBM 国际象棋计算机程序的非官方名称,它是深蓝(Deep Blue)的升级版,而卡斯帕罗夫在之前一年打败了深蓝。纽约的新一轮比赛被拍摄为视频《人类大战计算机》(*The Man vs. The Machine*),卡斯帕罗夫赢得了第一场对弈,输了第二场,之后的三场虽然有很大优势却都以平局结束。在第六场对弈中,他出现了重大失误,然后,啊,一台机器打败了有史以来最伟大的国际象棋手,比分为 $3\frac{1}{2}-2\frac{1}{2}$!

我们永远无法量化深蓝的象棋能力,因为它没能和有排名的棋手进行足够多正式的对弈,但我们可以做以下的事情。它使用的是一个有 30 个节点的并行 RS/6000 SP Thin P2SC-based 系统,每一个节点包含了一个 120 兆赫兹的 P2SC 微型处理器,增强了 480 个独特用途的 VLSI 国际象棋芯片。它的国际象棋程序是用 C 语言编写的,用 AIX 操作系统运行,有能力每秒处理 2 亿个国

斐波那契数列可不说谎

如果我告诉你第 251 个斐波那契数的所有数位上的数字之和为 251,你可以计算斐波那契数一直到 F_{251}=12 776 523 572 924-732 586 037 033 894 655 031-898 659 556 447 352 249,或者我们也可以都相信吉姆·怀尔德(Jim Wilder)的话。

251

一年中的第 251 天是 9 月 8 日

在 1966 年的这一天,第一集《星际迷航(*Star Trek*)》在 NBC 上映。

獏之野兽对弈业余棋手时比
对弈深蓝时轻松得多。

际象棋位置分析！

在 1997 年 6 月，深蓝在世界最强大超级计算机排行榜上排名第 259 位，在高效能运算测试（High-Performance LINPACK benchmark）上得分 11.38 GFLOPS。老实说，我也不知道那是什么意思，但可以说，它肯定很强大！

我们无法给深蓝一个"数字"排名，国际象棋大师都是由一个名为世界国际象棋联合会（FIDE）的得分系统排名的。这是建立在美籍匈牙利裔物理教授阿帕德·埃洛（Arpad Elo）所创造的埃洛等级分系统（Elo rating scheme）基础上的。就像网球职业运动员和其他运动员一样，国际象棋棋手得到或失去分数取决于他们和其他棋手对弈的表现和对手的排名。如果你在一系列对弈中打败了排名比你高的棋手，你的埃洛得分会提高；如果表现得差，那么得分就会下降。

加里·卡斯帕罗夫的得分为 2800 左右，并且已经好几年在世界国际象棋界称王了。他最高的得分为 2851 分。现今世界冠军马格努斯·卡尔森（Magnus Carlsen）曾经得分高达 2889 分。

与之相比，2014 年计算机国际象棋冠军，科莫多（Komodo），曾经得分超过

252

它在看你呐，2-5-2

252 是最小的可表示为两个互为回文数的数之积的数。你可以理解这个等式所说的意思吗？

一年中的第 252 天是 9 月 9 日

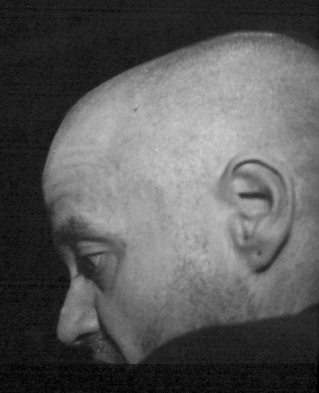

3300 分。比任何人类棋手曾经以及将来可能会取得的得分都高得多！

比这更令人惊奇的是——与深蓝和它的朋友们相比，评分最高的 iPhone 国际象棋应用程序，HIARCS，曾经在棋赛中打败了人类国际象棋大师，自称是世界上最好的掌上国际象棋程序，它的得分在 2900 分或更高——价格仅为 9.99 美元！

因此，在短短 15 年的时间里，我们从深蓝——一个将特殊功能的硬件和软件不可思议地结合在 IBM RS/6000 SP2 中，有 256 个同时运行的处理器，能够每秒分析 2 亿步棋且能预测 12 步棋的计算机，发展到了一个 9.99 美元的 iPhone 应用程序。好了，这就是我所说的进步。

同一天出生的双胞胎

在 1 月 23 日，你也许被那个悖论震惊到了，那就是当屋子里有 23 个任意选出的人时，有两人在同一天出生的可能性大于 50%。我们也讨论过在一个有着 187 个人的房间里，有 4 个人同一天生日的可能性大于 50%。

好啦，如果你觉得所有事情必须和你有关的话，为什么不呢，你需要 253 个人，除了你自己，以使整个屋子里有人和你同一天生日的可能性大于 50%。

253

短信？我的天！

还记得美好的老式短信吗（那种在 WhatsApp 和 iMessage 发明以前的过去时光里的短信）？它们最多有 160 个字母，占用 140 字节，因为在这个短信系统中每个字母只用 7 比特，而 1 字节有 8 比特。

想象一个老式 10c 短信 —— 它占用的空间肯定比你想的多得多。1 兆字节中含有 1 048 576 个字节，而那相当于 1 048 576÷140=7490 条信息可以被一兆字节传播。

每一条 10c 的短信，意味着**每兆字节** 749.00 美元。

从长远来看，就像莱斯特大学（University of Leicester）的奈杰尔·班尼斯特博士（Dr Nigel Bannister）指出的，这比估算的哈勃太空望远镜传输成本贵了 42 倍。

对，这挺有趣，但是，我的天，亚当，IRL（译者注：短信语言，即 in real life，意为"在现实生活中"）怎么样呢？好吧，孩子，那样的话，将你较小尺寸（3MB）的自拍照发给 M8（译者注：短信语言，即 mate，朋友的意思），将花费 2247 美元！

254

一年中的第 254 天是 9 月 11 日

肥硕的比萨

你能够将一个比萨切成的（当然是标准的直线，你不会想与桌子平行着切，或者用什么其他古怪的方式）最多块数和三角形数紧密相关（见 11 月 12 日，有图表）。254 是比萨能被切割的最多块数，那么是切几刀呢？

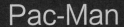

Pac-Man

设计 Pac-Man 时假定它能永久运行。然而一个错误阻止它一直这么运转。当你吃到第 255 关的时候，游戏失灵了。部分原因是 Pac-Man 将你现有的信息保存在单独的字节中（即 8 位），因此无法"计数"到第 256 关。它没有在屏幕右下角显示 7 个可爱的小水果，让你在下一关尝试吃掉，而是显示了 256 个水果，因而产生混乱。

因此，玩家无法吃掉所有圆点，然后升级到下一关，这被 Pac-Man 热衷者称为"乱码画面（kill screen）"。

如果你在此关之前得到所有可能的分值，且没有失去一次生命，那么你就获得了"完美" Pac-Man 得分，即 3 333 360 分。要想知道更多，请观看超棒的 arcade doco King of Kong（一款游戏）。

255

一年中的第 255 天是 9 月 12 日

密码的威力

最后，我们谈谈关于金钱这样一个微妙的话题。或者至少是和钱相似的东西，但有点儿不同。可以这么说吧。在 2009 年，我们的经济因为一种"第一个去中心化的数字货币（first decentralized digital currency）"而发生了永久的改变，它就是比特币（Bitcoin）。

世界上的传统货币都由政府发行，它们拥有强大的名称，如"中央银行"和"联邦储备"等。比特币在本质上和它们不同。它们和国家机构完全无关，是由比特币拥有者和使用者通过计算机网络生产和监测的。这听上去很怪异，但在一些方面，它就如同允许 torrent 分享文件的网络一样。

一般来说，国家银行可以发行或者收回货币，使它们进入或离开流通系统，如果它们的经济需要这样做。比特币却被创造得十分不同。要生成新的比特币，网络计算机必须完成巨大的数字运算任务。这就是人们所说的"比特币采集（Bitcoin mining）"。随着时间推移，这个任务变得日益艰巨，因此采集比特币也越来越困难。事实上，可以被采集的比特币总数被限制在 2100 万左右。这使任何银行或数字买家企图通过突然采集很多比特币来使其贬值变得没有可能。

你可以用传统货币，如美元、英镑、日元或其他货币来买下比特币，又被称为"satoshis"（译者注：satoshis 即中本聪，他是比特币的开发者兼创始人）。

256

一年中的第 256 天是 9 月 13 日

怎样成为完美

我们先前接触过完美数（1 月 6 日和 1 月 28 日）。好吧，事实证明，除了第一个完美数 6，所有其他完美数都等于最小的 2^n 个奇数的立方之和，对于某数 n 来说。

故 $28=1^3+3^3$，也就是最小的 2 个奇数的立方之和，而 $496=1^3+$ $3^3+5^3+7^3$（最小的 4 个立方之和）。

嗯，最小的 256 个奇数的立方之和也是一个完美数。

$$\sum_{k=1}^{256}(2k-1)^3=1^3+3^3+\cdots+511^3$$
$$=8\ 589\ 869\ 056,$$

即第 6 个完美数。

你为这些比特币付的钱会上升或下降，这取决于此刻它的需求量，这与美元兑菲律宾比索每天的汇率变动是一样的概念。在比特币刚被发明的时候，它们的价值波动很大。

作为计算机网络的一部分，比特币的每一次交易都被记录，且整个网络都被告知 —— 因此单独一台计算机崩溃或丢失数据不会使整个系统停止运行。

因为比特币以与中央银行完全独立的形式存在，所以用它们来交易能避免传统银行的收费。也就是说它能让你隐藏资金交易痕迹，这使这种"密码货币"对那些想要洗黑钱的"可疑人物"十分具有吸引力。

比特币是金融界的一次翻天覆地的变化。但它总体上的极客本质，以及它如此新潮的概念，使它现今在国际经济舞台上仍扮演着一个较小的角色。

至少是现在……

梅森数

257

梅森认为 $2^{257}-1$ 是一个梅森素数，但它之后被证明其实是个合数。但你可以原谅他不知道 $2^{257}-1$ 可以被因式分解成 535 006 138-814 359 × 1 155 685 395 246 619-182 673 033 × 374 550 598 501-810 936 581 776 630 096 313- 181 393，那还早在 1644 年呢，你怎么会不原谅他呢？

一年中的第 257 天是 9 月 14 日

数字中的
伦敦

1916 年
哈罗德（Harrods）百货公司停止销售可卡因和海洛因的年份。

1
伦敦公交车颜色的种数。在 1907 年之前不同路线的公交车有不同的颜色。

2
名字中有 5 个元音字母的伦敦地铁站——South Ealing 和 Mansion House。

335 赫兹
大本钟报时声音的频率，这个 13.5 吨重、2.3 米高的巨型时钟位于威斯敏斯特大教堂的钟楼上。

258
一年中的第 258 天是 9 月 15 日

重复的质数

你可以把今天当作是一年的第 258 天，在澳大利亚，我们将它写作 15/9。你可以将 258 写作 4 个连续质数之和，然后将 159 写作 3 个连续质数之和吗？提示：有一个质数在两边都出现了。

26

在英国皇家铸币局进行"货币样品箱年检"时雇佣来称量硬币的金匠人数,他们由王室债务征收官监督。

320

伦敦出租车司机必须熟悉的基本线路的条数,才能通过难度非常大的测试"the Knowledge",这次考试包括了25 000条街道和20 000个路标。

公元 43 年

最初罗马人建立殖民地(现在的伦敦)的年份。

1

威斯敏斯特大教堂中打靶区域的个数。那里还有8个酒吧,6个餐厅,1000个房间,100个楼梯,11个庭院和一个发廊。奇怪的是,2008年,《每日邮报》(Daily Mail)报道,在威斯敏斯特大教堂中死亡属于非法。不过他们没有提到会受到什么惩罚。

一百万个一百万

当你还是个孩子的时候,"一百万个一百万"听上去要多大有多大。我的小女儿奥利维亚无疑认为它惊人的巨大。嗯,那么"一百万个一百万减去一"也几乎一样巨大。证明一下259是"一百万个一百万减去一"的一个因数。

现在,与"一百万个一百万减去一"相比,"一百万减去一"看上去就小巫见大巫啦。你也可以使用长除法验证259也是这个数的一个因数。

259

一年中的第259天是9月16日

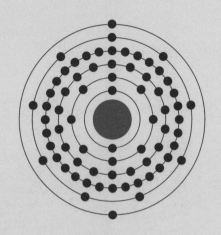

镥

（Lutetium）

镥于 1907 年被在巴黎索邦大学工作的法国化学家、雕塑家、画家乔治森·厄本（Georges Urbain）发现。奥地利矿物学家卡尔·奥尔·冯·维尔斯巴克（Carl Auer von Welsbach）男爵和美国化学家查尔斯·詹姆斯（Charles James）也在大约同一时期发现了它。但在一次次来回比较中，人们同意是厄本先发现了镥。它的名字源于 Lutetia，即罗马人对巴黎的称呼。

镥是最后一个，且最重的所谓的"稀土"元素。

260

一年中的第 260 天是 9 月 17 日

在 1826 年的这一天，数学家波恩哈德·黎曼（Bernhard Riemann）诞生。

幻方

一个 8×8 幻方的每行、每列、每条对角线上的常数都是 260。我们是这样计算的，首先算出 1+2+3+…+64，也就是（1+64）+（2+63）+（3+62）+…+（32+33），而这很显然等于 32 个 65。因此所有小方格之和为 2080。如果 8 行上的数加起来都相等，那么它们

加起来都等于 2080/8=260。

52	61	4	13	20	29	36	45
14	3	62	51	46	35	30	19
53	60	5	12	21	28	37	44
11	6	59	54	43	38	27	22
55	58	7	10	23	26	39	42
9	8	57	56	41	40	25	24
50	63	2	15	18	31	34	47
16	1	64	49	48	33	32	17

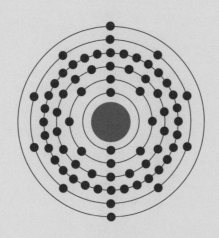

铪

（Hafnium）

铪喜爱吸引中子，它不易被腐蚀且熔点很高。因此铪和它的合金被用于核反应堆和潜艇中的"（核子）控制棒（control rod）"。但如果你在思考是不是可以买下一点儿铪作为礼物，那么 50 单位，或者说大小体面的铪将花去你 100 多万美元。

一些含有铪的物质极其耐热，因此它有时被用于制造火箭引擎和高温炉。还有，铪也被用于制造闪光灯泡 …… 还记得它们吗，孩子？不 …… 好吧 …… 问问你的家长吧。

得到一点儿超立方体（tesseraction）吧

一共有 11 种将一个立方体"拆开"的方式，如右图所示，它们也可以相应地被折回成一个立方体。如果你可以想象一个超立方体 —— 也就是四维空间里的立方体（别担心，我也没法儿真的想象出来）—— 一共有 261 种将它拆成 8 个立方体的方式。哇！

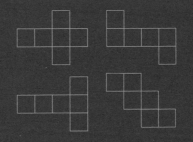

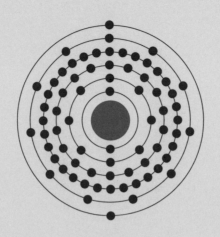

钽

（Tantalum）

钽的名字源于古希腊神话人物坦塔罗斯，他是西西弗斯的国王（King of Sisyphus），也是尼俄柏（你会从铌的故事中想起他）的父亲。作为在一次晚宴中失礼（faux pas，查查这个词，这是个迷人的词）的惩罚，坦塔罗斯被罚永久处在无法够到食物和水的地方。

1802年，失聪的瑞典化学家安德斯·埃克伯格（Anders Ekeberg）将这个坚硬、蓝灰色的金属命名为"tantalum"，其中一个原因就是它即便被浸泡在酸性液体中也无法饱和。

262

一年中的第 262 天是 9 月 19 日

曲流数（Meandric numbers）

如果在一条笔直的河流上横架着 6 座桥，你"蜿蜒（meander）"经过这 6 座桥，并满足最终回到起点，且没有走回头路的路线有 8 条。

如果有 10 座桥，一共有 262 种蜿蜒而过的方式，因此我们称 262 为曲流数。

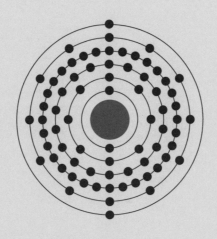

钨

（Tungsten　W）

　　这种名为钨的坚硬且稀少的金属在元素周期表中排名第 74 位。它的名字来源于瑞典语 tung sten，意为"坚硬的石头"。钨的熔点在 3400℃左右，而它的沸点则高达 5600℃，这是已知元素中沸点最高的。一些读者会记得钨被广泛应用在灯丝中 —— 在 LED 灯、卤素灯以及其他高级且节能的灯泡出现在市场上之前。

3456789101112131415161718192021222324252627282930313233343536373839404142434445464748495051525354555657585960616263646566676869707172737475767778798081828384858687888990919293949596979899100

263

质数选手

　　263 是一个质数，也是许多不同种类的质数的其中一个例子。实际上，263 是一个非正则质数（irregular prime），也是艾森斯坦质数（Eisenstein prime）、长质数（long prime）、陈质数（Chen prime）、高斯质数（Gaussian prime）、快乐质数（happy prime）、性感质数（sexy prime）、平衡质数（balanced prime）、拉马努金质数（Ramanujan prime），以及希格斯质数（Higgs prime）。如果你正在思考，一个质数怎么会同时既性感又安全，是时候查查每个词的意思啦。

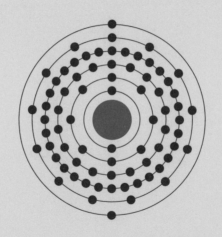

铼

(Rhenium)

铼是唯一一个以河流命名的元素。拉丁语 Rhenus 是莱茵河（Rhine）的名字，它是一条美丽的欧洲河流，发源于瑞士的阿尔卑斯山，蜿蜒流经德国，然后到达荷兰，最终流入北海。

虽然你可能从未听说过铼，但你的房子里很有可能就存在铼。它最有可能出现在灯泡或烤箱灯的灯丝里。由于它超高的熔点，它最常被用于喷气式飞机、军事装备和火箭引擎的制造中。

264

一年中的第 264 天是 9 月 21 日

264

它可以被写作所有用数字 2，6 和 4 组成的两位数之和，它还可以被写作 10 个连续质数之和。

你能找出这两种表示 264 的形式吗？

而且，如果你正在寻找其他几种表示 264 的超酷的方式的话，以下的怎么样啊：264=77+88+99，且 264=33+55+77+99。嘿，不差吧？

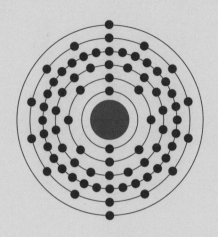

锇

（Osmium）

　　锇会发出恶臭 —— 真是这样。当一个锇原子接触到 4 个氧原子时，四氧化锇就产生了，它的气味被描述为"刺激且辛辣"。锇的名字源于单词 osme，即希腊语"气味"的意思。

　　不仅仅是这样，当 OsO_4 和人类手指上的油脂接触时，2 个氧原子离开，留下了 OsO_2，它会产生黑色的沉淀。这就是为什么发出恶臭的四氧化锇曾一度被法医用于寻找人类的指纹。

重排（de-range）之家

　　早在 2 月 13 日的时候，我提到了数字 1,2,3,4,5 可以用 44 种不同的方式排列，满足没有一个数在正确的位置上。这被称为 5 个物体的 44 种"重排（derangements）"，有时我们将它写作 !5=44，读作"5 的子阶乘（subfactorial 5）"。

你好！我们的名字是——

　　如果 6 个人参加一个会议，并且决定"通过交换我们的名字卡，使所有人都佩戴错误的名字，来愚弄所有人"，他们可以用 !6=265 种不同的方式做到。恶作剧专家！

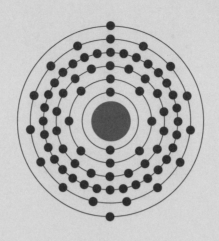

铱

（Iridium）

今天，我们使用非常精确而高科技的科学手段定义 1 米。在以前，我们用的是元素氪原子光谱上的一条直线，或者光在真空中传播的距离来测量，1 米的标准测量是在冰熔点时，一根含 90% 铂（Platinum）、10% 铱的棒上的两个记号之间的距离。铱在此处被使用，是因为它是所有已知金属中最抗腐蚀的。

铱和锇配对（并不惊奇）生成锇铱矿（osmiridium），虽然它听上去好像是一种澳大利亚嬉皮士的隐居的生活方式，但事实上你可以在水笔笔尖以及指南针针头上找到它。

266

一年中的第 266 天是 9 月 23 日

放弃那个进制

我们用十进制系统计数，意思就是数字 7563 代表着 3 个 1 加 6 个 10，再加 5 个 10 乘 10（即 100），再加 7 个 10 乘 10 乘 10（即 1000）。如果我们用十一进制系统计数，那么 266 就是 $2 \times 11 \times 11 + 2 \times 11 + 2$，因此我们说 266 在十一进制中是 222。

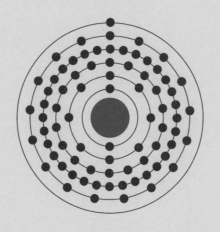

铂

（Platinum）

　　"白金"这个名词在当今很流行，它用来描述巨大销量的 CD 或 DVD，拥有豪华信用卡以及高端航空公司频繁飞行的人的地位。然而，这个元素事实上是在底比斯（Thebes）地区出土的公元前 7 世纪古埃及墓葬的棺材中发现的，它是为了纪念沙葡娜匹特王后（Queen Shapenapit）制造的。我不知道老沙葡娜匹特是不是个好王后，这你得去问埃及考古学家。

　　虽然化学元素的名字被拉丁语和希腊语统占，但铂源于西班牙单词 platina，意为"小块银"。

巨大的数字

　　1920 年，9 岁的米尔顿·西罗蒂（Milton Sirotta）将 1 后面有 100 个 0 的数命名为 "googol"。如果你从 1 googol 开始数，那么你将遇到的第一个质数是：10000 00000000000000000000000000 00000000000000000000000000 00000000000000000000000000 00000000000000000000000000 000000000000000000267。

267

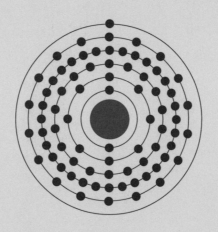

金

（Gold　Au）

　　史上发现的最大块金块，名为"欢迎陌生人（The Welcome Stranger）"，质量为 109 千克，它是如此巨大，以至于被分成 3 块，才让它得以上秤。它于 1869 年在澳大利亚维多利亚州的莫里格（Moliagul）小镇被发现，仅仅在距离地面 3 厘米处。从那以后，所有我们发现、分离、凝视过的金子惊人得少。所有金的数量大约可以放入一个边长仅为 20 米的立方体中，当然允许一定的估算偏差。

　　南极洲的埃里伯斯火山（Mount Erebus）至少从 1972 年开始就一直很活跃，并且，它喷射出金粉尘和其他化学物质！

268

一年中的第 268 天是 9 月 25 日

继续，你能行的

　　证明 268 的各数位上数字的乘积是它们之和的 6 倍。一旦当你完成了证明之后，你可以从数字 1 开始，直至 267，一个一个地试，看这个性质会不会对它们也适用，或者你也可以相信我的话，即 268 是像这样的最小的数。

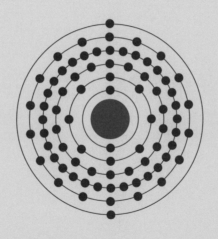

汞

（Mercury　Hg）

汞的化学符号是 Hg，这源于拉丁语单词 hydrargyrum，意为"液态银"。它意指汞（和溴一样）是仅有的 2 个常温下呈液态的元素之一。

制作毛毡帽的工人以前经常需要将动物毛发浸入硝酸汞中。这种接触使他们患上很多病症，包括浑身颤抖和举止怪异，它们被称作"帽匠颤抖（hatter's shakes）"。我们所说的俚语，"像帽匠一样疯狂（mad as a hatter）"就是从这个不幸的情况中产生的。

都包含在这表示中啦

在澳大利亚日期表示法中，9 月 26 日或 26/9 正好是一年中的第 269 天。这是一年中唯一可以如此表示的一天。

将尖牙集中到一起

269 是 2 个不同吸血鬼数的"尖牙"。如果我告诉你另一个尖牙含有数字 1，2，4，5 和 8，你能得出这 2 个吸血鬼数，以及与 269 配对的 2 个尖牙吗？注意，这绝不是一个"愉悦"的问题！

269

一年中的第 269 天是 9 月 26 日

1905 年的这一天，阿尔伯特·爱因斯坦（Albert Einstein）发表了他关于狭义相对论的论文。

每过一秒，维基百科上
就有 6 篇新文章产生。

还有，人们 1/7 的上网时间是
花在 Facebook 上的。

270

调和平均数（harmonic mean）

一组数列 x_1, x_2, x_3······x_n 的调和平均数由以下这个可怕的公式得出：

$$H = \frac{n}{\frac{1}{x_1} + \frac{1}{x_2} + \frac{1}{x_3} + \frac{1}{x_4} \cdots + \frac{1}{x_n}}$$

6 的因数是 1，2，3 和 6，故 6 的因数的调和平均数是 4/（1/1+1/2+1/3+1/6）=4/2=2。

一个整数因数的调和平均数等于一个整数是十分罕见的。

嗯，这有点儿难证明，但你如果算出 270 所有 16 个因数的调和平均数，你将会得到 H=6。

继续吧，我打赌你不敢。

现在的孩子们……

2015 年的上半年，一则小小的搞笑的数学漫画风靡全球的网络、电视和报纸。

根据这个帖子，亚洲的学龄儿童非常小的时候就可以在学校回答惊人难的数学问题了。这个网站对"可怜而愚蠢"的西方读者发出挑战，让他们尝试并解决这些问题，这激起了文化危机感和数学弱势感。我并不在意这些问题是否真的能被日本刚出生 6 秒的孩子回答出来，但你们自己试着做做看，一定很有趣。这里是 3 个例子，以及一个更加古老的经典问题。

你会在此书的最后找到所有问题的答案。但是，嘿，你比一个 9 岁的有点儿爱数学的北京孩子要聪明……是吗？

271

哦，我的天啊，那真是太长了

271 是一个质数，并且它也是 11 个连续质数之和。你能找到这 11 个和为 271 的连续质数吗？

一年中的第 271 天是 9 月 28 日 1928 年的这一天，生物学家亚历山大·弗莱明（Alexander Fleming）发现了青霉素（penicillin）。

以下宣称是为 8 岁的越南保禄市高地镇儿童所出的题目

你需要将数字 1 到 9 填写到以下的空缺中，使等式有意义，计算符号要遵循的顺序为 —— 先乘，再除，然后加，最后减。

		−		66
+	×		−	=
13	12		11	10
×	+		+	−
÷	+	×		÷

272

普洛尼克数（Pronic number）

272 是一个普洛尼克数，或称之为欧波朗数（Oblong number）。这是一种可以表示为两个连续整数之积的数，例如，6=2×3，以及 42=6×7，它们都是普洛尼克数。

272 是一个普洛尼克数吗？它当然是啦……尝试自己证明。

普洛尼克数也被称为"矩形数（rectangular number）"，因为如果你画一个图，它十分接近正方形，但却不是一个正方形。

新加坡小学五年级学生(后来被升级为 14 岁学生)的奥林匹克试题

阿尔伯特和伯纳德刚刚成为谢丽尔的朋友,他们想知道她的生日是什么时候。谢丽尔给了他们 10 个可能日期:

5 月 15 日,5 月 16 日,5 月 19 日

6 月 17 日,6 月 18 日

7 月 14 日,7 月 16 日

8 月 14 日,8 月 15 日,8 月 17 日

谢丽尔告诉阿尔伯特她出生的月份,并告诉伯纳德她出生的日期。

阿尔伯特说:"我不知道谢丽尔的生日,但我知道伯纳德也不知道。"

伯纳德说:"起先,我不知道谢丽尔生日的日期,但我现在知道了。"

因此阿尔伯特说:"好了,现在我也知道谢丽尔生日的日期了。"

所以,谢丽尔的生日是哪一天?

绝对零度

273

低于零下 273℃一点(绝对零度是 −273.15℃或 −459.67 ℉)是如此寒冷,以至于这个温度被认为是不可能得到的,因为理论上原子在这个温度会停止运动。

因此当澳大利亚教授安德里亚·莫雷洛(Andrea Morello)将两个种类的液氦混合物在他的稀释冰箱(dilution fridge)中冷却到绝对零度以上 0.007 度时 —— 一个比宇宙背景温度还要明显寒冷的温度 —— 那可真酷。

一年中的第 273 天是 9 月 30 日

1882 年的这一天,物理学家汉斯·盖革(Hans Geiger)诞生。

香港小学一年级的学生被要求在 20 秒内回答这个问题!

这辆车的停车位号码是多少?

别忘了 —— 你有 20 秒的时间,你的计时现在 …… 开始了!

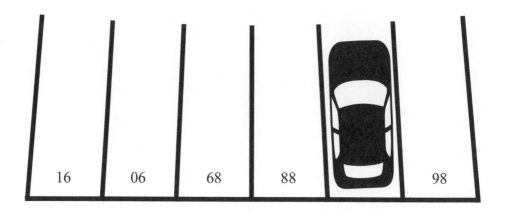

| 16 | 06 | 68 | 88 | | 98 |

274

一年中的第 274 天是 10 月 1 日

泰波那契数列(Tribonacci series)

274 是一个 "泰波那契数字"。泰波那契数列和斐波那契数列很相似,但它不是由 2 个确定的项开头的,而是由 3 个已经确定的项开头的,之后的每一项都是由前 3 项之和得出的。

前几项泰波那契数字为 0,0,1,1,2,4,7…7 是由 1+2+4=7 得来的。

计算一直到 274 的泰波那契数字。

9 个女学生的问题

不是这里所有的难题都是在 2015 年上半年出现的。挑战你大脑中的灰质，尝试解决这个 1850 年经典的"9 个女学生的问题"吧。

学校中 9 个女学生以 3 人一组的形式连续 4 天走出校门。你作为老师，必须将女学生排列正确，使没有两个女学生在同一组超过 1 次。

当然了，书后有答案。

不完全分拆（partial partitions）FANCI PANTS

275

一年中的第 275 天是 10 月 2 日

数字 10 可以用 42 种方法分拆。在这其中，包括了 10=2+2+2+2+2，以及 10=2+2+3+3，它们是没有一个部分只出现一次的分拆，不同于 10=4+3+3，这里只出现了一个 4。数字 28 有 275 种分拆方式，满足其中所有的方式都没有一个部分只出现一次。

275×719=197 725 且 275/374=25/34，这使 275 成为一个既是"尖牙"又是异常抵消的整数，或者称之为一个"FANCI"数。这是我刚刚命名的词，也许永远都不会流行。顺便提一下，还有另外 3 种可以异常抵消的三位数，包含 275。你可以找到它们吗？

2011 年，
一只北极熊游了 687 千米，
历时 9 天，

为了寻找在北阿拉斯加波弗特海（Beaufort Sea）附近的冰山。

276

没法回去了

如果我们定义 S(n) 等于 n 的所有因数之和［因此 S(8)=1+2+4=7］，然后继续一直对所得的数求 S，最终你会得到 1，或者回到你已经得出的一个数。

一些数字（完美数）马上就开始循环了，例如 S(6)=6。最普遍的循环长度为 2［友数（amicable），或称为婚约数（betrothed）］，举个例子，S(220)=284 且 S(284)=220。我们也发现了长达 4 个数的循环，但每个数最后都会到达一个循环中去……几乎都是如此。

看上去数字 276 是一个特立独行的数，它最终没有到达一个循环，这是我们所遇到的第一个这样的数。

是时候了,把你的极客本质显露出来

几年前的一个圣诞节,我的孩子们给我这个时钟礼物时,我就知道我是她们眼里的数学极客了:

请做你自己

277 是最大的质数"自我数(self number)"。自我数是无法用另一个质数和那个质数各数位上的数字之和表示的整数。

举个例子,21 不是一个自我数,因为它可以被表示为 15 和它各数位上的数字之和,也就是 21=15+1+5。而没有类似的数字之和等于 20,故 20 是一个自我数。下一个自我数是 367,它太大了,以至于无法被写进本书中。

一年中的第 277 天是 10 月 4 日

1957 年的这一天,人造卫星 1 号(Sputnik 1)发射进入轨道。

如果你想在厨房门口竖一个这样图案的极客旗子，可以在网上找到，只需要在搜索引擎中输入"突击测验时钟（pop quiz clock）"就好了。或者至少自己看一看钟面，并让自己相信钟面上的表达式表示1,2,3…12。

但那绝不是唯一的极客时钟——这真的不可能！

下一页的时钟被称为是"简单如1-2-3"时钟，因为上面1到12的每个数字都是由数字1,2,3用数学计算表示出来的。

例如：

$12/3 = 4$，且$\sqrt{(1+2+3!)} = \sqrt{(1+2+3 \times 2 \times 1)} = \sqrt{9} = 3$。

你可能对10点的$\sqrt{3}$和11点的$\sqrt{123}$两侧的像括号一样的表示符号不怎么熟悉。

在10点的符号被称为"向上取整"，或者是"$\lceil x \rceil$"，这表示大于等于x的最小整数。

所以$\lceil 7.56 \rceil = 8$，

同样地，在11点的地方，我们看到的这个符号称为"向下取整（floor）"，$\lfloor x \rfloor$（读作"x向下取整"），它表示小于等于x的最大整数。

所以$\lfloor 7.56 \rfloor = 7$。

知道了所有这些，你可以确认这个钟面是正确的吗？

278

278

$278 = 2 \times 2 \times 2 \times 2 \times 2 \times 2 \times 2 + 22$。

证明给你自己看，277^2和278^2分别包含了数字2,7,7和2,7,8。

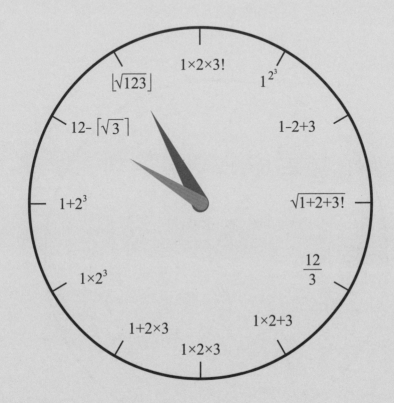

逐渐消失的华林

我同意,要你随机取一个整数,然后将它表示为某些数的8次方,这是不太可能的事儿。不管你怎样选择,我必然推荐数字1。事实上,作为一个可靠的向导,我得提醒你华林问题(Waring's problem),即任意一个正整数都是至多279个8次幂之和。

这是一个每一个整点都用 3 个 9 来表示的钟面。

只要你知道在 7 点整上的那个 $.\overline{9}$ 加表示的是 0.9999… 相当于 1，那么就没问题啦。

调和数（Harmonic number）

调和数的定义为：

$$H_n = \sum_{k=1}^{n} \frac{1}{k}$$

$H_1=1/1$, $H_2=1+1/2=3/2$,
$H_3=1+1/2+1/3=11/6$…

尝试自己证明第 8 个调和数，H_8 的分母是 280。

我所见过的最难的钟面是在我的一个在全世界开展数学讲座的朋友的办公室里。所以它非常复杂并不令人惊奇。

要理解这个钟面,你需要了解相当多的数学知识。

振作起来······

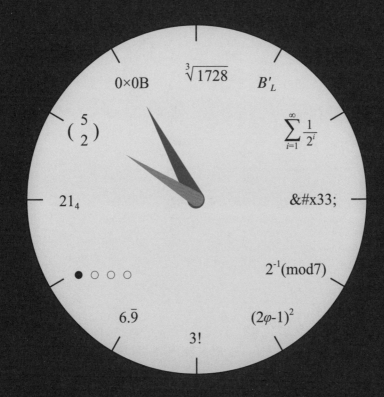

像质数一样的派对

281 是一个质数,且是最小的 14 个质数之和,那就是说 281 =2+3+5+7+11+13+17+19+23 +29+31+37+41+43。

如果前 k 个质数之和仍是质数这个现象使你兴奋,那么我告诉你,281 是第 6 个这样的数,也是一年中的最后一个,让我们尽情狂欢吧。

现在,万一你没能马上解决所有问题,我这儿有作弊的小抄。

1. B'_L。表盘中最难的数字之一,勒让德常数(Legendre's constant)给我们展示了当质数十分大时,它们分布得非常稀疏。

2. 这个表示相当于 2=1/1+1/2+1/4+1/8+1/16+… 就等于将 2 平分为 1 和 1,然后将其中的一半分成 1/2 和 1/2,接着将其中的一半分为 1/4 和 1/4,这样永不停息地分割!

3. 3 在 HTML(超文本标记语言)中是 3 的意思。

4. 当我们用模 7(mod 7)来计数时,我们一直计到 6,接下去一个数字就是 0,然后重新开始。所以在模 7 中,23 这个数字就等于 2,因为你在数到 21 时三次数到 0,还留下 2。2^{-1}(mod 7)是 0 到 6 之间的一个数字,当它乘 2 时会得到一个模 7 余 1 的数。很显然 4 可以,因为 2×4=8,而 8 是模 7 余 1。

5. 这里的 φ 是黄金比例,或者说是 $(1+\sqrt{5})/2$。验算一下,$(2\varphi-1)^2=5$。

6. 3!=3×2×1=6。

7. $.\overline{9}$ 表示 .9999…=1,因此 6.9999…=7。

8. 这是二进制的表达方式。在二进制中你只能用 0 和 1,所以数字 1,2,3,4,5,6,7,8 变成了 1,10,11,100,101,110,111,1000。所以在二进制中 8=1000,在钟面上○表示 0,而●表示 1。

282

一年中的第 282 天是 10 月 9 日

在 1873 年的这一天,物理学家卡尔·史瓦西(Karl Schwarzschild)诞生。而就在这之前的 17 年,克莱门特·阿德尔(Clément Ader)完成了第一次动力飞行。

平面分割(plane partition)

9 个物体一共有 282 种平面分割方式。(平面分割指的是二维整数组 $n_{i,j}$,满足从左到右、从上到下都不递增,且加起来等于给定数 n_0。)这听起来比看上去复杂多了;这儿有一个平面分割 22 的图像,就像他们所说的,胜过 1000 个字的描述呢。

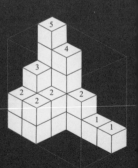

9. 我们一般都用十进制，因此我们说 37 相当于 $3 \times 10 + 7$。21_4 意为用四进制表示 21，换算得 $2 \times 4 + 1 = 9$。

10. 这个符号用于表达从 5 个球中随意选 2 个的不同方式的数量。有 10 种从 $\{1,2,3,4,5\}$ 中选出一对数字的方法。也许你想试试写出所有的 10 对数? 或许你并不想;–)

11. 这一次我们在十六进制中，因为 16>10，所以当我们到达 9 时，必须用其他单个数字表示了，因此我们用上了字母。所以在十六进制中数到 16，我们开始：1,2,3,4,5,6,7,8,9,A,B,C,D,E,F，这之后我们开始数 10,11,12，以此类推。所以在 16 进制中，0B=11。0x 告诉我们在电脑编程时我们用的是 16 进制。

12. $12 \times 12 \times 12 = 1728$，因此 1728 的立方根是 12。

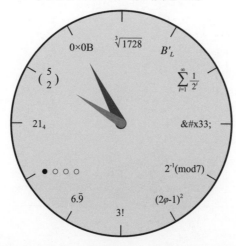

认出一对双胞胎

如果我告诉你 283 是一个孪生质数，你能马上告诉我它的孪生兄弟是哪个数吗? 为什么?

所有指数相加

283 可以被表示为它各数位上的数的幂的和，也就是说，$283 = 2^a + 8^b + 3^c$，a, b, c 都是整数。你能找出 a, b, c 的值吗?

283

一年中的第 283 天是 10 月 10 日

10 个让数学家颤抖的数字 …… 你大概从没听说过

　　首先，我需要强调这些并不是所有人公认的"最刺激的 10 个"鲜为人知的数字。如果你邀请 10 个数学家来参加晚餐派对（这样不会出大乱子吗？），你会得到 10 个不同的关于哪 10 个数应该在列表上的论点，但这些数字着实非同寻常 …… 相信我。

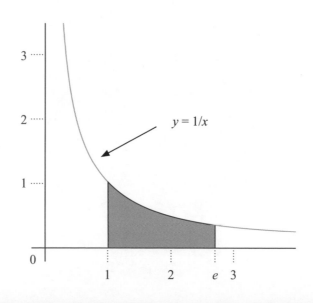

$y = 1/x$

永远不会有足够的朋友

　　284 是一个友好（amicable 或 friendly）数，它的搭档是 220。220 的所有因数之和等于 284，而 284 的所有因数之和等于 220。毕达哥拉斯熟知友好数，且给它们冠以很多神奇的性质。能推导出这些数的通用公式是由塔比·伊本·库拉（Thābit ibn Qurra）（大约 830~901）在大约公元 850 年发明的。

e=2.718281828459…

看看对面页的图像。数字 e 是数轴上的点，而 x 轴、双曲线 $y=1/x$、竖直线 $x=1$ 和 $x=e$ 所围成的图形的面积为 1。

我们都听说过 π，即圆一周长度（周长）和宽度距离（直径）的比值。除了 π 以外，e 是第二个在数学各个领域都很重要的数字。如果你还记得高中时代学过的 e，干得好。对很多人来说，这充其量是一个模糊的记忆。

e 是 我 们 所 知 道 的"无 理 数"，它 的 小 数 部 分 的 前 面 几 位 是 $e=2.718281828459\cdots$

对于这样一个简单、无辜，甚至看起来很随机的数字，e 在数学中的出现率很高，特别是在微积分中。e，你棒极了！

一些计算 e 的超酷的方式：

$$e=\sum_{n=0}^{\infty} 1/n!=1+1+1/2+1/6+1/24+1/120+\cdots$$

也可以表示为 $e=\lim_{n \to \infty} (1+\frac{1}{n})^n$

因此这个数列 $(1+\frac{1}{1})^1$，$(1+\frac{1}{2})^2$，$(1+\frac{1}{3})^3\cdots$ 越来越接近 e。快抓一个计算器来，用点儿电子暴力，检查一下 $(1+\frac{1}{10\,000})^{10\,000}$ 和诸如此类的项是多少。

285

285 是 一 个 四 角 锥 数（square pyramidal number），就 像 一 堆 炸 弹，或 者 底 为 正 方 形 的 一 堆 橙 子。一 堆 9 层 高 的 橙 子 堆 一 共 有 285 个 橙 子。这 也 等 同 于 说 $285=1^2+2^2+3^2+\cdots +8^2+9^2$，即前 9 个数的平方之和。

一年中的第 285 天是 10 月 12 日

1.644934066848226⋯

诚然,它看上去就像其他任何长长的数,但对于数学家的眼睛来说,它是特殊的。1.644934⋯ 等于 $\pi^2/6$。那又怎样? 我听到你问了。好吧,在 1735 年,一个名叫莱昂哈德·欧拉的出类拔萃的年轻数学家因为证明这个而迅速声名鹊起:

$$\frac{\pi^2}{6} = \sum_{n=1}^{\infty} \frac{1}{n^2} = \frac{1}{1^2} + \frac{1}{2^2} + \frac{1}{3^2} + \cdots$$

在证明这个的过程中,他解决了巴塞尔问题(Basel problem)。

这个无限数列缓慢地收敛。我们这里的意思是当你把前 10 项加起来,$\frac{1}{1^2} + \frac{1}{2^2} + \frac{1}{3^2} + \cdots + \frac{1}{10^2}$,你会发现它离 $\frac{\pi^2}{6}$ 还很远。你得加到很多项才会比较接近这个数。

1.618033989—— 黄金比例

$\varphi = (1 + \sqrt{5})/2 = 1.618033989\cdots$

我们说 2 个数成"黄金比例",即这两个数的比值等于它们的和与其中较大一个数的比值。嗯?

好吧,如果两个数 a 和 b 成黄金比例,且 $a>b$,这就是说 $(a+b)/a=a/b$,在这里这个比值等于 φ(读作 phi,它是希腊字母表中的第 21 个字母)。

286

一年中的第 286 天是 10 月 13 日

异常 / 抵消

286 有点儿特殊,因为它可以同时被当作分子和分母作异常抵消。因此我们需要找到 4 个三位数,3 个 X 和 1 个 Y。286/X 给我们提供了 3 种 286 作为分子时异常抵消的方式,而 Y/286 则产生了另一种。

它们挺难找到的,所以如果你遇到这些坏男孩的话,准备好结结实实的几拳吧。

　　看待黄金比例的一种非常美丽的方式是将它们放在"黄金矩形"中。如果 a 和 b 成黄金比例,那么当你把一个边长为 a 和 b 的黄金矩形和一个边长为 a 的正方形放在一起,新的以 $(a+b)$ 和 a 作为两边的矩形也是黄金矩形!

　　你可以不断地扩大这个图形,一个矩形接着一个矩形,并将它们相对应的边角连接,然后得到美丽的"黄金螺线"。

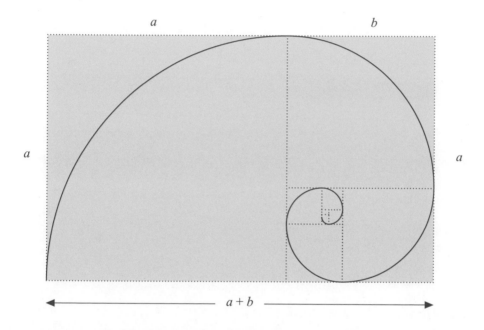

　　这个曲线永不停息地向内螺旋。曲线将要延伸进去的较小矩形是较大矩形的一个按比例缩小的缩小版。在较小矩形深处,还存在另一个更小的矩形,以此类推。

有时人们夸大了黄金比例的用途，宣称我们一幢古代的建筑，或者人体比例，都趋向于 φ。事实当然不是这样，但 φ 确实在很多地方出现。

还记得斐波那契数列吗？斐波那契数列 1,1,2,3,5,8,13,21,34,55⋯ 相邻项的比值收敛于 φ。因此让我们来看看这些比值：

$1/1=1$，$2/1=2$，$3/2=1.5$，$5/3=1.66⋯$，$8/5=1.6$，$13/8=1.675$，$21/13=1.615⋯$ 诸如此类，结果越来越接近 φ。

γ =0.5772156649

欧拉常数，也称为欧拉－马歇罗尼常数（Euler-Mascheroni constant），写作 γ（希腊字母的第 3 个，读作 "gamma"），它被定义为前 n 项分数之和与 n 的自然对数的差的极限。

$$\gamma = \lim_{n \to \infty} \left(\sum_{k=1}^{n} 1/k - \ln(n) \right)$$

我必须第一个承认，如果你不是学了相当多的数学知识，这个定义会让你胃部不适。

一个更简单且更直观的对 γ 的描述是：它是双曲线 $y=1/x$ 和覆盖在它上面的宽为 1 的矩形阶梯围成的图形的面积，就像这样：

288

一年中的第 288 天是 10 月 15 日

超级恶心

288 是 4 的 "超级阶乘（super factorial）"。"超级阶乘" 的意思并不是说它像我们曾接触过的阶乘数一样（例如 24）。

不，超级阶乘是另外一个概念。

你应该有能力算出 $1! \times 2! \times 3! \times 4! = 288$

我可以把它写作 4 $ =288

而在另一个方面，非常重要的一点是，数学专业的学生不会在公共场合说这个数，因为它是两个 gross。（译者注：一个 gross 等于 144，而 gross 在英文中也有 "恶心" 的意思，因此 two gross 谐音 too gross，即太恶心了）听得懂吗，两个 gross——一个 gross 等于 12^2 或 144，而 $2 \times 144 = 288$。真是强势的群众。

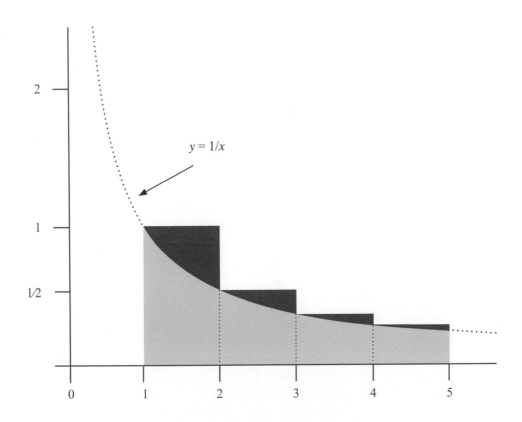

当曲线向右无限延伸的时候,深红色的块状面积越来越小,最终总面积趋向于 γ。

它大约等于 γ=0.5772156649… 并且,它会在微积分各种领域中出现。我们不知道它是有理数还是无理数,这意思就是不知能否将其写作一个分数的形式,抑或是无限不循环的小数,而这正是我将它放在这张列表中的原因!

289

弗里德曼数(Friedman number)

使用最基本的运算、括号和幂,如果你能仅用一个数各位上的数字来表示这个数,那么我们就称这个数为弗里德曼数。例如,$347=7^3+4,347$ 是一个弗里德曼数。类似地,$153=3\times51$,而 $125=5^{(1+2)}$,因此它们也是弗里德曼数。那么 289 是一个弗里德曼数吗?

一年中的第 289 天是 10 月 16 日

808 017 424 794 512 875 886 459 904 961 710-757 005 754 368 000 000 000—— 大魔群

|M| 的大小，即"大魔群"=808 017 424 794 512 875 886 459 904 961 710-757 005 754 368 000 000 000。

大魔群是数学中最令人震惊的发现之一。要理解它，我们必须进入"群论"的世界。群因对称而产生。以一个三角形举例，把它各顶点标上符号：

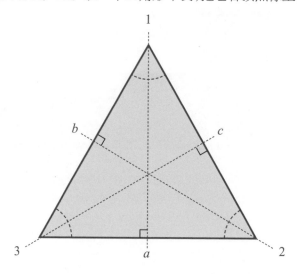

注意当我们将三角形绕着中心旋转 120°、240° 或者 360° 时，或者将它沿着它的"轴" a，b 或 c 翻折时，我们将得到一模一样的图形。因此这些动作保持了此三角形的"对称性"。

290

一年中的第 290 天是 10 月 17 日

290

是一个楔形数，也就是说，它是 3 个不同质数之积。它也可以等于 4 个连续质数之和。你能找出如何用上述方式表示 290 吗？

别碰我！

290 是 一 个 "不 可 及" 数（untouchable number）。我得提醒你，这不是指我认为它不好闻，这个意思只是说没有其他数像 290 这样，其所有因数相加等于它本身。

让我们把这些旋转记为 R_{120}，R_{240} 和 R_{360}。但让我们也将 R_{360} 命名为 1，因为 360° 的旋转和不旋转效果相同，而这就像是将三角形"乘"1。紧接着，让我们把关于相关虚线对称的图形用虚线自己的名字命名，即 a，b 和 c。

当你试着旋转和翻折这些组合时，你会发现执行其中任意几个步骤，就可以达到对称的目的，如 $R_{120}*a=b$。

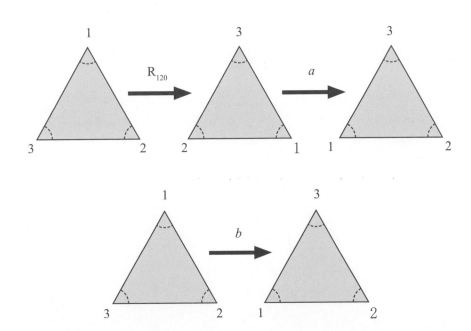

集合 R={1, R$_{120}$, R$_{240}$} 以及 S={1, a} 被称为封闭集合,因为你如果对集合中的项进行一些处理,你就能得到这个集合中的另一个项。举例来说,R$_{120}$*R$_{240}$*R$_{240}$=R$_{240}$ 以及 1*a*a*1*a=a。对称的总群 G={1, R$_{120}$, R$_{240}$, a, b, c} 中所有的项都可以通过对 R 中的一项和对 S 中的一项做一次动作得到,因此我们可以写作 G=RS。

R 和 S 被称为单群(simple group),有点像 G 的因数。不同的形状有不同的对称。要将一个正方形对应的 G 求出来也不是难事。在长达一个世纪的时间里,数学家中的"群论学家"希望知道所有可能的对称种类,他们越深入研究,图形就越复杂。最终,他们发现了一个地道的巨人 —— 名副其实的 —— 大魔群。这个发现是 20 世纪数学史上最伟大的成就之一。

上面提到的这个群 G,内有 6 个元素,所以我们说它是 6 度集合。它是存在于二维空间内的等边三角形的对称。

大魔群囊括了 808 017 424 794 512 875 886 459 904 961 710 757 005-754 368 000 000 000 个对称,它属于数学上的 196 883 维空间!

292

一年中的第 292 天是 10 月 19 日

在 1909 年的这一天,物理学家玛格丽特·佩里(Marguerite Perey)诞生。

π 的碎片

如果你简化这个复杂的繁分数,你会得到非常精确的 π 的近似值 103 993/33 102。

有像 292 这样大的数字存在其中,说明之前的近似值 355/113 已经十分精确了,对于一个分子和分母都小于 1000 的分数来说。

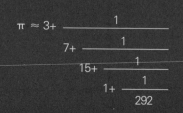

$$\pi \approx 3 + \cfrac{1}{7 + \cfrac{1}{15 + \cfrac{1}{1 + \cfrac{1}{292}}}}$$

i

如果没有数学家所说的"虚数单位",那么我们的令人震惊的数字列表将不会是完整的。虚数单位有一个很棒的性质,那就是 $i^2=-1$。

对很多人来说,发现学校里的一些朋友在学习"−1 的平方根!",这就是高中数学分水岭的开始。

一个十分可爱的理解 i 的方式是这样的:假装你站在数轴的 0 刻度上,那么向前一步把你带到 1,而回去一步把你带到 −1。如果你向前走 5 步,然后回来 3 步,然后再向前走 8 步,那你会在 10 刻度上,以此类推。而如果你不向前或向后走,而是向左走 1 步,那么你会停在 i 上。

懂了吗? 别急,那将是另外一整本书的知识啦!

哎呀,索菲!

293 是一个索菲热尔曼质数(Sophie Germain prime),这就是说对于质数 p,$2p+1$ 等于 587,也是一个质数。我们认为一共有无数个这样的数,但我们还未有能力证明它。

索菲・热尔曼于 19 世纪初期在探究费马大定理时用过它,我十分肯定,如果她知道 21 世纪它们被用于公用密码术(public key cryptography)和素性测定(primality testing),一定会既惊讶又激动的。

293

一年中的第 293 天是 10 月 20 日

$3^{3^{3^{3^{3\cdots3}}}}$ —— 葛立恒数（Graham's number）

好了，请你准备好一些脑细胞要死亡了，你大可以把它归罪于小伙计↑，我们称它为"向上箭头"。向上箭头是用以下方式运行的：

$3\uparrow3=3^3$

$3\uparrow\uparrow3=3^{3^3}=3^{27}=7\,625\,597\,484\,987$

$3\uparrow\uparrow\uparrow3=3^{3^{3^{3\cdots3}}}$（$7\,625\,597\,484\,987$ 3s）

你也许觉得自己看到了一个规律，觉得 $3\uparrow\uparrow\uparrow3$ 也挺好理解的。别高兴得太早。

对，$3\uparrow\uparrow\uparrow\uparrow3$ 是这列数中的另一项，但要理解我们到底有几个 3 真的很困难。请先忍受一下我的滔滔不绝，因为这是我们需要了解的最后一个这样的数。

$3\uparrow\uparrow\uparrow\uparrow3=3\uparrow\uparrow\uparrow(3\uparrow\uparrow\uparrow3)$

如果你思考一下从 $3\uparrow\uparrow3$ 到 $3\uparrow\uparrow\uparrow3$ 的巨大增长，你就能洞悉一丁点儿从 $3\uparrow\uparrow\uparrow3$ 到 $3\uparrow\uparrow\uparrow\uparrow3$ 的大小的飞跃。

哇。那真损伤脑细胞，对吗？

294

一年中的第 294 天是 10 月 21 日

1833 年的这一天，工程师及发明家阿尔弗雷德·诺贝尔（Alfred Nobel）诞生。

一如既往的务实

我确定你还记得 4 月 22 日的内容 —— 如果你忘了，我走开一会儿，你可以翻回去看看 —— 嗯，我刚才说到哪儿了……哦，对了，我很确定你还记得实际数的定义。嗯，294 就是一个这样的数。

对于一个葛立恒数,想象一个刚才很难理解的数,然后定义 $g_1 = 3 \uparrow \uparrow \uparrow \uparrow 3$

然后想象 g_2 等于 $3 \uparrow \cdots \uparrow 3$,一共有 g_1 个向上箭头,

然后想象 g_3 等于 $3 \uparrow \cdots \uparrow 3$,一共有 g_2 个向上箭头,

然后继续,继续,一直继续 ……

葛立恒数是 …… g_{64}。

我知道,甚至连打出这个都让我头痛!

甚至 g_1 在大小上也超出了人类想象范畴。它的大小远远超过了宇宙中基础粒子的个数。在我们算出了 g_1 之后,还有 63 个迭代要做。

葛立恒数是出现在数学实际问题中的上限(upper bound, 即最高可能值)。在很长一段时间里,它都享有具有现实意义的最大数字的头衔。

虽然它的大小令人难以想象, 但我们确实知道葛立恒数的最后 12 位数字是 262464195387。如果这个解释使你眼冒金星,别感到难为情。这真的挺难的。

第二个利克瑞尔数(Lychrel's second)

295

一年中的第 295 天是 10 月 22 日

295 是第二个被提出的利克瑞尔数。回想一下 7 月 15 日,一个利克瑞尔数是一个无法用它各数位上的数的前后颠倒形式和它本身相加,如此反复,一直得到一个回文数的自然数。嗯,就像之前的 196 一样,当我们重复那些步骤时得到: 295+592=887, 887+788=1675, 1675+5761=7436, 诸如此类,看上去我们无法得到一个回文数。对于数字 295,不幸的是,数字 196 首先出现,因此这个游戏被称为 196 算法(196-algorithm)。我很确定,295 肯定很懊恼。

哦,对于你们中那些浪漫的人,我要告诉你们,"Lychrel" 这个词是由韦德·凡兰汀汉姆(Wade VanLandingham)创造的,它是他女朋友 Cheryl 名字的一个粗略颠倒形式。

阿伏伽德罗常数（Avogadro's number）

6.0221415×10^{23}=602 214 150 000 000 000 000 000

对化学家也好，数学家也好，阿伏伽德罗常数是连接微小粒子和较大物质的关键。

一个最常见形态的碳原子（碳-12）包含了 6 个质子、6 个中子以及 6 个电子。质子和中子的质量大约相等，但电子的质量非常小（大约是其他两者的 1/2000）。所以 1 个碳原子的质量大约等于 12 个质子或者 12 个中子的质量，另一种描述方式是 1 个质子或者 1 个中子有大约 1/12 个碳原子的质量。

但这些质量实在太小，不能准确可靠地测量，因此我们提出了"原子质量单位（atomic mass unit）"。事实证明 12 克这种碳原子包含了 6.0221415×10^{23} 个这样的原子质量单位，我们称之为 1 摩尔。

6.0221415×10^{23} 或者 602 214 150 000 000 000 000 000 就叫作阿伏伽德罗常数，它是以令人敬畏的意大利化学家的名字命名的。

296

一年中的第 296 天是 10 月 23 日

与众不同的优势

296 是将数字 30 分拆成不同方式的个数。现在，即便是我也承认要找出这 296 种分拆 30 的方式很麻烦，也许你想试试找出数字 10 被分拆成不同的部分的 10 种方式吧。

摩尔日快乐

对化学家来说，今天是 10 月 23 日，因此为了纪念阿伏伽德罗常数，在大约 6∶02（上午或下午）的时候，你可以坐在一摩尔分子的你最爱的混合物上。摩尔日快乐！

精细结构常数（fine-structure constant）

$\alpha = 7.2973525698 \times 10^{-3} \approx 1/137$

对于物理学家来说，这个基础物理常数也被叫作索末菲常数（Sommerfield's constant），用 α 表示，是希腊字母表中的第一个字母，它是用来测量基本带电粒子之间的电磁相互作用力的强度的。听上去有点儿吓人，但从本质上来说，"精细结构常数"是用来测量原子结合在一起的作用力的强度的。

如果精细结构常数稍微增大或减小，宇宙中许多元素可能就无法产生，我们很可能无法获得生命，抑或是，整个宇宙根本无法存在。举例来说，一些物理学家曾表示仅仅将精细结构常数改变百分之几就会导致整个宇宙都是碳，或都是氧，而不是两者兼有。那将会使整个我们称为"生命"的东西的存在十分具有挑战性！

我们应该注意 α 并不是刚好等于 1/137，它更像是 1/137.0359992，但这已经十分接近了。而只要提及 1/137，就会使物理学家们的心跳加速。这儿就有一个例子。弗兰克·克洛斯（Frank Close）在他经典的《无限的谜团：量子场论和对有序宇宙的追寻》（*The Infinity Puzzle:Quantum Field Theory and the Hunt for an Orderly Universe*）中写道：

"阿尔法（α）决定了自然的规格 —— 原子的大小以及所有原子组成的物体，光的强度和色彩，磁性的强弱，生命体本身新陈代谢的速率。它控制着我们能看见的所有东西 …… 通过 137，科学发现了大自然的密码。"

需要更多的卡普雷卡尔数

297^2=88 209，而 88+209=297。这使 297 成了一个卡普雷卡尔数。这是今年我们遇到的唯一一个三位数的卡普雷卡尔数。尝试自己证明数字 703 和 999 是除 297 之外的 2 个也符合这个条件的三位数的卡普雷卡尔数。

297^3=26 198 073，而 26+198+073=297。好吧，走你！

297

一年中的第 297 天是 10 月 24 日

$\aleph_0$

好啦,现在我要来吓吓你啦。你也许最终琢磨清楚了为什么 i 是一个数,但这个又是什么?

这事实上是希伯来语字母表中的第一个字母,读作 Aleph。但在数学中,我们写作 $\aleph_0$,用来表示无限计数的大小。

我说的无限计数的大小是什么意思呢?确定那只是无限的意思吗?一个很重要的概念必须搞清楚:不是所有的无限都是一样大的。有一些无限比另一些大!第一次听这样的理论也许有点儿困难,但请你先忍忍。

一个数字集合 $\{1, 2, 3, 4 \cdots\}$ 显然是无限大的。但你可以用逻辑顺序将它们列出来,因此你知道任何一个数字在数列中的位置。"58 在哪里?"你问。"嗯,它在数列的第 58 个位置上。"我回答说。

相似地,偶数集合 $\{2, 4, 6, 8 \cdots\}$ 是无限可数的。"58 在哪里?"你问。"它在数列的第 29 项。"我回答。因此即使集合 $\{1, 2, 3 \cdots\}$ 中有的数字在集合 $\{2, 4, 6 \cdots\}$ 中没有出现,它们两个集合的大小仍然相同。它们都是无限可数的,或者它们都包含了 $\aleph_0$ 的"大小"。

事实上,所有分数的集合,或者被我们叫作是有理数的集合,也是无限可数的。你可以列出一个像下一页一样的正分数表格。把分数按规律排好,而黄色线条正好经过它们……

298

一年中的第 298 天是 10 月 25 日

质数的努力

298=2×149,因此它不是一个质数,而是半质数(semiprime)。我们数学家也将这样的数称为 biprime 数或 pq 数。看,我想你已经懂了 —— 它不是质数,但一方面又比任何数都接近质数。

选一个回文数

如果你将 298 乘(298+3),你将得到一个回文数,即 89 698。

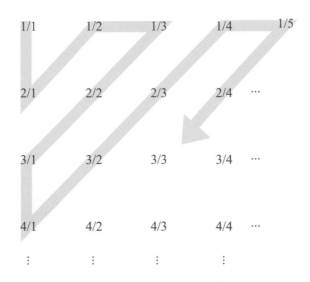

然后所有的分数都会出现。"573/1296 在哪里?"你问道。"它在第 573 行,第 1296 列上。"我回答。我一点儿都没感到无聊,因为我爱向别人解释无限可数和无限不可数数列。

这个分数的列表是由天才数学家格奥尔格·康托尔(Georg Cantor)观察得到的。

但如果我们着眼于所有数的集合,包括分数和永不停歇的小数,例如 π,情况就有变化了。这些数字的集合被称为"实数",而它**不是**无限可数的。

我们得出这个结论是因为如果你尝试以一种可数的方式写出一个实数的数列,我总是可以找出一个不在你列表中的数。

无论你怎么切

如果一个立方体形状的蛋糕被切 12 直刀,最多可以产生 299 块。要在切下最后一刀之前稳住一大群饥饿的 8 岁小孩,祝你好运。你最不愿意遇到的事情就是以任意角度割到手指,但请相信我,这在理论上是可能的!

299

一年中的第 299 天是 10 月 26 日

比如说你给我一个实数数列,并宣称上面包含了每一个实数:

0.023465757…

1.245364768…

1.594677786…

2.222222222…

3.123456789…

诸如此类……

假如我写下了一个数字,它和第一个数字的第一位不同,和第二个数字的第二位不同,和第三个数字的第三位不同,以此类推,它不可能在你的数列中,因为它和上面每一个数字的其中一位数都不同。

0.023465757… 把这个 0 换成 1

1.245364768… 把这个 2 换成 3

1.594677786… 把这个 9 换成 0

2.222222222… 把这个 2 换成 3

3.123456789… 把这个 4 换成 5,下面的数列也这样做。

所以选择 1.3035 这个数,将给我一个不在此数列上的新数。

300

一年中的第 300 天是 10 月 27 日

尝试,天使,再尝试

300 是第 24 个三角形数,因此它是从 1 到 24 的整数之和。

说到和为 300 这个话题,你能把 300 表示为一对孪生质数之和吗?它也是 10 个连续质数之和。

你永远无法写出一个可数实数的数列。实数不是无限可数的。这个集合的大小是一个比 $\aleph_0$ 还要大的无限。

一些数学家用 $\aleph_1$ 来表示无限实数集合的大小。

2005 年，保罗·伦特恩（Paul Renteln）和艾伦·邓迪斯（Alan Dundes）创造了他们对"墙上的 99 瓶啤酒"酒令歌的幽默数学版本："有 Aleph-null（$\aleph_0$）瓶啤酒在墙上，有 Aleph-null（$\aleph_0$）瓶啤酒，拿一瓶喝，然后传下去，仍旧有 Aleph-null（$\aleph_0$）瓶啤酒在墙上！有 Aleph-null（$\aleph_0$）瓶啤酒在墙上，有 Aleph-null（$\aleph_0$）瓶啤酒，拿一瓶喝，然后传下去，仍旧有 Aleph-null（$\aleph_0$）瓶啤酒在墙上！有 Aleph-null（$\aleph_0$）瓶啤酒在墙上，有 Aleph-null（$\aleph_0$）瓶啤酒，拿一瓶喝，然后传下去，仍旧有 Aleph-null（$\aleph_0$）瓶啤酒在墙上！有 Aleph-null（$\aleph_0$）瓶啤酒在墙上，有 Aleph-null（$\aleph_0$）瓶啤酒，拿一瓶喝，然后传下去，仍旧有 Aleph-null（$\aleph_0$）瓶啤酒在墙上！有 Aleph-null（$\aleph_0$）瓶啤酒在墙上，有 Aleph-null（$\aleph_0$）瓶啤酒，拿一瓶喝，然后传下去，仍旧有 Aleph-null（$\aleph_0$）瓶啤酒在墙上！有 Aleph-null（$\aleph_0$）瓶啤酒在墙上，有 Aleph-null（$\aleph_0$）瓶啤酒，拿一瓶喝，然后传下去，仍旧有 Aleph-null（$\aleph_0$）瓶啤酒在墙上！有 Aleph-null（$\aleph_0$）瓶啤酒在墙上，有 Aleph-null（$\aleph_0$）瓶啤酒，拿一瓶喝，然后传下去，仍旧有 Aleph-null（$\aleph_0$）瓶啤酒在墙上！有 Aleph-null（$\aleph_0$）瓶啤酒在墙上，有 Aleph-null（$\aleph_0$）瓶啤酒，拿一瓶喝，然后传下去，仍旧有 Aleph-null（$\aleph_0$）瓶啤酒在墙上！"

301

一年中的第 301 天是 10 月 28 日

查查 Youtube

如果你曾经在 Youtube 上上传过视频，并且它十分棒的话——一瞬间就累计 298 次播放量，然后它在 301 次的时候停止了。发生了什么呢？

嗯，300 是 Youtube 停下来查看[我们也称之为"验证步骤（verification process）"]你的视频是否是个怪胎或者其他类似什么的点。

它不久就将成为像《江南Style》一样的火爆视频，我很确定你的点击率会增长的。

302

被破解了

西洋跳棋游戏（checkers）的前三步一共有 302 种落子方式。如果你是一个完美的玩家，或者你手中有一个灵巧的小计算机程序，且它实际上是完美的，你将永远不会输掉比赛。

这个游戏已经被"破解"了，如果两个玩家都能"完美地"对弈，那么他们将一直平局。西洋跳棋，与国际跳棋（draughts）一样，是已被破解的"最大的"游戏。

最终的边界

大概要结束啦！

二分图（bipartite graph）

在数学中，"图论(graph theory)"指的是点（称为顶点）被线（称为边）连接起来的集合。

一个"二分图"指的是顶点可以被分为 A 组和 B 组两个不相交的组，且满足每一条边都可以连接一个 A 组的点和一个 B 组的点的图。

这个二分图有 8 个顶点，一共有 303 种这样的图象。

一闪一闪……

从古希腊（抑或是更久远的古巴比伦时代）开始，我们仰望夜空，注视着星星，给它们起名字。

学习和辨认星座帮助人们很多事情，包括导航和摄食。这些星星有时也被许多文明作为神话和崇拜的对象。

我们今天能辨认出的星座则是在较近的时代被命名的。一些星座已经从名单上消失了，例如猫座（Felis）（因和猫很相似而得名），是在 1799 年被法国天文学家杰罗姆·拉朗德（Jérôme Lalande）发现的。顺便说一下，它并不是以卡通片菲利克斯猫（Felix the Cat）命名的，如果你正在想的话。

从 1928 年开始，国际天文学联合会官方确认了 88 个星座 —— 和钢琴琴键的个数一样多。这就是数学家所说的 —— 一个巧合。星座的名字有很多不同的来源：14 个是男人和女人，19 个是陆地动物，10 个是水生生物，9 个是鸟，2 个是昆虫，2 个是半人半马，1 个是头发，1 个是蛇，1 个是龙，1 个是飞马，1 个是河流，还有 29 个是非生物。你们中热爱算术的人也许会发现这些数字加起来超过 88 了，那是因为有些星座包含了超过 1 个物体。

304

一年中的第 304 天是 10 月 31 日

一个小小的万圣节笑话

在这一天，只有分享一个史上最过时的数学笑话才适合：为什么数学家会分不清万圣节和圣诞节呢？

因为 OCT 31=DEC 25

懂了吗？

这个笑话的笑点在于，OCT 31 是数字 31 用八进制表示的缩写，而八进制中的 31 在十进制中等于 3×8+1=25，我们写作 DEC 25（25 在十进制中）。因此 OCT 31=DEC 25

测量星座被证实是很困难的，因为根本没有标准的列数它们的方法。最清楚的方式是列数已命名的星星，但这事实上具有很大的随机性，会得到非常多平平无奇的关系。

取而代之的，我们用面积来测量星座大小。这样做以后，我们得到了最大的 5 个星座：

1302.844	长蛇座
1294.428	室女座
1279.66	大熊座
1231.411	鲸鱼座
1225.148	武仙座，以及
68.447	南十字座，它位于最末位第 88 名。

这其中的有趣之处在于"面积"是如何定义的。这里的单位是平方度（square degree），它测量一个球体的一部分表面积，就像"度"是测量一个圆的一部分周长一样。

在这里，地球是我们的中心，而表面积由在距离地球（任意）确定长度的球体上测量而得。所以这个数字越大，这个星座所占有的夜空部分也就越多。当然了，如果一个星座比另一个星座离我们更远，它以平方度为单位计算出来的面积可能较小，但是它却比那个更靠近我们的兄弟星座大得多。

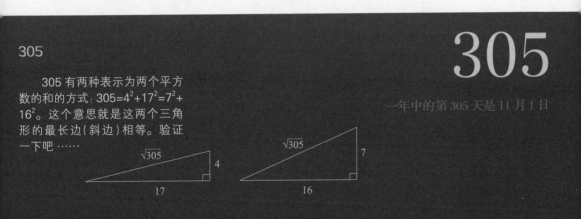

305

305

一年中的第 305 天是 11 月 1 日

305 有两种表示为两个平方数的和的方式：$305=4^2+17^2=7^2+16^2$。这个意思就是这两个三角形的最长边（斜边）相等。验证一下吧……

$\sqrt{305}$ 4   17

$\sqrt{305}$ 7   16

总的来说，这个夜空的面积大约为 41 253 平方度。超级书虫也许想要知道这是由球体的表面积公式得来的：

$A=4\pi r^2$，此处 $r=180/\pi$。

把这些面积转化为百分比，我们得到长蛇座占用了 1302.844/41253=0.0316，大约刚刚超过 3% 的夜空。而可怜的、小小的老南十字座仅仅占有了 0.17%。虽然这么小，但它还是被澳大利亚人深深热爱着，因为它有南十字啊。

当我们测量星座的大小时，这些"曲线的矩形"被用于将夜空划分为网格，它们的面积以平方度为单位记录下来。

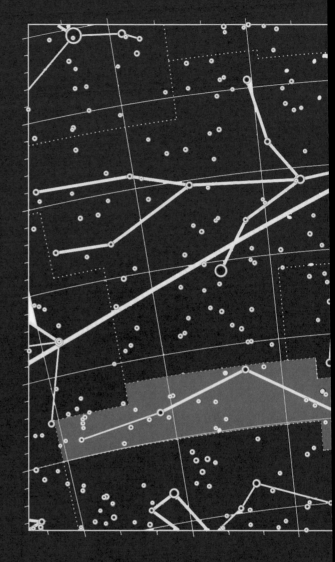

306

一年中的第 306 天是 11 月 2 日

有益健康的精华

当你将 $n=306$ 代入以下这个公式中时：

$$\frac{18n}{18+n}$$

我们得到 18×306/324=17。

不过如此啊，你可能会想，但，嘿……306 是能使这个分式的值等于整数的最大数字呢。

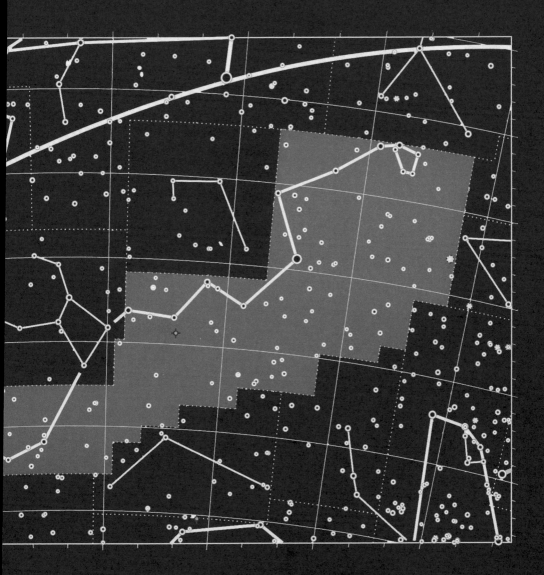

307

嘿, 回文数朋友!

307 是一年中最大的平方为回文数的数字。计算 307^2, 证明给你自己看 307^2 满足这一特质。

当你觉得挺有劲儿时, 为什么不细细观察数字 307, 然后将它各数位上数字的立方相加。你并没有刚好得到 307, 是吗, 但已经很接近啦! 我就是想在一年中展示给你看这个 ;–)

如果你将 370 各数位上的数字的立方相加, 你会得到相同的结果, 这使 370 成为一个阿姆斯特朗数, 或者说是自恋数, 就像数字 371,407 和 153 一样。

一年中的第 307 天是 11 月 3 日 1957 年的这一天, 一只小狗莱伊卡 (Laika) 乘坐人造卫星 2 号 (Sputnik 2), 成为进入地球公转轨道的首个动物。

循环论证

308

一年中的第 308 天是 11 月 4 日

4 个圆可以以一种方式画在一个平面内，将平面分为 14 个区域，包括圆外的区域，就像你看到的这样。

更概括一点说，n 个圆可以将平面分为至多 n^2-n+2 个区域。因此如果平面上有 18 个圆，它们可以将这个平面至多分为 $18^2-18+2=308$ 个区域。

现在那是一个数

现在，这些估计值中的一些在不同的方向上有很大差异，但是你至少知道了意思 —— 它们都很大。非常大。

多大呢? 你在问。好吧，我们从这件事开始说。光 —— 你知道，那种让我们能看见事物的东西 —— 一年行走的距离为 9.46 万亿千米。说起来简单，但如果用一秒钟想想这个数的大小:

9.46×10^{15}=9 460 000 000 000 000 米

而这恰好等于绕地球 236 500 000 000 圈。或者 3000 多万次往返于地球和太阳之间。

我们用 10^{15} 来表示 1 后面跟着 15 个 0,以节约时间 …… 和空间。在你谈论极其巨大的数字,或者极微小的数字时,你会遇到这种计数法。

继续阅读更多令人费解的巨大的数字吧 ……

309,我们击掌吧

309^5=2 817 036 000 549，它是最小的包含了从 0 到 9 所有数字的 5 次幂。干得好,309。

现在，将从 1 到 308 的所有数字的 5 次幂都求出来的请求真的是太过分了,但如果你真的十分感兴趣的话,你也许想尝试

几个例子,以使你能全面地了解 309 的特质。

309

一年中的第 309 天是 11 月 5 日

86 000 000 000

人大脑内神经元的个数。

400 000 000 000

银河系中恒星的个数。

3 000 000 000 000

大犬座 VY(VY Canis Majoris) 的估计光学直径（单位为米），它是我们所知最大的恒星之一——一个红特超巨星，大约是太阳的 1500 倍。它位于南半球天空的大犬座，就在第 SQ2 象限，相信我，你绝不会漏掉它。

10 000 000 000 000

太阳系的直径（单位为米）。

3.72×10^{13}
$=37\,200\,000\,000\,000$

人体内的细胞数。

10^{14}

人体内的细菌数。

1.5×10^{14}

你大脑皮层中神经连接数。

9.46×10^{15}

光在一年中行走的距离，被毫无想象力地称为 1 光年。那相当于 9.46 万亿千米，如果你正想算出要付出多少打车费的话。

1.5×10^{15}

2015 年每天生成的数据量[以字节(byte)计算]。

3.991×10^{16}

地球到比邻星的大致距离，它是太阳之外离我们最近的恒星，以米为单位。

4.355×10^{17}

宇宙的年龄（以秒计算）。

7.5×10^{18}

地球上所有沙粒的颗数。

10^{19}

地球上昆虫的个数（不，不只是你夏日烧烤时所有蚊子的只数）。

310

一年中的第 310 天是 11 月 6 日

我说了让你相信我……

$(1!)^2+(2!)^2+\cdots+(310!)^2$ 是一个质数。再一次，这属于"你最好相信我"的类别。

证明给你自己看，你已经掌握了将各种不同进制的数转化成十进制数，然后转化回其他进制的数的能力（详见 5 月 26 日、6 月 18 日和 9 月 23 日，作为复习），请将 310 写作六进制数。这是个挺酷的结果。

4.3252×10^{19}

一个魔方所有的可能状态。如果要说得准确一点的话，应为 43 252 003 274 489 856 000

6×10^{24}

地球的质量（以千克为单位）。

9.2×10^{26}

可见宇宙的大约直径（以米为单位）。

5×10^{30}

地球上所有细菌数。

1.417×10^{32}

宇宙大爆炸刚结束时的温度（以摄氏度为单位）。

10^{46}

国际象棋中棋子的所有可能的位置数。

3×10^{52}

整个可观测宇宙的大约质量（以千克为单位）。

8.066×10^{67}

一副扑克牌所有可能的排列方式。还记得这个吗？记得我们怎么记录这个数吗？对啦：52！（52 的阶乘）。

$10^{80} \sim 10^{97}$

可观测宇宙中基础粒子的大约个数。（嘿，如果你觉得你能准确地自己算出这个数，千万要告诉我！）

10^{100}

1 个古戈尔，由 9 岁的米尔顿·西罗蒂于 1920 年命名，意为 1 后面有 100 个 0 的数。

1.2×10^{100}

将 70 个人排列成行的所有方法数 —— 也就是 70！（70 的阶乘）。

$10^{10^{100}}$

1 后面有 1 古戈尔个 0，叫作古戈尔普勒克斯（googolplex）。刚开始，米尔顿·西罗蒂想让古戈尔普勒克斯代表 1 后面有非常多个 0，一直到你的手臂酸痛得无法书写为止。他的叔叔爱德华·卡斯纳（Edward Kasner）将其改为更正式且更巨大的定义。忘了你的手臂吧 —— 这整个宇宙也没有足够的空间让你写完一个古戈尔普勒克斯需要的所有的 0。

到底谁是质数呢？

311 不仅仅自身是质数，它的任意排列也都是质数（113，131，311）。

如果我写下一列具有此性质的数字，哪个数会在 311 的两边都出现呢？

311

一年中的第 311 天是 11 月 7 日

在 1867 年的这一天，物理学家及化学家玛丽·居里（Marie Curie）诞生。

位于天鹅座的超巨星天津四恒星可以被
肉眼观测到，特别是在冬天的时候。

那又如何？我听到你问了。好吧，天津四距离我们至少 1500 光
年，或者说是 14 000 000 000 000 000 千米 —— 这个距离能用肉
眼观测到，实在是太令人惊叹了。

312

一年中的第 312 天是 11 月 8 日

这里有个妙人儿

312=0!×5!+1!×4!+2!×3!
+3!×2!+4!×1!+5!×0!

现在，如果你到现在还没认
真看的话，你得知道 0!=1，知道
这个以后，即便这个式子看上去
像恶魔一般恐怖，事实上也没那
么复杂。继续，试试吧。

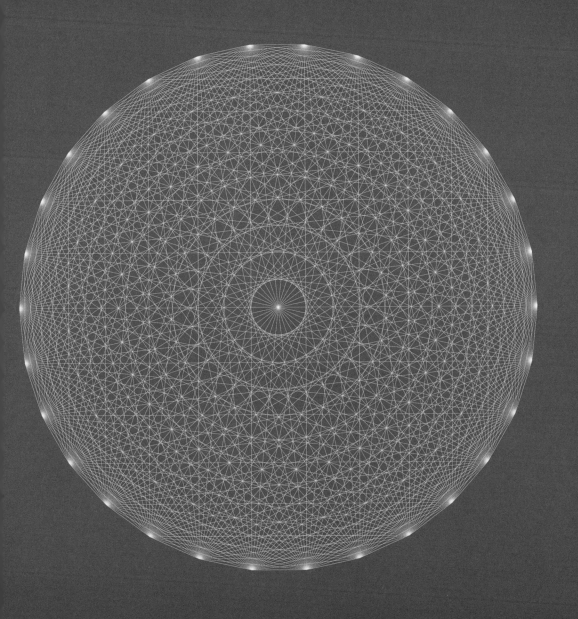

三十面体

一个有 30 条边的图形叫作——简直毫无想象力,三十边形,它有 16 801 个内部交点。

当我们把一个五边形的所有顶点连接,我们会发现 5 个内部交点,以及另外 5 个外部交点,它们位于顶点上。

当顶点数增加时,内部交点数也迅速增加。如果你画出一个十二边形的所有对角线,它有 313 个外部交点——在这个十二边形的 12 个顶点上,还有 301 个内部交点。

313

一年中的第 313 天是 11 月 9 日

1914 年的这一天,天文学家卡尔·萨根(Carl Sagan)诞生。

数字中的
南极

295 千米

2000 年，从罗斯冰架（the Ross Ice Shelf）中断裂脱离的巨大冰山的长度。它的宽有 37 千米，水上部分表面积达 11 000 平方千米，当然了，水下部分有水上部分的 10 倍那么大。

50~100 000 年

南极的降雪"流"入南极洲的海岸，并且落到冰山的边缘成为冰山的一部分的过程所需要的时间。

10 000 000

科学家于 1981 年发现的一群磷虾的重量。它们相当于 1.4 亿人那么重。科学家对人类捕杀磷虾作为鱼食和补品而对海洋食物链产生的可能影响十分关心。

−13.6℃

有记录以来，南极的最高温度……还挺温暖的。

314

一年中的第 314 天是 11 月 10 日

小但有能量

314 是唯一一个能以 6 种不同方式写作 3 个不同平方数之和的数。我给出 $314=5^2+8^2+15^2=3^2+4^2+17^2$ 作为开始，请你找出其他 4 种方式。

π 的欢庆

作为一年中的第 314 天，而 3.14 则为 π 保留小数点后两位的近似值，11 月 10 日和 3 月 14 日（美国的 3/14）和 7 月 22 日（澳大利亚的 22/7）一样，成了一年中的第三个 π 日。依我拙见，你根本无法拥有足够多的 π 日！

300℃

在气温低于 –100 ℉（ –73℃）的那些日子,在阿蒙森·斯科特南极站（ Amundsen-Scott South Pole ）中冷得瑟瑟发抖的幽默家们把桑拿设为 200 ℉（ 93℃）,在桑拿中待上 10 分钟,然后绕着南极点裸奔一周,再回到桑拿房 —— 整个温度差有 300℃。

4

17 种在南极洲被发现的企鹅中,在南极洲生育的种类数 —— 阿德利企鹅（ Adelie ）,帽带企鹅（ Chinstrap ）,帝王企鹅（ Emporer ）和巴布亚企鹅（ Gentoo ）。其余种类都在另外的地方生育。

60~65 米

如若南极洲的冰盖整块融化,地球上海平面升高的高度。

笔算吧

315² 可以被表示为 5 个连续整数的立方之和。找出它们。

哇,亚当,那可真难。

我知道,但我要帮帮我的读者,笔算求出 315²,接着粗略地除以 5,然后问:"这个数大约是什么数的立方呢?"从这儿开始算。

哇,亚当,你的读者肯定很棒。

315 可以同时被它所有数位上的数字之和以及数字之积整除,即 3+1+5=9,315=9×35,且 3×1×5=15,315=15×21。 幸运的老 315 啊。

315

一年中的第 315 天是 11 月 11 日

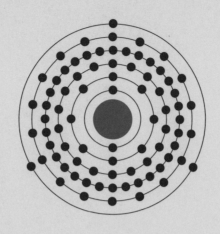

铊

(Thallium)

这个原子序数为 81 的元素是一个后过渡金属（post-transition metal），它不在自然界中单独存在。侦探小说家阿加莎·克里斯蒂（Agatha Christie）的粉丝也许还记得，在她的小说《白马酒店》（*The Pale Horse*）中，铊被用作毒药。事实上，在 1972 年的一次尸检中，高于寻常的铊含量被发现于一个男子火化的遗物中，这证实了他是被毒死的，这件事成了现代法医学中的里程碑。铊也被用于制造杀虫剂以及老鼠药，但很快就被别的原料替代了，因为它不能区分毒死的东西 —— 简单来说，它毒死了所有东西！

316

一年中的第 316 天是 11 月 12 日

三人成众

316 可以被表示为三个连续三角形数之和。你能找到它们吗？将 316 等分为 3 份，你将会接近其中一个你要找的数。

次质数（sub prime）

$316^{23}+316^{21}+316^{19}+316^{17}+316^{15}+316^{13}+316^{11}+316^9+316^7+316^5+316^3+316^1+316^0$ 是一个质数。

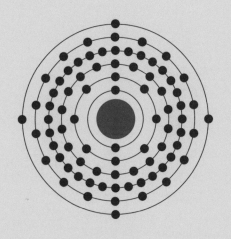

铅

（Lead　Pb）

　　你们对这种柔软、可延展的过渡金属肯定都不陌生。但这不是因为你们在铅笔中能发现它。这事实上又是一个谣言。铅的化学符号 Pb 源于 plumbum，即它的拉丁语名。反过来，plumbum 这个单词又衍生出英文单词"plumbing（用铅锤测量）"。因为它的高密度和耐腐蚀性，铅经常被用于制作帆船龙骨的镇流器。贝多芬的头发被发现含铅量超过正常水平的 100 倍，这也许解释了这个伟大的作曲家易怒多变的情绪，抑或是他的耳聋。

345678910111213141516171819202122232425262728293031323334353637383940414243444546474849505152535455565758596061626364656667686970717273747576777879808182838485868788899091929394959697989901100

我就是317

317

一年中的第 317 天是 11 月 13 日

　　数字 317 是个质数。它是质数 3 和 17，或是质数 31 和 7 的合并形式。

　　你可以删掉 317 中的任意一个数字，剩下的两位数仍然是一个质数。

　　万一你想再要一个关于数字 317 的质数事实来让你冲破阻碍，到达书呆子的天堂，你也许想看看这个：

　　小于等于 317 的质数之积减 1，也就是：

$$2 \times 3 \times 5 \times 7 \times \cdots \times 317 - 1$$

是一个质数。耶！

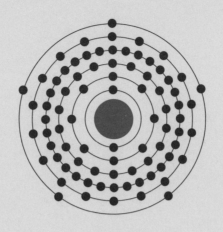

铋

（Bismuth）

多谢澳大利亚诺贝尔奖得主巴里·马歇尔（Barry Marshall）和罗宾·沃伦（Robin Warren）的研究，我们现在知道消化道和十二指肠溃疡并不是由压力或者辛辣食物引起的，它的源头是幽门螺杆菌（Helicobacter pylori）——一种极其顽强的家伙，能在胃液的酸性环境中存活。铋，在"胶体次枸橼酸铋（colloidal bismuth subcitrate）"的形式下，可以被用于消灭幽门螺杆菌。

虽然我了解一点儿各方面的知识，但我对化妆品所知甚少。但我还是知道指甲油和粉饼以及相似物品中的"珠光"效果是由铋产生的。

1234567891011121314151617181920212223242526272829303132333435363738394041424344454647484950515253
545556575859606162636465666768697071727374757677787980818283848586878889909192939495969798991

318

一年中的第 318 天是 11 月 14 日

分拆的使命

如果将 22 分拆成不等的正整数之和，所有的方式中共有 318 个分拆的部分。

318 也是将 18 分为至多 9 个部分，以及将 70 分为正好 8 个质数的方式数量。

"我是维根［译者注：维根即拉尔夫·维根（Ralph Wiggum），《辛普森一家》中的一个角色］，报告发现了一个 318！请叫醒一个警察！"

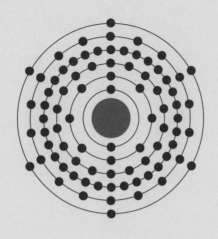

钋

（Polonium）

钋有三种氧化物。当 1 个钋原子和 1 个氧原子结合，我们得到一氧化钋，类似地，当它和 2 个或 3 个氧原子形成共价键，我们就会分别得到二氧化钋和三氧化钋。这些氧化物暂时看上去还没什么重要的化学或工业用途，那我为什么要提及它们呢？钋的起名源于波兰（Poland），即 1898 年发现这一元素的玛丽·居里的出生地。这个杰出的科学家和她的丈夫皮埃尔·居里合作，从沥青铀矿中提取了钋，这解释了为什么这种物质的放射性是纯铀的 4 倍的事实。

无计算器区

请计算 319³（用纸和笔）。你观察到什么了吗？自然，这得花一点儿力气，但如果你算得对，想象一下完成后的成就感吧！在 11 月 6 日的时候，我们接触到 310 在六进制中是 1234。可爱吧。嗯，在二进制中计算 319 看看。

319

一年中的第 319 天是 11 月 15 日

1738 年的这一天，天文学家威廉·赫舍尔（William Herschel）诞生。

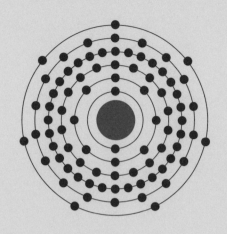

砹

（Astatine）

砹是 100 个最热门元素中的第 85 个，是超级稀少且具有放射性的化学元素。在所有人类的努力下，我们也只生产出不到百万分之一克的砹，并且从发现开始，几乎所有的砹都已经衰变完了。我们想生成足以让肉眼能观察到的砹简直是不可能的，即便我们做到了，它的放射性是如此之大，以至于它将瞬间瓦解。

在整个地壳中，人们相信一共只有 30 克砹。在澳大利亚，这个数量的学术名称是 "bugger all 的三分之二（two thirds of bugger all）"。并不是我想说 45 克 =bugger all。这只是一个短语的转折罢了。

320

国际象棋减法

在一个 5×5 的国际象棋棋盘上，一个皇后可以走 320 步。我要做第一个承认这并不是最有效的信息的人，即便对于国际象棋棋手而言，因为整个棋盘是 8×8 或类似规格的。但，嘿，你还能做什么呢？

一个不那么小的趣闻：

$320^6+320^5+320^4+320^3+320^2+320^1+320^0=1\ 077\ 107\ 785\ 830\ 721$，而它是个质数。

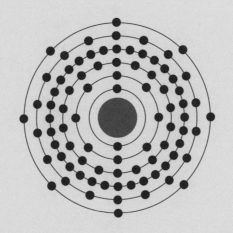

氡

（Radon）

　　位于元素周期表的第 86 位，具有高放射性的氡是最重的气体元素。它无色、无气味、无味道，因此十分难找到。如果你曾经到过法国温泉小镇勒蒙多尔（Le-Mont-Dore），你也许想跳进一个令人轻松的含有氡、砷和铁的当地温泉，甚至享受一下由二氧化碳和氡混合的"鼻腔冲洗（nasal irrigation）"。当然了，你可能也不想。

德兰诺依数（Delannoy number）

321

　　这些图案上的线段被称为"格路（lattice path）"，我们限制自己只能向东（1，0），向北（0，1），向东北（1，1）走。

　　在一个 3×3 的网格中一共有 63 条这样的德兰诺依格路（Delannoy path），因此我们将这个德兰诺依数写作 D（3，3）=63。

　　如果网格扩大了，我们可以知道 D（4，4）=321。

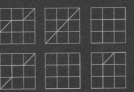

一年中的第 321 天是 11 月 17 日。1790 年的这一天，数学家 A.F. 莫比乌斯（A.F.Möbius）诞生，比本华·曼德博（Benoît Mandelbrot）早 134 年。

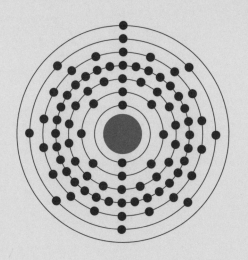

钫

（Francium）

　　在前 100 种元素中，钫是最渴望"起来马上就走（get up and go）"的单一元素。在钫的所有不同存在形式里，最长的半衰期也只有 22 分钟。这是所有元素中半衰期最短的。因此，我们还未发现可以来得及被测重的钫。

　　非常感谢钫的发现者玛格丽特·佩里，也许并不奇怪，她是极具天才特质的玛丽·居里的学生。悲剧的是，就像居里一样，她也因长期和放射性物质近距离接触而患上癌症去世。

322

一年中的第 322 天是 11 月 18 日

卢卡斯数列（Lucas sequence）

　　322 是第 12 个卢卡斯数（Lucas number）。卢卡斯数列和斐波那契数列相类似，其中 $L_1=1$，$L_2=3$，之后的每一项都是前两项之和。卢卡斯数 L_n 和斐波那契数 F_n 有一些美妙的联系，例如：

$$L_n=F_{n-1}+F_{n+1},$$
$$L_{n+1}=1/2(5F_n+L_n),$$
$$F_{2n}=L_n \times F_n$$

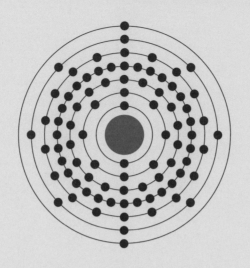

镭
（Radium）

　　镭中毒造成了许多工人死亡，他们在使用这个放射性元素制作夜光的闹钟和手表时经常舔舐画笔。其实在我们了解它的放射性之前，曾经有很多基于它的"返老还童特质"的保健热潮。在 20 世纪初，千万个镭矿石"Revigator"出售一空。这些是有镭作内衬的陶瓦罐，顾客被建议每天早上用它喝一杯水。嗯，事实证明这不仅仅是一个瓦罐 —— 它还包含了低度的放射性，以及砷、铅、钒和铀（Uranium）。真香！

向上或向下移动的默兹金数

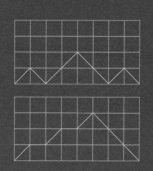

323

　　我们早在 2 月 20 日就已经提及默兹金数了。嗯，如果你从（0,0）走到（8,0），从不走到 x 轴以下，只走格线中斜率为 1，0 或 −1 的路，那么一共有 323 条可能的路线，这使 323 成为第 8 个默兹金数。

一年中的第 323 天是 11 月 19 日

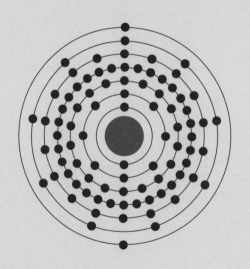

锕

（Actinium）

1899 年，著名的法国化学家安德烈·路易斯·德比埃尔内（André-Louis Debierne）宣称发现了一种新的元素。他从玛丽和皮埃尔·居里分离镭的沥青剩余物中提取了锕。他将这种柔软的、银白色的金属取名为锕，它源于希腊语单词 aktis，意为"光线"。锕是有放射性的"锕类元素（actinides）"中的第一个。它能在黑暗中发光，正是因为它具有如此高的放射性，以至于周边的空气都被刺激了。其他的锕类元素有铀、钍（Thorium）以及人工合成的钚（Plutonium）。它们在核反应堆和武器制造中的使用很普遍。

123456789101112131415161718192021222324252627282930313233343536373839404142434445464748495051525
545556575859606162636465666768697071727374757677787980818283848586878889909192939495969798991010

324

1985 年的这一天，Windows 1.0 操作系统发布。

抓支笔

如果你取 5 个和为 16 的数，将它们相乘，你也许会得到 $2 \times 2 \times 2 \times 5 \times 5 = 200$，或者 $2 \times 2 \times 3 \times 3 \times 6 = 216$。

嗯，324 是你能得到的最大的乘积。你能找到这些整数吗？

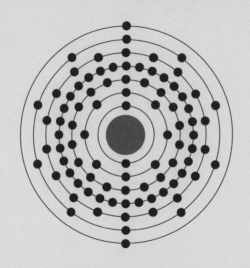

钍

（Thorium）

钍是一个放射性锕类金属，它是仅有的 4 个能自然存在于自然界中的放射性元素之一（另外 3 个元素是铋、钚和铀）。钍于 1828 年被挪威矿物学家莫藤·特拉内·埃斯马克（Morten Thrane Esmark）发现，并被瑞典化学家琼斯·雅各布·伯泽列厄斯（Jöns Jakob Berzelius）确认，他将钍以 Thor，即挪威雷神的名字命名。人们认为地球散发的大约一半热量 —— 巨大的 20 兆瓦 —— 是从钍、铀以及钾的放射性衰变中产生的。

或者一支铅笔

325

截至一年中的今日，我们已经接触过 14 个数，它们可以用 2 种形式被表示为 2 个不同的平方数之和。

但现在在 11 月 21 日，我们接触到 325，它是能以 3 种方式被表示为 2 个不同的平方数之和

的最小数字。将 11 月 21 日用于找到这 3 种方式是多么不错的消磨时间的方式啊！

一年中的第 325 天是 11 月 21 日

1783 年的这一天，孟格菲兄弟（the Montgolfiers）发明了第一个自由飞行、载人的热气球。

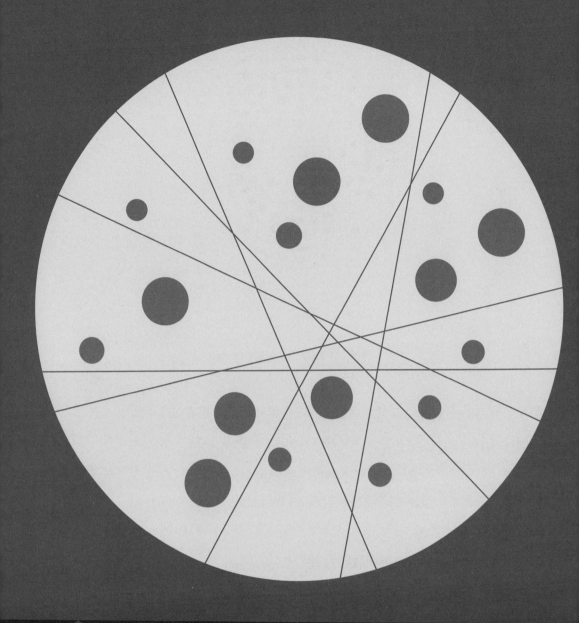

切比萨的家伙

326

一年中的第 326 天是 11 月 22 日

326 是将一个比萨切 25 直刀可以得到的最多块数。这有时被称为"懒惰的餐饮服务商数（lazy caterer number）"，或者更普遍一点的称谓，中心多边形数（central polygonal number）。

要切 25 刀，并保证你能看到所有的比萨块，这真的很难。这儿有一个切 7 刀的例子，就像你看到的那样，其中几块简直是小到不能再小了。

326 也是前 14 个连续奇质数之和：326=3+5+7+11+13+17+19+23+29+31+37+41+43+47

在任何时间点，

全世界有 45 000 000 人处于醉酒状态。

而这个数字在新年的那一晚上有明显增加。

327

数字中的
上海

50 000 平方米
世界上第一个环形铁路车站上海南站屋顶的面积。

90 分钟
权威部门每月通过有限的 10 000 张新驾照所需的时间。

100 年
在俄罗斯诗人亚历山大·普希金逝世的 100 年后，上海俄罗斯协会在东平路和汾阳路的交界处立起他的雕像。这是唯一一座保留至今的在中华人民共和国成立之前建立的雕像。

9
九龙柱上龙的数量，它们也是支撑这个城市纵横高架的关键性钢筋柱。当地博学多才之人称这是为了安抚一条沉睡的龙，它被道路施工的声音所惊醒，虽然这些"龙"事实上也有结构上的用途。

328

τ 数

一年中的第 328 天是 11 月 24 日

328 是一个"重构数（refactorable number）"或 τ 数，因为它能被它的因数的个数整除。我们知道不可能存在 3 个连续整数都是重构数，也不可能存在完全平方数是重构数。

你能求出 328 的因数，然后确认它是重构数吗？

650 米

上海中心大厦的高度，它是世界上第二高的建筑。在过去十年中，非常多的摩天大楼在上海拔地而起。

1

诺埃尔·考沃德（Noël Coward）在上海时从流感中恢复时创作的戏剧数量[《私生活（Private Lives）》]。

88

上海金茂君悦大酒店（Grand Hyatt hotel）洗衣房的楼层数 —— 它有内部缓冲装置，让你内裤的下降速度减慢。

2400 万

上海的人口数（译者注：截至 2019 年，上海常住人口约为 2428.14 万人）—— 全球最大的城市（这当然取决于你怎样定义"城市"，但那是另一个问题了）。

329

一年中的第 329 天是 11 月 25 日

骗子（con-man）

将数字 328 和 329 合并（concatenation）我们得到 328 329，它是一个平方数（328-329=573^2）。

自从 7 月 2 日我们接触过 183 184 以后，就再也没看到过这个现象了，并且我们今年也不会再遇到。尽情享受吧！

天王星上的冬天
有 42 年那么长。

呵呵呵呵呵！

330

一年中的第 330 天是 11 月 26 日

在十一面体的内部

你也许还记得 11 月 9 日那个超棒的三十面体，以及我们讨论过的事实，即一个十二面体有 301 个内部交点。

嗯，也许有点儿惊人，一个正十一面体有更多，即 330 个内部交点。但如果你思考一下，一个

十一面体其实有更少的"重叠的"多条对角线相交的内部交点，这个问题也就拨云见日了。

符合逻辑的宇宙

不用我和你说，你就知道宇宙是一个何等神奇的存在。它的大小、包含的物质、我们所知道的它的起源、它可能将如何灭亡，以及它并不是唯一的宇宙而是很多宇宙之一 …… 这其中的每一个话题都非常令人兴奋，它们本身就需要一整本书来阐明。

当我开始观测星空的时候，我的启蒙读物是布莱恩·冈瑟勒（Bryan Gaensler）写的超棒的《终极宇宙》。这本精彩的书带你走进我们在 2011 年所知道的宇宙中最大、最快、最热门的事物。布莱恩公开承认在这个领域内所有事情都在快速变化，纪录无时无刻不在被打破。确实，《终极宇宙》一书中的纪录保持者可能都被替换了，但关于宇宙是如何运转的更广义的解释这一点，这本书中描写得十分简单和优雅，以至它仍然是我十分推荐的书。

这是一个令宇宙学家兴奋的时刻，不仅仅是因为我们观测宇宙的工具越来越复杂了。我们从 1992 年发现太阳系外第一颗行星到现在，23 年来，已发现了 2000 多颗行星。宇宙深处的精致照片现在几乎是司空见惯了。而当平方公里阵列射电望远镜（Square Kilometre Array radio telescope）（译者注：是世界上最大的射电望远镜项目）从西澳大利亚和南非发射出时 …… 好吧，抓紧你的小行星吧！

3 的膝盖

31, 331, 3 331, 33-331, 333 331, 3 333 331 和 33 333 331 都 是 质数。那么 333 333 331 是质数吗？

有一半记得（semi-remembered）

现在，说实话，你是不是已经忘了半质数是什么啦？回到 10 月 25 日（顺便说一下，生日快乐我的妹妹 Leisha）并查查。然后证明给你自己看，331 也是前 15 个半质数之和。

331

一年中的第 331 天是 11 月 27 日

一闪, 一闪 ……

225 300

1924 年被亨利·德雷柏星表（Henry Draper Catalogue）记录的恒星总数。

500 000 000

2014 年被斯隆数字巡天（Sloan Digital Sky Survey）项目记录的所有恒星、星系以及其他天体的数量。如果你想看看真正令人惊奇的东西，搜索"在宇宙中翱翔（Flight Through the Universe）"，它是由斯隆（Sloan）的好心人制作的。

100 000 000 000

银河系中恒星的总数。

300 000 000 000 000 000 000- 000 000

2011 年估算的可观测宇宙中所有恒星的数量。顺便说一下，有 3×10^{23} 颗。

100 000 000 000 000 000 000 000 000 000 000

2014 年估算的可观测宇宙中所有恒星的个数。[感谢康奈尔大学的大卫·科恩里奇（David Kornreich），也就是"问一下天文学家（Ask An Astronomer）"的数据]。

我们并不是在暗示宇宙从 2011 到 2014 年生下了很多可爱的小宝宝。这些数据有很大的变化，是因为这不是精确的科学，而且我们测量的工具在不断更新换代。

可以这么说，可观测宇宙中有非常多的恒星。

332

精明的组合

332 是将 47 分割为非零三角形数的方法数。（36+10+1 是其中一种，而 36+1+1+1+1+1+1+1+1+1+1+1 是另一种。）

其他的 330 种方式都用了下列数字中的数字：1, 3, 6, 10, 15, 21, 28, 36 和 45。

10 000℃

天狼星表面温度,它是我们夜晚在天穹中能见到的最亮的恒星。

300 000℃

位于红蜘蛛星云(Red Spider Nebula, NGC 6537)中的"白矮星"的温度,距离人马座 20 万亿千米。

15 000 000℃

太阳内核的温度。

100 000 000℃

内核耗尽并因重力塌陷的"红巨星"的中心温度,此时它变得更小、更密,也更热。

3 000 000 000℃

比太阳大得多的恒星内核的温度,它们燃烧基本气体,并制造出更重的元素,如硅和铁。

当较大恒星坍塌为中子星,并经历超新星爆炸的时候,它们几乎完全铁质的内核的温度。

10 000 000 000℃

宇宙大爆炸之后一秒的宇宙的温度。

10 000 000 000 000 000℃

宇宙大爆炸之后一亿分之一秒的宇宙的温度。

100 000 000 000 000 000 000 000 000 000 000 000℃

宇宙大爆炸后 0.0000000000000000000000000000000000000001 秒宇宙的温度 …… 再超过这个数我们就在黑暗中了。理解了吗 …… 在黑暗中!

超级子部分

166³+500³+333³=166 500-333,因此它是一个"自恋数"。但说实话,如果我等于我的三个子部分的立方之和,就像 166 500-333 这样,那我大概会经常看一眼镜子里的自己吧 —— 我看起来真热辣。你观察到 165 033 的什么特质了呢?

333

334

但,等等,还有更多的呢

334 是 一 个 半质 数,因 为 334=2×167,而 2 和 167 都 是 质数。

我们早就讨论过半质数了,它们就是只有 2 个质因数的数。

当 2 个连续数字都是半质数时,我们称它们组成了一个半质数对。

观察 334 后面 的 这 个 数,335=5×67,你会发现 334 和 335 组成了一个半质数对。

今年还将出现一个半质数对,你能找到它吗?

光

GRB 080319B

我们都爱在晚上凝望星空,看着明亮而美丽的亮光,暗自猜想:"那得有多远呢?"好吧,我们所知道的宇宙中最亮的电磁波是我们所说的"伽马射线暴"。当一个高质量恒星坍塌为中子星或者黑洞的时候,它会出现。

它有多亮呢?在 2008 年 3 月 19 日的大约半分钟的时间里,一颗我们叫作 GRB 080319B 的高质量恒星的伽马射线可以被肉眼观测到。这些射线经过 75 亿年才到达地球,它们是我们能看到的最明亮的东西。

致命的 "ASASSN"

2015 年 7 月,智利的名为华丽的全天自动巡天(All Sky Automated Survey)项目的超新星计划(SuperNovae project)的天文学家宣布他们发现了我们认为的最明亮的超新星爆炸。

闪亮的 ASASSN-15lh 被认为比 5×10^{11} 个太阳还要亮,它的光经过了 28 亿年的时间到达我们这里。

黑暗的心脏

2014 年, NASA 的斯皮策太空望远镜(Spitzer Space Telescope)被认为发现了宇宙中有记录以来最黑暗的地方。斯皮策监测了多块气体和尘埃云,它们是如此重且密,以至于产生了宇宙阴影(cosmic shadow)……而这就是有史以来最黑暗的地方。

你们,来证明一下

$2^{335} = (2^{333} - 741) + (2^{333} - 483) + (2^{333} + 285) + (2^{333} + 939)$,这使 2^{335} 成为最小的等于 4 个连续质数之和的 2 的多次幂。

在这本书中,我们花了很多时间讨论连续质数之和的问题,你可能会觉得我是对连续合数有成见。

好大的胆子!那么,为了补偿我遭受的这个卑鄙的诋毁,你为什么不证明一下 335 是前 19 个合数之和呢?

335

一年中的第 335 天是 12 月 1 日

时间

4 600 000 000

太阳和地球的年龄,以年为单位。

13 820 000 000

宇宙最佳"猜测"年龄,以年为单位。

13 000 000 000

SMSS 0313 的年龄。多亏了澳大利亚库纳巴拉布兰天幕宽视场测量望远镜(Australia's Coonabarabran Sky-Mapper wide-field survey telescope)。它位于距离地球 6000 光年的水蛇座中。

86 400

标准中子星的其中一种"脉冲星"一天转动的圈数。相当于每秒一圈。感觉晕了吗? 坐下试试吧。

5 000 000

于 1998 年在剑鱼座被发现的脉冲星每天转的圈数(62 圈 / 秒)。

58 000 000

脉冲星 PSR J1748-2446ad 每天转动的圈数(716 圈 / 秒)。

36 个小时,48 分钟,10.032524 秒

脉冲星 PSR J1909-3744 绕轨道转一圈时间,精确到微秒。这颗脉冲星每秒转 340 圈,它长达 3 500 000 千米的轨道是已知宇宙中最完美的圆。

就像布莱恩·冈瑟勒所说的:"地球的轨道在一个相当大的范围内缩进或鼓出,这颗脉冲星的绕轨道运行周期为 36 小时,变轨误差却仅有千万分之一米,比人头发的直径还要小。而我们能够对如此遥远的物体测量出如此微小的数值,简直是令人惊异的。"听,听!

336

一年中的第 336 天是 12 月 2 日 1942 的这一天,第一个人造核反应堆(artificial nuclear reactor),芝加哥反应堆一号(Chicago Pile-1),成功到达临界点(critical)。

把质数一起带去派对吧

下一次你要举办一场"分拆为质数的派对",这也是你可能参加的最酷的一种派对了,一定记得一共有 336 种将 41 分拆为质数之和的不同方式,例如: {37,2,2},{19,7,7,5,3} 等。

6700 年

要以光的速度运动多长时间,才能到达小宝石星云(Little Gem Nebula,NGC 6818)?

它于 1787 年被威廉·赫歇尔(William Herschel)发现,在老比利.H.(Billy H.)发现天王星的 6 年之后。

的确,这肯定是很长的旅途,但你必须同意——你到了一定能看到绝美的景观!

图片来源:ESA/Hubble & NASA 感谢:Judy Schmidt(geckzilla.com)

毕达哥拉斯质数(Pythagorean prime)

337

一年中的第 337 天是 12 月 3 日

337 是一个毕达哥拉斯质数。它是以 4n+1 的形式存在的质数。毕达哥拉斯质数是正好等于两个平方数之和的质数(除 2 以外)。

在这个例子中,我们发现 337 是一个毕达哥拉斯质数;$337=4\times84+1$,且 $337=9^2+16^2$。

比波普音乐家（Big Boppers）：
你称那个为星星 …… 现在真的星星来了

1 400 000

太阳的直径，以千米为单位（足够容纳一百万个地球）。我们把 695 500 千米称为*太阳半径*，当测量其他恒星的时候，我们把它们的半径和太阳的半径相比较。

盾牌座 UY（UY Scuti）

在充满争议和"误差边缘"的领域，"盾牌座 UY"也许是我们见过的最大的恒星。它的半径是太阳的 1700 倍，然而质量只有太阳的 30 倍。如果我们用所发现的最大的 10 个恒星中的任意一个替换掉太阳，那么它会挤开水星和金星，重重地撞向我们，推开火星，并将木星撞离轨道！

太阳半径的 1180 倍
—— 参宿四（Betelgeuse）

夜空中第九亮的星，尽管它离我们有 642 光年远。

木星 < 比邻星 < 太阳 < 天狼星

天狼星 < 北河三 < 大角星 < 毕宿五

338

一年中的第 338 天是 12 月 4 日

兴奋起来

$17^2+7^2=338$，而 $338=2 \times 13^2$。
因此这两个三角形的斜边都等于
$\sqrt{338} = 13\sqrt{2}$ 。

25 千米

中子星的估计直径，即大过太阳的恒星爆炸残余。

50~100 厘米

小行星 2008 TS26 的直径。这相当于一个沙滩排球的大小（或者是一个豆袋，如果你是室内活动者）。TS26 是我们已知最小的围绕太阳运行的天体。它的公转周期为 32 个月，它也是一位某一天会撞向地球的预备选手 —— 或者说至少在进入地球大气层时被燃烧殆尽。

下面的这些图片（从左到右）显示了行星们相对盾牌座 UY 的大小。（来源：维基百科；从 Jcpag2012 的照片改编而来，背景已改变）

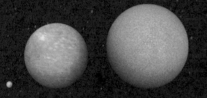

毕宿五 < 参宿七 < 心宿二 < 参宿四

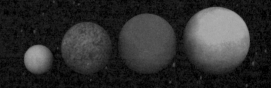

参宿四 < 大犬座 VY< 天鹅座 NML< 盾牌座 UY

强大的 3-3-9

如果你曾经坐下来，将 339 的连续次幂相加，接下来的事实就不会使你惊讶了。

对于其他所有的人，你们将会惊奇地发现：

$339^{10}+339^{9}+339^{8}+339^{7}+339^{6}+339^{5}+339^{4}+339^{3}+339^{2}+339^{1}+339^{0}$ 是一个质数。

339

一年中的第 339 天是 12 月 5 日

39 000 千米 / 时

1969 年 5 月,阿波罗 10 号宇航员从月球返回地球的速度。

107 000 千米 / 时

你现在运动的速度! 严格来说,这是地球在轨道中绕太阳公转的速度。

170 000 千米 / 时

水星的运动速度。直到大约 20 年之前,水星还属于移动得十分快的行星。但从那时起,太空观测技术突飞猛进,我们能观测到的事物急剧增加。我们现今已查到大约 2000 颗外行星(exoplanet, 即 extra-solar planet, 太阳系外行星,围绕非太阳的恒星运行),而且我们得到的行星列表只会变得更长。

340

一年中的第 340 天是 12 月 6 日

别拖动皇后

如果你在一个 6×6 的国际象棋棋盘上有 2 个皇后,一共有 340 种将它们安全地摆放在棋盘上的方式,以保证它们无法在一步之内抓到对方。

863 000 千米 / 时

2008 年,我们发现了一个气状巨型外行星,名叫 Wasp-12b,它的直径大约是木星的两倍,速度为 863 000 千米 / 时 —— 那大约是每秒 240 千米,或者说是在仅仅少于三分钟的时间里绕地球一圈。比这更刺激的是,一些科学家确信 Wasp-12b 的表面和内核是由碳组成的 …… 可能是以钻石的形式!闪闪发光和极限速度简直是绝配。

但如果你想移动到 Wasp-12b 来享受这次旅行,我得指出它的表面温度为 2250℃(近乎太阳表面温度的一半,且可能是我们所发现的行星中表面温度最高的)。不只是这样,它是如此接近它的主恒星,以至于它被拉伸成了一个足球的形状,并快要被撕裂了。悲伤的是,老伙计 Wasp-12b 只有一千万年的寿命。

914 000 千米 / 时

太阳绕银河系中心运行的速度。

5 700 000 千米 / 时

中子星 RX J0822.0-4300 的运行速度,它是大约 3700 年前超新星爆炸的残余。RX J0822 可以在 2 秒内从悉尼飞到珀斯,可以在半分钟之内绕地球一周,也可以在 4 分钟之内从地球到达月球。

对那么大的物体来说,这简直是惊人的速度。并不令人惊奇的是,十分微小的东西可以比极大的东西运动得快。并且,当我们说快的时候,我们的意思是快得多。

1 079 252 850 千米 / 时

宇宙中最快的记录在案的运动速度是 1991 年在美国犹他州的一道宇宙射线(大抵是一个质子或者一个铁原子核)撞击地球大气层的速度,为光速的 99.99999999999999999996%。它震惊了物理学家,他们把它命名为"哦我的天"粒子。

传奇的卢卡斯

在美国,12 月 7 日被记作 12/7,这对我也是个硬塞入知识点的机会:$127=2^7-1$,它是一个梅森素数。

现在,我们看到,当 M 为梅森素数时,2^M-1 不一定是质数,但在这个例子中,当 $M=127$ 时,我们得到 $2^{127}-1$ 确实是一个梅森素数。

它不只是一个普普通通的质数老伙计,它其实是人类笔算发现的最大的梅森素数。

干得好,爱德华·卢卡斯(Édouard Lucas),他在 1876 年证明了这个 39 位数的怪物:170 141-183 460 469 231 731 687 303 715-884 105 727,是一个质数。

341

一年中的第 341 天是 12 月 7 日

嘿,伙计,那可真重

330 000 000 000 000 000 000 000 吨

水星的质量。

6 000 000 000 000 000 000 000 000 吨

地球的质量。

2 000 000 000 000 000 000 000 000 000 吨

木星的质量,它是太阳系其他行星质量和的两倍!

2 000 000 000 000 000 000 000 000 000 000 吨

我们的太阳的质量。现在,如果我只是不断地增加 0 的话,马上就会用完所有空间了,所以让我们把太阳的质量称作是 1 个"太阳质量",或者是 $1M$。

当物体变得更重时,它也在变得更复杂。计算距离我们很远的星球的质量绝不仅仅是将一袋马铃薯倒到计价秤上那么简单。据目前所知,很多巨星体的质量只能增大大约 4 倍,所以在测量这些的时候请把着怀疑的态度,抑或是十分怀疑的态度。

目前我们可以用肉眼观测到的最重的恒星是蓝色的超巨星参宿二,它的质量为 $40M$,位于猎户座中心环带。但是老家伙参宿二与位于大麦哲伦云的沃尔夫 – 拉叶星相比还是小了些,我们把后者浪漫地称为 RMC 136a1。截至 2015 年年中,它被确认为世界上质量最大的恒星,足足有 $265M$。我实在无法想象它要到哪里去买裤子。

然而,即便是这些巨型恒星也不是我们所知道的最重的"物体"。人马座 A*,位于银河系中心的巨大的黑洞,其质量是太阳的 430 万倍。那已经是难以置信的了,但宇宙中极有可能存在比这还要重的黑洞。

342

一年中的第 342 天是 12 月 8 日

你好啊,欧波朗数!

342 是一个欧波朗数(或称为普洛尼克数),即两个连续整数之积。

对各位欧波朗数的粉丝而言,今年不会再有它们出现了。

让我们算出乘积为 342 的两个连续整数来成功地将它们踢出局吧。

而以上这些甚至还没有提及一个棘手的问题，即你是否可以将一整个星系当作一个"物体"，如果是这样，那么请允许我告诉你，一个星系团，就像 Abell 2163，它的质量有 4 000 000 000 000 000M 那么重。

下面的图片（从左到右）展示了行星相对于地球的大小。（图片来源：维基百科；由 Jcpag2012 的图片改编；背景已改）

水星 < 火星 < 金星 < 地球

地球 < 海王星 < 天王星 < 土星 < 木星

最后一个弗里德曼数？

就像我们在 10 月 16 日提到过的那样，弗里德曼数就是一个可以用它各数位上的数字经过运算得到它本身的数。因此 12 月 13 日，也就是从今天开始算的几天后，是一年中最后一个弗里德曼数，$347=7^3+4$。

你可以证明 343 也是一个弗里德曼数吗？

343

一年中的第 343 天是 12 月 9 日

我们的太阳来啦

4 600 000 000 年

那个天空中黄色的圆球大概有 4 600 000 000 岁那么老。

5500℃

太阳表面温度（大约有蜡烛火焰的 5 倍那么热）。

15 000 000℃

太阳内核的温度。

2 000 000 000 000 000 000-000 000 000 吨

太阳的质量（大约有 330 000 个地球那么重）。

1 400 000 千米

太阳的直径。

39% 的氢，60% 的氦，1% 的碳、氧、硅、铁以及极少量的其他每一种被发现的元素

这是现今太阳的组成。太阳原本的组成是 72% 的氢，27% 的氦，1% 的其他元素 —— 这个变化来源于它 46 亿年来将氢转化为氦的"核聚变"。

3.86×10^{26} 焦耳 / 秒

太阳的能量输出。这相当于每秒 6 万亿次广岛核爆炸。顺便说一下，那等于 386 000 000 000–000 000 000 000 000 焦耳。

344

一年中的第 344 天是 12 月 10 日，1815 年的这一天，数学家艾达·勒芙蕾丝（Ada Lovelace）诞生，在第一届诺贝尔奖颁发前 86 年。

再给我多一点儿，344！

344 是两个正立方数之和。一年中剩下的部分还有一天有这个特征。你能将 344 表示为这两个立方数之和，并找出今年中的另外一天吗？

懒惰的 n 个圆

如果你听懂了我在 11 月 4 日和你说过的 n 个圆可以将平面分割为至多 n^2-n+2 个区域，那要求出 19 个圆将平面分为至多 344 个区域就是轻而易举的事情啦。

4 000 0...
太阳每秒燃烧的质量。

490~5...
光从太阳到地球要经过的时间,路程大约有 149 600 000 千米,当然这取决于我们在地球轨道上的具体位置。

9 000 000 000 年
太阳的预计寿命。

1 000 000 000 000 年
红矮星的预计寿命。

这幅令人难以置信的背景图片展示了在太阳大气层上盘旋的长丝——日珥,于 2012 年 8 月 31 日喷射入太空。虽然它没有直接到达地球,但它着实和地球的磁层有联系,生成了北极光。来源:NASA 戈达德太空飞行中心(Goddard Space Flight Center)(图片已被修剪、倒置)。

隐藏的可爱特质

算出 345×3523(用笔算,懒虫!),你观察到什么啦?这里隐藏了几个"可爱的"性质。

简直太惊奇了

345 是一头牛要产出 1 美制加仑的牛奶其乳房需要喷射的平均次数。嘿,我知道这并不十分像个数学常识,但就快要到圣诞节了,我有兴趣加点儿其他东西!

345

一年中的第 345 天是 12 月 11 日

50

在那些巨型数字的比较下,50 似乎像是一个很小的数字,然而它却象征着我们科技的一大进步。

我们的平方公里阵列射电望远镜(SKA),一旦在澳大利亚和南非建成,将会比现已存在的无线电设备敏感 50 倍。

但是如果这个数字还不够震撼你,那么看看这个数:这个阵列射电望远镜被估计每天能生成1 艾字节(exabyte)[或者说是 1 兆字节(1 quintillion byte)]的原始未压缩数据 ……

就像杰出的澳大利亚天文物理学家和项目科学家莉萨·哈维·史密斯(Lisa Harvey-Smith)指出的,我们事实上正在西澳大利亚和南非建造一个新的因特网。

背景图是所有 4 个 SKA 组件在一起的透视图——SKA 碟(SKA dish)(背景中有 MeerKAT 和 ASKAP,如果你们中有热爱洗碟子的人),还有位于右下角的低频孔径阵列(low frequency aperture array)射电望远镜以及位于左下角的中频孔径阵列(mid frequency aperture array)射电望远镜。图片的左半边代表了非洲的天线,而右半边则为澳大利亚的大线。来源: SKA 组织(图片已剪裁)。

346

史密斯家族

一年中的第 346 天是 12 月 12 日

你能证明 346 是一个史密斯数吗(Smith number)? 嗯,你需要我先告诉你史密斯数是什么,对吗? 如果一个数各数位上的数字之和等于它的质因数各数位上的数字之和,那么它就是一个史密斯数。

数字的安全性

347 是一个安全质数（safe prime），比一个索菲热尔曼质数 173 的两倍大 1。今年仅有 1 个安全质数了。

有一个一位数，当你将它与 347 的任意一个数位上的数字相加时，得到的 3 个数仍然是质数。你能得出这个一位数吗？

347

一年中的第 347 天是 12 月 13 日

这张惊人的照片 ——

展示了国际空间站经过月球的场景。

它是由迪伦·奥唐纳（Dylan O'Donnell）用一台数码单反相机（digital SLR camera）和一台天文望远镜拍摄的，当时时间是 2015 年 6 月，国际空间站（ISS）正"嗖嗖"地飞速经过澳大利亚上空。现在，当我说"嗖嗖"地经过时，我真的就是这样认为的 —— 从地球上看，国际空间站仅仅用了 0.33 秒的时间就飞过了月球！

当然了，国际空间站的大小为 109 米 × 73 米 × 20 米，因此它大概有一个足球场那么大，但这次演练需要如此高的精确度，以至于迪伦等待了 12 个月才开始在确切的时间点曝光（一秒的 1/1650），交叉手指，期待它能在回放中出现。

它真的出现了，迪伦 —— 你是奇迹！

348

一年中的第 348 天是 12 月 14 日

秘密的极客特质

348^5=5 103 830 227 968，而 381^5=8 028 323 765 901，这使 348 成为 5 次幂包含的数刚好与另一个数的 5 次幂包含的数相同的最小的数字。

谁会想到 348 和 381 分享着这个极客的小小秘密呢？

回文数

如果你爱回文数，嘿，谁不爱呢，348 是一个不错的跳板，从这儿我们可以得到 348+3×4×8=444，348−3×4×8=252，348+（3+4+8）=363 且 348−（3+4+8）=333，这些所有的结果都是回文数。

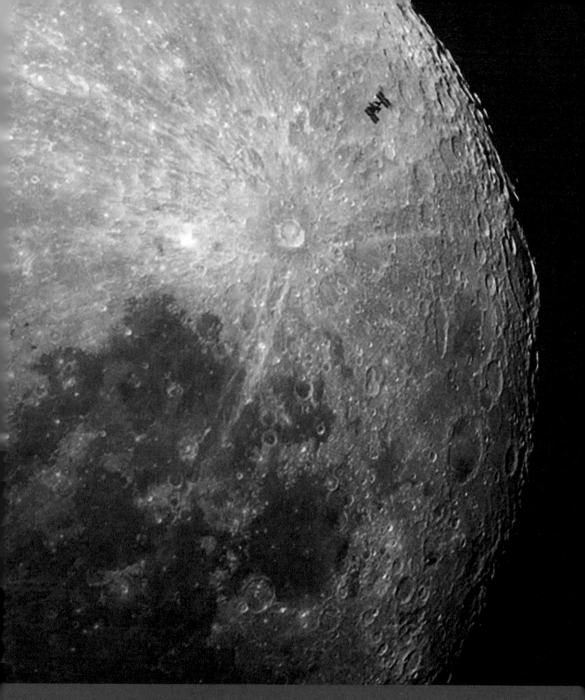

有效益的质数

349 是一个质数，它是 3 个连续质数之和，也是一年中最后的孪生质数对中的一个数字。

349 也是一年中最大的质数 p，满足 p 减去它各数位上的数字之积，以及加上它各数位上的数字之积都是质数。这个意思就是

349 和 349+3×4×9=457，以及 349−3×4×9=241 都是质数。

349

一年中的第 349 天是 12 月 15 日

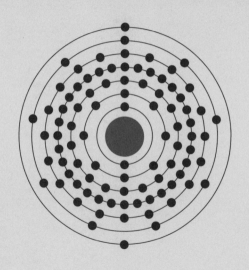

镤

（Protactinium）

放射性元素会持续衰变，直至到达我们所说的"稳态（steady state）"。当放射性同位素铀 -238 衰变时，它生成了一个大家庭：铀 -238 产生了钍 -234，后者产生了镤，然后回到铀 -234、钍 -230，接着是镭、氡、钋，最终是古老又可爱的铅。测量镤水平是一种准确鉴定长达 175 000 年以上的地质沉淀物具体年龄的方式。

为超棒的苏格兰化学家艾达·弗洛伦斯·伦弗莱·希钦斯（Ada Florence Remfry Hitchins）叫好，她是诺贝尔化学奖得主弗雷德·索迪（Fred Soddy）的主要研究助手。她在发现镤的过程中起到了举足轻重的作用。

350

一年中的第 350 天是 12 月 16 日

第二类斯特林数（Stirling number）

350 是 S（7，4），它是第二类斯特林数中的一个。这并不是说 350 是一个有教养且正直的数，它的意思其实是一共有 350 种将 7 个未知数分为 4 个非空子集的方式。因此如果你将 A，B，C，D，E，F，G 分到 4 个以字母表排列的子集中，就像 {（AD），（CF），（G），（CBE）} 这样，一共有 350 种不同的方式。

151

114

200

28 21
37 16
12
86

49
65

265

351

依然厉害,帕多万!

351

351 荣幸地成为帕多万数列 (Padovan sequence) 中的第 23 个数字,你也许从没听说过这个数列 (除非你买了我之前的书 ——《数字王国》)。

帕多万数列是由一系列向外螺旋而出的正三角形的边长长度组成的,如上图所示。

这个数列为 1, 1, 1, 2, 3, 4, 5, 7, 9, 12, 16, 21… 数列中的第 n 项,P_n,由 $P_n=P_{n-2}+P_{n-3}$ 得到。

一年中的第 351 天是 12 月 17 日

1903 年的这一天,奥维尔·莱特 (Orville Wright) 成功地进行了第一次可控且有动力推动的飞行。

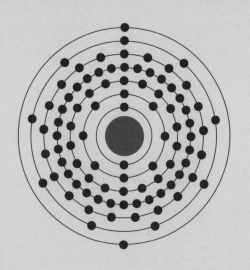

铀

(Uranium)

在 1896 年 2 月 26 日，著名的法国化学家亨利·贝克勒尔(Henri Becquerel)观察到一个放在未曝光的照相底片上过夜的铀样本将照片生成在了底片上 —— 即便它根本没有被暴露在光线下。他正确地推断出是铀本身自发地发出了不可见的射线。玛丽·居里后来将这种现象命名为"放射性"，但是早在 1896 年 2 月 26 日，科学发生了根本的变革。

352

一年中的第 352 天是 12 月 18 日

国际象棋升级

在一个 9×9 的棋盘上放置 9 个皇后，保证它们不会攻击对方，一共有 352 种排列方式。这个"普遍的皇后问题"被很多人研究，其中一个就是伟大的数学家卡尔·弗里德里希·高斯，但我们现今仍没有得到 n×n 的棋盘的通项公式。

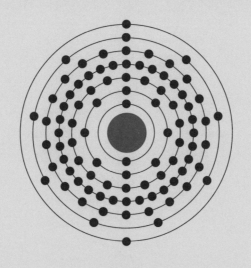

镎

（Neptunium）

为什么有人会以海王星（Neptune）来命名一种元素呢？好吧，如果你刚刚发现了铀，然后看看元素周期表中铀后面的一个元素，因为铀的名字源于天王星（Uranus），因此你只要查查太阳系中天王星后面的那个行星，然后发现它叫海王星，之后就 …… 来啦！

最坚固的一种镎的类型是镎 -237，它的半衰期为 214 万年。那可真长。但听听这个：即便是 46 亿年以前，在最初的地壳中含有万亿吨镎，到现在也全部消失了 …… 在十亿年以前。

353

回文质数

如果你对回文质数有热情，那么今天就是你的吉日啦，我的朋友。你看，353 是一年中最后一个回文质数，也是所有数位上的数字都是质数的多位回文质数。

诺里和 4 次幂

353 是最小的 4 次幂等于另外 4 个数的 4 次幂之和的数，就像 1911 年被 R. 诺里（R.Norrie）发现的那样：

$$353^4=30^4+120^4+272^4+315^4$$

干得好，诺里。

一年中的第 353 天是 12 月 19 日

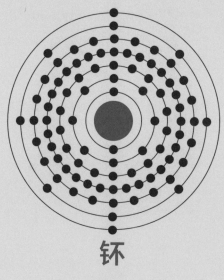

钚

（Plutonium）

铀是以天王星命名的，镎是以海王星命名的，而钚是……你猜猜……以我们的前太阳系行星，冥王星（Pluto）命名。你说什么？对啦，在 2006 年，国际天文学联合会（International Astronomical Union）将冥王星由行星降级为"矮行星（dwarf planet）"——但那是另一本书中的另一个故事了。

如果第 94 个元素叫作钚，那为什么它的化学符号是 Pu 呢？关于这个问题，约翰·埃姆斯利（John Emsley）在圣经般重要的书里写道，钚的发现者——格伦·西博格（Glenn Seaborg），亚瑟·沃尔（Arthur Wahl）和约瑟夫·肯尼迪（Joseph Kennedy），喜欢字母 Pu，因为这听上去有点儿粗鲁。谁说极客没有幽默感！

354

切割质数

数字 121 339 693 967 是一个质数，从左依次删掉一个数字，得到的数 21 339 693 967, 1 339 693 967, 339 693 967, 39 693 967, 9 693 967, 693 967, 93 967, 3967, 967, 67 和 7，都是质数。这使 121 339 693 967 成为一个十二位数、左截质数（left-truncatable prime）。一共有 354 个这样的数。

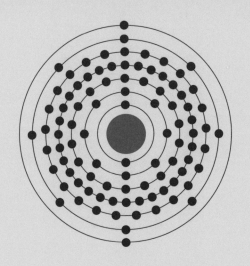

镅

(Americium)

虽然也许你从未听说过镅，但你可以从世界上千千万万个家庭和建筑物的烟雾报警器中发现它。一个普通的烟雾探测器含有大概 150 微克的氧化镅。

镅是唯一一个在儿童广播节目中被宣告发现的元素。1945 年 11 月 11 日，美国化学家格伦·西博格做客《每事问孩子》(*Quiz Kids*) 节目。他揭示了美国在第二次世界大战中使用的秘密武器项目生产了镅和锔 (Curium)。那真是个极客至上的广播秀啊！

全镇上最好的 π

355

355 几乎正好等于 113π。"有多接近呢？" 我听到你问了。嗯，事实上十分接近：

$113π = 354.9999699\cdots$

一年中没有比这更接近的一天了。事实上，355/113 是如此精确的 π 的近似值，以至于如果要再精确一些，我们就得跳到 52 163/16 604 了。

其他可爱但不那么准确的 π 的近似值包括了：

$9/5 + \sqrt{9/5} = 3.14164\cdots$ 以及 $7^7/4^9 = 3.14157\cdots$

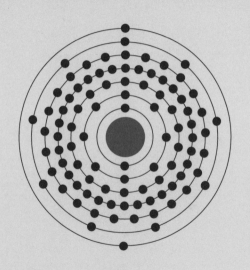

锔

（Curium）

来见见锔，它的原子核中有 96 个质子，名字源于传奇的夫妻组合：玛丽和皮埃尔·居里。出生于波兰的玛丽是首个获得诺贝尔和平奖的女性，也是首个赢得两项诺贝尔奖的科学家，是唯一一个在两个不同领域（化学和物理）获得诺贝尔奖的人。她是个真正的高手。

一种减少全球危险且具有高放射性元素钚存储量的方式是用中子轰击它，然后将它转变为不那么糟糕且更有用的锔。

356

最后来一张自拍吧

一年中的第 356 天是 12 月 22 日

1887 年的这一天，数学家斯里尼瓦瑟·拉马努金（Srinivasa Ramanujan）诞生。

将数字 36 分割为不等的部分，保证没有一个部分等于 1，一共有 356 种方式。

我们在 10 月 4 日聊过自我数。嗯，356 是一个自我数，且是今年我们遇到的最后一个自我数。

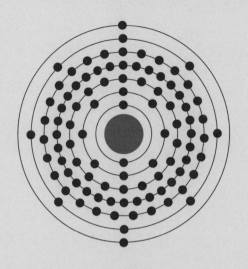

锫

(Berkelium)

    大约 20 亿年前, 在现今中非的加蓬 (Gabon), 多达 20 个自然核反应堆在运行。它们将铀作为燃料, 并使用当地的供水系统作为适度的调节。这些核反应堆运行了长达十亿年, 虽然现今的锫都是在实验室和特定设备中生产出来的, 但在多年之前它很可能是在加蓬的核反应堆中生成的。

    顺便说一下, 锫的名字源于加利福尼亚州伯克利 (Berkeley, California), 即它于 1949 年 12 月被发现的加州大学放射性实验室的位置。

帕斯卡三角形 (Pascal's triangle)

    在帕斯卡三角形的前 46 行一共有 357 个奇数。左右两边都是数字 1, 其内部的每个数都由它上方的 2 个数相加得到。

357

一年中的第 357 天是 12 月 23 日

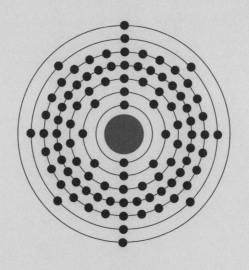

锎

（Californium）

虽然极其稀少，且只在实验室或反应堆中找得到，但你可以以较低的 10 美元的价格拿走 1 微克的锎。当我说"你可以拿走"，我强烈推荐你别真的按字面意思拿走它，甚至也根本不建议你一开始买下它。

当少量的锎被注射到宫颈癌肿瘤中时，锎内部中子爆发会破坏肿瘤，缩小它，通常能使病人的生命延续 10 年或更长时间。

358

一年中的第 358 天是 12 月 24 日

358

是一个质数的两倍，所以 358 是一个半质数，它也是从 47 开始的 6 个连续质数之和。看，我甚至都没让你自己求出它们，而是告诉了你这个数列是从哪儿开始的。我变得温和起来，因为我们马上就要到圣诞节啦！

质数相加

前 358 个质数之和是 398 771，而此数本身也是一个质数呢。

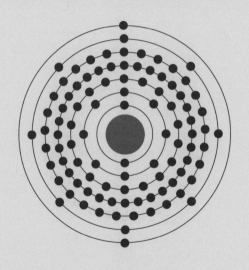

锿

（Einsteinium）

　　锿是在第一次热核爆炸（thermonuclear explosion）的残渣中被发现的，这次爆炸发生在 1952 年 11 月 1 日的太平洋上的埃尼威托克岛（Island of Eniwetok）上。这次爆炸，代号为 "Mike"，是氢弹发展的先驱。在爆炸之后，有不到 200 种新元素的原子在附近的环礁上被发现，但那足够让人们确认锿了。虽然新元素在 1952 年被探寻到，但因为这个军事项目太过敏感，所以这个发现在 3 年之后才公之于众。

359

　　它是一个索菲热尔曼质数，并且还是这一年中的最后一个安全质数。如果你从 $n=89$ 开始，不断重复求出 $2n+1$，你会得到一系列质数串，其中包括了 359。它们是 89, 179, 359, 719, 1439 和 2879。这列数字的下一个是 5759，你能证明它是个合数吗？

一年中的第 359 天是 12 月 25 日

1642 年的这一天，艾萨克·牛顿（Isaac Newton）诞生。

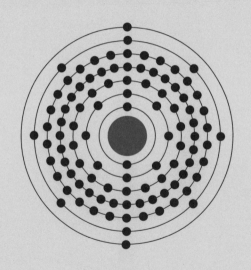

镄

（Fermium）

最后，让我们来见见镄。它也是在"Mike"行动中的埃尼威托克岛热核爆炸的残渣中发现的，它是元素周期表中最远的一个能被核反应堆生成的元素。但要留住它还真不容易。回忆一下，一种元素的同位素的原子核中有同样数量的质子，以及不同数量的中子。嗯，如果你创造了一种镄（镄-257），它几乎瞬间就夺取了一个中子，然后变为一个不同的同位素，镄-258。好啦，虽然镄-257十分稳定，但镄-258的半衰期却仅有0.37毫秒，因此几乎刹那间就消失了。快准备好你的自拍杆，和我一起微笑，然后我们就对前100个元素说拜拜啦！

360

共轭

一年中的第360天是12月26日

1791年的这一天，数学家兼发明家查尔斯·巴贝奇（Charles Babbage）诞生。

360是一个圆的度数，并且，有一个（比较新的）描述2个角相加等于360度的词。它们被称为共轭。

360是一个高合成数（highly composite number）：它有24个因数，这比任何一个小于360的数的因数个数都多，并且，直到720，

没有一个数有比360更多的因数个数，720有30个因数。

★ ★ ★ ★ ★ ★ ★ ★ ★

360是最小的能被1到10中的9个数字整除的数。你能找到1到10（包括1和10）中不是360因数的那个数吗？

在完美的条件下，
你最多可以看到 2500 颗恒星。

"完美的条件"意思就是远离光污染，且夜空中没有月亮。2500
和歌曲、俗语中所说的"百万"有太大距离了。

361

一年中的第 361 天是 12 月 27 日

怎样产生平方数？

361=19^2，且它刚好等于两个连续三角形数之和：361=171+190=T$_{18}$+T$_{19}$

事实上，从右边这些图中你可以看到，2 个连续三角形数之和必定是一个平方数。举个例子，T$_3$+T$_4$=6+10=16=4^2。普遍来说，

T$_n$+T$_{n+1}$=(n+1)^2。

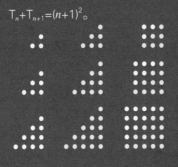

数字中的

马德里
（Madrid）

35 亿美元

皇家马德里足球俱乐部的估价。

250

马德里（译者注：西班牙首都及最大城市）年平均"无云"日 —— 这使它成为欧洲最充满阳光的城市。

每 192 个人一个

在马德里，每 192 个人就有 1 个酒吧。这使它成为一个十分休闲的城市！

362

一年中的第 362 天是 12 月 28 日

大森林（Big Wood）

在 9 月 6 日的时候，我们接触到了七十八位数的伍德奥质数 W_{249}。

嗯，$W_{362}=362\times2^{362}-1$ 也是一个质数。虽然它很大，有超过一百位数，它和我们已知的最大伍德奥质数相比还是小巫见大巫。那个数是 $W_{37\,52\,948}$，它有 1129 757 位数呢！

25 000

Toros de Las Ventasd 容客量，这是马德里最著名的斗牛圈。

1725 年

世界上最古老的饭店，西班牙波丁餐厅（Restaurante Sobrino de Botin）（根据吉尼斯世界纪录）建成的时间。

650 米

马德里高于海平面的高度。因此，它是欧洲最高的首都。

午夜 12 时

很多人认为马德里城市真正苏醒的时间——很多当地人仍然小憩片刻，一些商店也在此时关门重新充电。

0 千米

马德里的太阳门广场（Puerta del Sol）是所有西班牙街道官方距离测量的标准点。这和悉尼环形码头（Circular Quay）旁边的麦夸利广场公园（Macquarie Place Park）的砂岩方尖碑（sandstone obelisk）很相似。

问问你妈妈

363 是 9 个连续质数之和，同时也是 5 个 3 的正多次幂之和。如果你想把这个纹成文身，嗯，先和妈妈说一下吧，但你得确认你需要给她看你要纹的东西：

$363 = 23 + 29 + 31 + 37 + 41 + 43 + 47 + 53 + 59 = 3^5 + 3^4 + 3^3 + 3^2 + 3^1$

天籁（heavenly harmonies）

363 是第 7 个调和数的分子，这是一个描述以下这个数分子的复杂的说法：$1/1 + 1/2 + 1/3 + 1/4 + 1/5 + 1/6 + 1/7 = 363/140$。

363

一年中的第 363 天是 12 月 29 日

马的旅行（knight tour）

如果你将一个标准 64 格，即 8×8 的国际象棋棋盘放在一个立方体的每一面，一共会有 384 个正方形。这和 364 有什么关系呢？好吧，也没很大关系，但一年中没有第 384 天，而我却热爱这个谜题！

英国伟大的谜题创造人亨利·达得内（Henry Dudeney）曾经自己动手创造了一个完整的"马的旅行"立方体，它的每一面都是一个国际象棋棋盘。从这个金色的

马开始走，一次成功的旅行会带你走过贴有标签的路线，然后接着，在回到它的起点之前，在每一个正方形中正好落脚一次。

364 是《圣诞节的十二天》这首歌中所有礼物的总和：1+（2+1）+（3+2+1）+… 它们是一系列三角形数。我们可以用前 n 位三角形数之和的公式算出来：$S_n=n×（n+1）×（n+2）/6$，在这里 $n=12$。

这个缩写在 50 000 年内将会一直可见。

就这样结束了吗?

　　我们已经来到一年的最后一天了,要庆祝这个时刻还有比用一些正方形和算术更好的方式吗?

　　365 是 2 个平方数之和,且有 2 种表达方式。它也可以被表示为 3 个连续平方数之和。

　　你能求出这 3 种表示 365 的方式吗?

　　当你完成了这个任务,就结束了这个数学日历的所有内容啦。新年快乐!

365

答案!

第 6 页

1+2+4+7+14=28,使 1 月 28 日成为"完美"的一天。

第 7 页

$7!=7×6×5×4×3×2×1=5040$,所以 $2×7!=10\ 080$。一周内的分钟数 $=7×24×60=10\ 080$。同样,也有 $10!=10×9×8×7×6×5×4×3×2×1=3\ 628\ 800$,6 周内所有时间,即 3 628 800 秒。

第 10 页

把这些十位数各数位上的数字加起来,我们得到 $0+1+2+\cdots+8+9=45$。但是数学的一个分支,即"数论"告诉我们,如果一个数字的各数位上的数字之和可以被 9 整除,那么这个数字本身也可以被 9 整除。现在,45 可以被 9 整除,因此我们知道原始数字,包含 0,1,2,3,4,5,6,7,8 和 9 的任意顺序的数字都可以被 9 整除。这些 10 位数字中没有一个是质数。

第 14 页

要解决这些问题,请注意 $1+2+3+4+5+6+7+8=36$,所以如果要降落在 0 上,你只需将数字 1,2,3,4,5,6,7 和 8 这几个数字分成几组,使它们加起来等于 18。例如:(4,6,8)和(1,2,3,5,7),所以我们可以在一组前面加上加号,然后在另一组前面加上减号得到 $+1+2+3-4+5-6+7-8=0$,以及 $-1-2-3+4-5+6-7+8=0$

第 25 页

$10^2=6^2+8^2$ 和 $13^2=12^2+5^2$

第 27 页

0,1,8,17,18 和 26

第 28 页

$1+2+4+8+16+31+62+124+248=496$

$1^3+3^3+5^3+7^3=496$

第 32 页

$32=2^4+4^2$

第 41 页

$41=2+3+5+7+11+13$

第 48 页

1,2,3,4,6,8,12,16,24 和 48

第 51 页

答:3×50 分、4×20 分、1×5 分和 4×2 分,是 2.43 澳元,这样我就不能给你正好 2 澳元了。

答:3×1 美元,1×50 分,4×20 分,1×5 分是你能选择的很多方法之一,你将得到 4.35 澳元,但不能正好得到 4.00 澳元。

第 54 页

$54=2^2+5^2+5^2=1^2+2^2+7^2=3^2+3^2+6^2$

第 56 页

1 2 3 4
2 1 4 3
3 4 1 2
4 3 2 1

1 2 3 4
2 4 1 3
3 1 4 2
4 3 2 1

1 2 3 4
2 3 4 1
3 4 1 2
4 1 2 3

366

一年中的第 366 天,有时……

结束

现在我要说,一年不一定有 366 天,但这本书很可能会被在 2020 年阅读 —— 这是一个闰年(leap year)—— 因此,为了秉持慷慨的精神,我又多写了最后一个数字。

366 是一个闰年的总天数。它每 4 年出现一次,因此如果某年年份能被 4 整除,如 2016,2020,2024 等,那它就是个闰年。

但你知道那些百年,即 1700,1800,1900 等,不是闰年吗?

然后,为了使事情更复杂,以上的规定并不适用于所有可被 400 整除的年份。因此 2000,2400 及其他类似的年份,是闰年。我们看上去没法活到下一个这样的年份了。

1 2 3 4
2 1 4 3
3 4 2 1
4 3 1 2

第 58 页
7 产生了 49,97,130,10,1,1…

第 59 页
101 5 71
29 59 89
47 113 17

第 62 页
$62=2^2+3^2+7^2=1^2+5^2+6^2$

第 71 页
$71^3=357\,911$,即奇数 3,5,7,9 和 11 连接在一起。

第 76 页
$25^2=625$

第 78 页
$78=1^2+2^2+3^2+8^2=1^2+4^2+5^2+6^2=2^2+3^2+4^2+7^2$

第 80 页
1117 和 9767

第 85 页
$93=3\times31,94=2\times47,95=5\times19$

第 90 页
$90^3=729\,000$,而 $728\,999/89=8191=2^{13}-1$
因为 13 和 8191 都是质数,所以 8191 是梅森素数。

第 96 页
$14^2-10^2=196-100=96$,而真正难的一个,是 $25^2-23^2=96$

第 98 页
49/98=4/8=1/2

第 102 页
102=19+23+29+31

第 103 页
$103^2=10\,609$ 和 $301^2=90\,601$。

第 108 页
$108=3^3+9^2=2^3+10^2$

第 109 页
109 有 3 个不同的数字,而 $109^2=11\,881$ 只有 2 个数字。

第 115 页
你只需要看另外两个例子
2!−2=0 和 3!−3=3

第 117 页
答:$117=11^2-2^2=5^3-2^3$
答:$999\,999=3^3\times7\times11\times13\times37$

第 119 页
答:$5!-1=119=7\times17$
答:119=17+19+23+29+31

第 121 页
$n=3$

第 124 页
124=5+7+11+13+17+19+23+29

第 125 页
$125=11^2+2^2=10^2+5^2$

第 127 页
$2^{11}-1=2047=23\times89$,因此它不是一个梅森素数。

第 128 页
128=109+19=97+31=67+61

第 129 页
$129=12+82+82=22+22+112=22+52+102=42+72+82$

第 132 页
12+13+21+23+31+32=132

第 133 页
"不快乐"的数字被套在这个循环中了
89,145,42,20,4,16,37,58,89。

第 135 页
1.35 澳元 $=1\times50$ 分 $+4\times20$ 分 $+1\times5$ 分
（$50+4\times20+5$）

第 136 页
从 136 开始,我们得到此数各数位上数字的立方之和,即 $1^3+3^3+6^3=244$。现在,求出这些数字的立方之和,我们得到 $2^3+4^3+4^3=136$。

第 139 页
答:181 和 191
答:139/973=1/7

第 145 页
145/435=1/3

第 148 页
$125\,433=231\times543$;$378\,450=435\times870$;

367

567 648=657×864

第 149 页
$149=6^2+7^2+8^2$

第 152 页
152=3+149=43+109=73+79=13+139

第 153 页
370,371 和 407

第 159 页
答：159=47+53+59
答：采用公式 $W_n=n×2^n-1$ 我们得到 $W_1=1$,$W_2=7$, $W_3=23$, $W_4=63$ 和 $W_5=5×2^5-1=5×32-1=159$

第 162 页
将 $12^2+4^2+1^2+1^2$ 写作（12,4,1,1），其他答案是（11,6,2,1）,（11,4,4,3）,（10,7,3,2）,（10,6,5,1）,（9,8,4,1）,（9,7,4,4）,（9,6,6,3）和（8,8,5,3）。

第 164 页
16+3=19,16-3=13,14+3=17,14-3=11,64+3=67,64-3=61,全部都是质数。

第 165 页
165×951=156 915

第 166 页
166/664=1/4

第 167 页
$167=5^3+2^3+2^3+2^3+2^3+2^3+1^3+1^3=4^3+4^3+3^3+2^3+1^3+1^3+1^3+1^3$

第 178 页
178^5=178 689 902 368——如果你算出了这步,好样的!

第 179 页
179×725=129 775

第 182 页
182/819=2/9

第 183 页
328 和 329 连接起来形成了 328 329=573^2。

第 185 页
$185=4^2+13^2=8^2+11^2$

第 186 页
7×5×3×2-4×3×2×1=186

第 187 页
187/286=17/26,187/385=17/35,187/748=1/4,187/484=17/44,187/583=17/53,187/682=17/62 以及 187/880=17/80

第 188 页
188=7+181=31+157=37+151=61+127=79+109

第 189 页
11×13×17×19=46 189

第 192 页
219,273,327

第 194 页
答：$194=13^2+4^2+3^2=12^2+7^2+1^2=12^2+5^2+5^2=11^2+8^2+3^2=9^2+8^2+7^2$
答：$194=13^2+5^2$

第 197 页
17+19+23+29+31+37+41=197

第 199 页
答：199=61+67+71=31+37+41+43+47
答：199/995=1/5

第 200 页
204 也是不可转化为质数的数。第一个奇数不可转化为质数的数为 325。

第 201 页
209,210

第 204 页
125 460=246×510

第 206 页
5000 flvE thOUsAnd。

第 207 页
89+67+41+5+3+2=89+61+47+5+3+2=207

第 208 页
$2^2+3^2+5^2+7^2+11^2$=4+9+25+49+121=208

第 209 页
不会，因为 $1^7+2^6+3^5+4^4+5^3+6^2+7^1$=732,而它大于 365。

第 215 页
每个总和的分母是（2,3,7,42）,（2,3,8,24）,（2,3,9,18）,（2,3,10,15）,（2,3,12,12）,（2,4,5,20）,（2,4,6,12）,（2,4,8,8）,（2,5,5,10）,（2,6,6,6）,（3,3,4,12）,（3,3,6,6）,（3,4,4,6）和（4,4,4,4）,但是分数可按不同顺序书写,因此有 215 个序列。

第 216 页
我 想 如 果 $3^2+4^2=5^2$ 和 $3^3+4^3+5^3=6^3$，则 $3^4+4^4+5^4+6^4$ 等于 7^4，我们可以继续增加幂的次数。我花了大约 5 分钟确认 $3^4+4^4+5^4+6^4=2258$，而 $7^4=2401$。现在还伤心呐；-）

第 217 页
答：$217=6^3+1^3=9^3-8^3$
答：$237=3\times79$

第 220 页
对于 220，1+2+4+5+10+11+20+22+44+55+110=284，而对于 284，我们得到 1+2+4+71+142=220。

第 221 页
答：$221=37+41+43+47+53=11+13+17+19+23+29+31+37+41$
答：$221=5^2+14^2=10^2+11^2$

第 223 页
$223=71+73+79=19+23+29+31+37+41+43$

第 225 页
$1^3+2^3+3^3+4^3+5^3+6^3=441=21^2=（1+2+3+4+5+6）^2$

第 226 页
$3!!^3+2!^3+1!^3+0!^3=6^3+2^3+1^3+1^3=216+8+1+1=226$

第 227 页
$227=（5+37）+5\times37$，5 和 37 为质数。

第 229 页
239 给出 239+932=1171，它是质数。

第 230 页
$230=2\times5\times23$ 和 $231=3\times7\times11$。

第 231 页
$231=2^2+3^2+7^2+13^2$

第 232 页
945 的真因数加起来是 1+3+5+7+9+15+21+27+35+45+63+105+135+189+315=975>945。干得好！你可以看看为什么尼科马霍斯没有发现这个！

第 233 页
序 列 1,1,2,3,5,8,13,21,34,55,89,144,233… 包含 233 作为其第 13 项数字。现在，有些人从 0,1,1 开始写序列，将 0 称为第 0 项，但这不会影响 233 为第 13 项。

第 234 页
$234+（2+3+4）=243=3^5$ 和 $234-（2+3+4）=225=15^2$。

第 238 页
52—— 别担心，如果你放弃了，那只是因为这是本书中我问过最难的问题。如果你答对了，你就是个计算高手，具备惊人的注意力。

第 239 页
$239=5^3+3^3+3^3+3^3+2^3+2^3+2^3+1^3=4^3+4^3+3^3+3^3+3^3+3^3+1^3+1^3+1^3$

第 240 页
360 有 24 个因数。

第 242 页
242 的 因 数 是 1,2,11,22,121 和 242。对 于 243，我们得到 1,3,9,27,81 和 243；对于 244，我们有 1,2,4,61,122 和 244，以及最后的 245，也有 6 个因数，即 1,5,7,35,49 和 245。

第 247 页
247=50 123-49 876

第 248 页
$2,4,8,2^4,4\times8,8^2,2^4\times8,2^8$

第 250 页
$250=5^3+5^3=15^2+5^2=13^2+9^2$

第 252 页
$252=12\times21$

第 254 页
第 22 个三角形数是 253，所以切一片比萨 22 刀最多可产生 254 片。

第 258 页
258=59+61+67+71 和 159=47+53+59

第 259 页
"一百万个一百万" 是 1 000 000 000 000（过去被一些人称作 billion，但现在几乎被每个人称为 trillion）。我们一致同意的是 999-999 999 999=$259\times3\,861\,003\,681$。以 及 999-999=$259\times3861$。

第 264 页
264=24+42+26+62+46+64=11+13+17+19+23+29+31+37+41+43

第 268 页
268 各数位上的数字：
$2\times6\times8=96=6\times16=6\times（2+6+8）$

第 269 页
$269\times581=156\,289$ 和 $269\times842=226\,498$。干得好，如果你得到这个！

第 271 页

271=7+11+13+17+19+23+29+31+37+41+43

第 272 页

答案(蛇形谜题问题,由亚历克斯·贝洛斯(Alex Bellos)在 guardian.com 上给出解决方案):将蛇形谜题改写为方程式 $a+(13b/c)+d+12e-f-11+(gh/i)-10=66$,我们试图找到 a,b,c,d,e,f,g,h 和 i,我们知道这是数字 1,2,3,4,5,6,7,8 和 9 的组合。将数字 1 到 9 放在 9 个槽沟中一共有 362 880 种可能的组合。我们可以将方程式整理为:$a+(13b/c)+d+12e-f+(gh/i)=66+11+10=87$ 或 $a+d-f+(13b/c)+12e+(gh/i)=87$。从这里我们可以假设 b/c 和 gh/i 将会是整数,并且我们不希望 $13b/c$ 太大。如此,我们开始输入数字,看看我们的进展。

这个谜题有多个答案,因此存在很多不同的猜测,以引导我们得到正确的答案。为了使 $13b/c$ 尽可能小,我们使 $b=2$,$c=1$。这让我们得到 $a+d-f+26+12e+(gh/i)=87$ 或 $a+d-f+12e+(gh/i)=61$,剩下是从 3 到 9 的所有数字,包括质数 3,5 和 7。我们把它们除掉,这样它们就不会使其他各项复杂化。使 $a=3$,$d=5$,$f=7$。这让我们得到 $3+5-7+12e+(gh/i)=61$ 或 $12e+(gh/i)=60$,剩下的数字是 4,6,8,9。尝试这些能让我们得到 $e=4$,$g=9$,$h=8$,$i=6$,$48+(72/6)=48+12=60$。答案(普洛尼克数):$272=16×17$

第 273 页

答案(生日问题):阿尔伯特被告知了月份,因此是五月、六月、七月或八月之一。伯纳德被告知日期,因此是 14、15、16、17、18 或 19 之一。阿尔伯特说我不知道谢丽尔什么时候生日,但我知道伯纳德也不知道。

很明显,在被仅仅告知月份后,阿尔伯特不知道她什么时候过生日。我们可以忽略这一点。但剩下的陈述很重要。

如果伯纳德被告知 18 或 19 日,他就会知道生日,因为这些数字只出现一次。只有当阿尔伯特被告知是五月或六月,以上情况才有可能。

所以要使阿尔伯特知道伯纳德不知道,阿尔伯特一定是被告知七月或八月(因为这排除了伯纳德被告知是 18 或 19 日的可能性)。

(第二句)伯纳德:一开始我不知道谢丽尔的生日是什么时候,但现在我知道了。根据阿尔伯特的陈述,伯纳德现在知道阿尔伯特被告知是七月或八月。如果伯纳德被告知是 14 号,他不会知道到底是 7 月 14 日还是 8 月 14 日。但是如果他被告知是 15、16 或 17 日,他会知道哪一天是谢丽尔的生日。

所以伯纳德一定是被告知是 15、16 或 17 日。

(第三句)阿尔伯特:那么我也知道谢丽尔的生日是什么时候了。

所以在伯纳德陈述后,阿尔伯特知道可能的日期是 7 月 16 日、8 月 15 日或 8 月 17 日。如果阿尔伯特现在知道日期,那么他一定被告知是七月。如果他被告知是八月,他将不知道生日是 8 月 15 日还是 17 日。因此谢丽尔的生日是 7 月 16 日。

第 274 页

答案(停车问题):87(数字是颠倒的)。
答案:0,0,1,1,2,4,7,13,24,44,81,149,274

第 275 页

答案(九个女生问题):把女生填入这样的网格:
A B C
D E F
G H I
第 1 天(A,B,C),(D,E,F)和(G,H,I)一起走。为确保在第 2 天 B 不会和 A 一起走,将第二列下滑 1 个位置,然后把 H 放到顶部。与第三列做同样的操作,但将其"向上"滑动,确保 B 和 C 分开。
在第二天,你会得到:
A H F
D B I
G E C
在第 3 天,再次滑动列以获得新的组合。
在第 4 天,将原始列作为组。
答:$176/275=16/25$,$275/473=25/43$,$275/671=25/61$

第 278 页

$277^2=76\,729$,$278^2=77\,284$。

第 280 页

$H_8=1+1/2+1/3+1/4+1/5+1/6+1/7+1/8=761/280$

第 283 页

答:两个孪生质数相差 2,所以是 281 或 285,但 285 显然是可以被 5 整除,因此 281 和 283 是孪生质数。
答:$283=2^5+8^1+3^5$

第 286 页

$286/385=26/35$,$286/583=26/53$,$286/781=26/71$ 以及 $187/286=17/26$

第 287 页

$287=89+97+101=47+53+59+61+67=17+19+23+29+31+37+41+43+47$

第 289 页

是的,$289=(8+9)^2$,所以 289 是弗里德曼数。

第 290 页

$290=2×5×29=67+71+73+79$

第 296 页

(10),(9,1),(8,2),(7,3),(6,4),(7,2,1),(6,3,1)

（ 5、4、1 ）、(5、3、2)、(4、3、2、1)。

第 297 页

703^2=494 209 和 494+209=703,999^2=998 001 和 998+001=999,实际上全部的字符串 9 的……都是卡普雷卡尔数。

第 300 页

300=149+151=13+17+19+23+29+31+37+41+43+47

第 307 页

307^2=94 249

第 310 页

以 6 的幂表示,我们得到 310=216+2×36+3×6+4=1234,六进制。

第 311 页

199 和 337,仅有的其他这样的三位数。

第 314 页

$314=16^2+7^2+3^2=13^2+12^2+1^2=13^2+9^2+8^2=12^2+11^2+7^2$

第 315 页

$315^2=25^3+26^3+27^3+28^3+29^3$

第 316 页

$316=91+105+120=T_{13}+T_{14}+T_{15}$

第 319 页

答：319^3=32 461 759。你可以自豪地告诉你的朋友,319 是最大的其立方中没有重复数字的数。在二进制中,319 写为 100,111,111,连续 6 个 1。干净利落,是吗？

第 324 页

16=3+3+3+3+4 和 3×3×3×3×4=324

第 325 页

$325=1^2+18^2=6^2+17^2=10^2+15^2$

第 327 页

327,2×327=654 和 3×327=981。这个性质对于 192(384,576),219(438,657)和 273(546,819)也成立。有趣的是,192 和 219 是彼此的 anagram（译者注：变位词,即由颠倒顺序而构成的词）,对于 273 和 327 及其各自的 2 倍和 3 倍也是同样成立。

第 328 页

328 的 8 个因数是 1,2,4,8,41,82,164,328,且 328=8×41。

第 331 页

不,333 333 331=17×19 607 843。
答：使用质数 2,3,5,7,11,13,17 和 19,我们得到前 15 个半质数 4,6,9,10,14,15,21,22,25,26,33,34,35,38 和 39。把它们加起来你会得到 331。

第 333 页

$16^3+50^3+33^3$=165 033

第 334 页

361=19×19 和 362=2×181

第 335 页

335=4+6+8+9+10+12+14+15+16+18+20+21+22+24+25+26+27+28+30

第 342 页

342=18×19

第 343 页

$(3+4)^3$=343

第 344 页

$344=7^3+1^3$ 和 $351=7^3+2^3$ 所以是 12 月 17 日。

第 345 页

345×3523=1 215 435,并且此方程仅使用数字 1,2,3,4 和 5。但是你也发现 345=3×5×23 了吗？

第 346 页

346=2×173 和 3+4+6=2+1+7+3,所以 346 是史密斯数。

第 347 页

347 的任何数位上的数字上加 2,它仍是质数。(547,367 和 349 皆是质数)。

第 359 页

5759=13×443

第 360 页

7

第 365 页

$365=13^2+14^2=19^2+2^2=10^2+11^2+12^2$

371

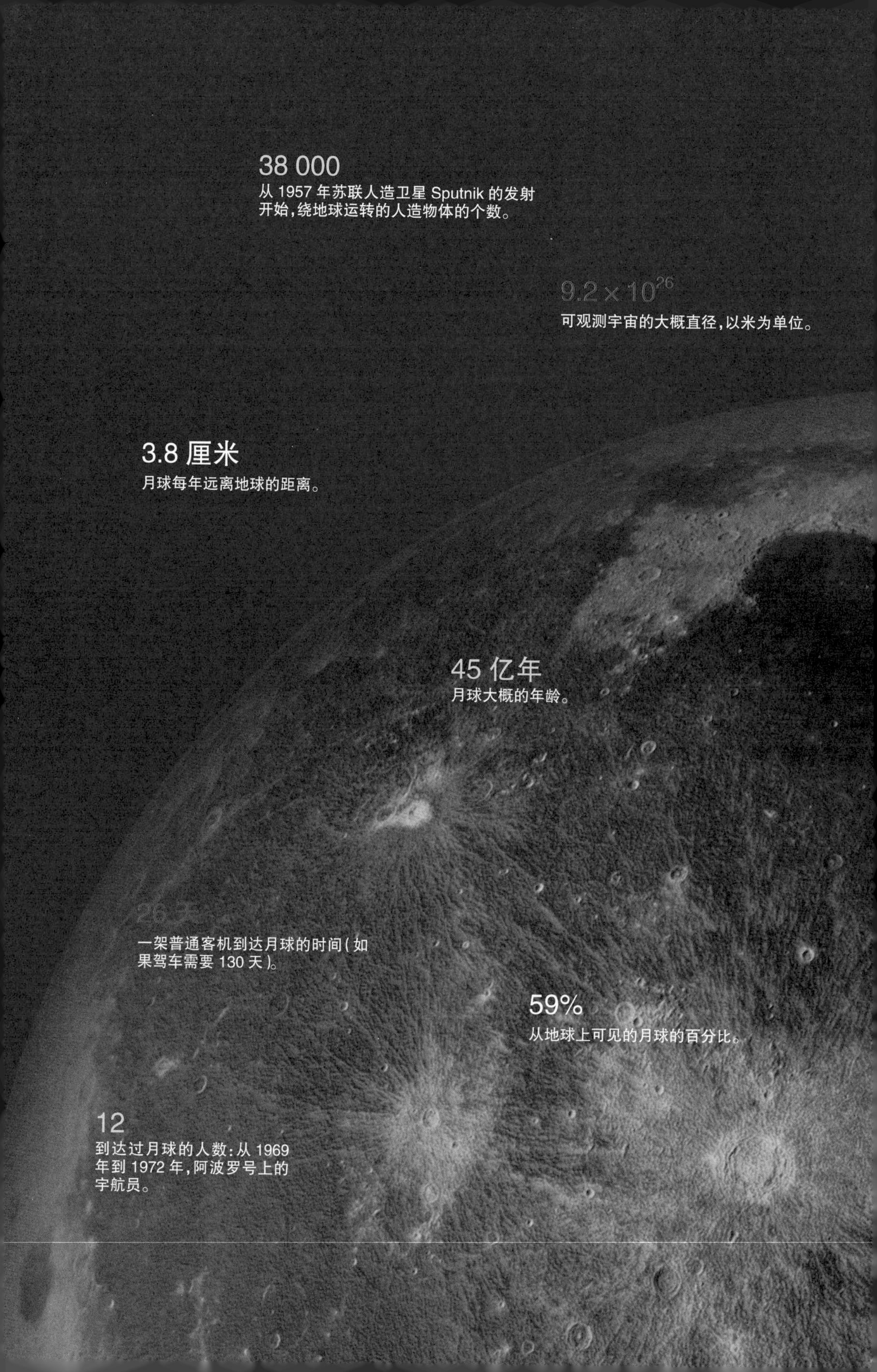

38 000
从 1957 年苏联人造卫星 Sputnik 的发射
开始,绕地球运转的人造物体的个数。

9.2×10^{26}
可观测宇宙的大概直径,以米为单位。

3.8 厘米
月球每年远离地球的距离。

45 亿年
月球大概的年龄。

26 天
一架普通客机到达月球的时间(如
果驾车需要 130 天)。

59%
从地球上可见的月球的百分比。

12
到达过月球的人数:从 1969
年到 1972 年,阿波罗号上的
宇航员。

16.5%

你在月球上的重量占在地球上的重量的百分比，因为月球的引力相对而言非常弱。

1959 年

第一架到达月球的宇宙飞船是月球 1 号(Luna 1)，在 1959 年。

384 400 千米

地月平均距离。

107℃

月球白天气温。夜间气温是 –153℃。相应地整理行囊吧。

2 分钟

你能在无保护状态下在宇宙中存活的时间(尽管超强的水熊可以试图存活至多 10 天之久)!

每天回落到地球的太空垃圾的平均数。